全国水利行业"十三五"规划教材（职业技术教育）
浙江省普通高校"十三五"新形态教材
（"互联网+"创新型教材）
中国水利教育协会策划组织

水利工程概论

（修订版）

主　编　郭雪莽
副主编　程　静　赵　英　王长运
　　　　刘昌礼　王　雪
主　审　拜存有

黄河水利出版社
·郑　州·

内 容 提 要

本书是全国水利行业"十三五"规划教材、浙江省普通高校"十三五"新形态教材,是根据中国水利教育协会职业技术教育分会高等职业教育教学研究会制定的水利工程概论课程标准编写完成的。本书主要内容包括绪论、水利工程基本知识、水库工程、闸坝工程、水力发电工程、农田水利工程、河道治理与防洪工程、生态与环境水利工程、海绵城市建设等内容。

本书可供高职高专水利工程、水利水电建筑工程、水利工程管理等专业教学使用,也可供水利类相关专业教学使用及相关专业工程技术人员学习参考。

图书在版编目(CIP)数据

水利工程概论/郭雪莽主编. —郑州:黄河水利出版社,
2018.12 (2021.8 修订版重印)
全国水利行业"十三五"规划教材. 职业技术教育
ISBN 978-7-5509-2151-1

Ⅰ.①水… Ⅱ.①郭… Ⅲ.①水利工程–高等职业
教育–教材 Ⅳ.①TV

中国版本图书馆 CIP 数据核字(2018)第 223046 号

组稿编辑:王路平 电话:0371-66022212 E-mail:hhslwlp@163.com
　　　　　田丽萍 　　　　66025553 　　　　　912810592@qq.com

出 版 社:黄河水利出版社 　　　　　　　　网址:www.yrcp.com
　　　　地址:河南省郑州市顺河路黄委会综合楼14层 邮政编码:450003
发行单位:黄河水利出版社
　　　　发行部电话:0371-66026940、66020550、66028024、66022620(传真)
　　　　E-mail:hhslcbs@126.com
承印单位:河南承创印务有限公司
开本:787 mm×1 092 mm 1/16
印张:15.25
字数:350 千字 　　　　　　　　　　　印数:4 101—6 000
版次:2018 年 12 月第 1 版 　　　　　　印次:2021 年 8 月第 2 次印刷
　　　2021 年 8 月修订版
定价:42.00 元

前　言

　　本书是贯彻落实《国家中长期教育改革和发展规划纲要(2010~2020年)》《国务院关于加快发展现代职业教育的决定》(国发[2014]19号)、《现代职业教育体系建设规划(2014~2020年)》和《水利部　教育部关于进一步推进水利职业教育改革发展的意见》(水人事[2013]121号)等文件精神,依据中国水利教育协会《关于公布全国水利行业"十三五"规划教材名单的通知》(水教协[2016]16号),在中国水利教育协会精心组织和指导下,由中国水利教育协会职业技术教育分会组织编写的全国水利行业"十三五"规划教材。教材以培养学生能力为主线,适当增加了二维码链接,具有鲜明的时代特点,体现了实用性、实践性、创新性的特色,是一套水利高职教育精品规划教材。

　　为了不断提高教材质量,编者于2021年8月,根据近年来国家及行业最新颁布的规范、标准,以及在教学实践中发现的问题和错误,对全书进行了修订完善。

　　水是生命之源、生产之要、生态之基。水患一直以来都是中华民族的心腹之患。从大禹治水4 000多年以来,已经形成了"治国必先治水"的治国策略。几千年来,我们修建了郑国渠、都江堰、坎儿井等大量的水利工程,对我国经济社会的发展起到了重要作用。可以说,一部光辉灿烂的中华文明史,在一定意义上,就是与水旱灾害持续斗争的历史。1949年以来,水利事业取得了前无古人的辉煌成就,修建了长江三峡水利枢纽、黄河小浪底水利枢纽、南水北调等许多骨干性水利工程,其防洪、灌溉、水力发电等许多方面在国际上具有明显的技术领先优势,为国家发展、民族富强、人民幸福提供了强有力的支撑和保障。

　　"水利"一词包括兴利和除害两方面的含义,主要内容包含防洪、灌溉、排水、航运、供水、水力发电、水土保持、水资源保护、环境水利和水利渔业等。因此,水利事业就是人类社会为了生存和发展的需要,采取各种措施对自然界的水和水域进行控制和调配,以防治水旱灾害。开发利用和保护水资源而修建的工程称为水利工程。水利工程具有工作条件复杂、施工条件艰巨、综合效益显著,对环境及生态影响较大,且一旦失事后果严重等特点,因此在学习本门课程中,要求学生养成吃苦耐劳、精益求精、认真细致的习惯。

　　在本书的编写过程中,根据学生的特点,着重在教材立体化建设方面进行了探索,提供了较丰富的教材资源,另外将水利工程的新技术、新材料、新工艺以及最新的技术规范融进教材,使学生能掌握行业最前沿的知识。

　　本书编写人员及编写分工如下:山东水利职业学院刘昌礼(项目一任务一~三、六,项目八),兰溪市水利水电勘测设计所童橄(项目一任务四、五,项目二任务一),辽宁水利职业学院赵津霆(项目二任务二~四),浙江同济科技职业学院程静和浙江省第一水电建设集团股份有限公司徐继先(项目三),浙江同济科技职业学院王雪和中水淮河规划设计研究有限公司侯海红(项目四),浙江同济科技职业学院郭雪莽(项目五、项目九),杨凌职业技术学院赵英(项目六),山西水利职业技术学院王长运(项目七)。本书由郭雪莽担任主编,并负责全书统稿;由程静、赵英、王长运、刘昌礼、王雪担任副主编;由杨凌职业技术学院拜存有担任主审。

本书得到了浙江省教育普通高校"十三五"新形态教材建设项目和全国教育信息技术2017年度重点课题(课题立项号:176120014)的资助,在此表示感谢!

本书在编写过程中,得到了各院校的专家、教授以及出版社的支持和帮助,同时参考了不少相关资料、著作、教材,对提供帮助的同仁及资料、著作、教材的作者,在此一并致以诚挚的谢意!

由于编者水平有限,书中难免存在错漏和不足之处,恳请广大读者批评指正。

编　者

2021 年 8 月

本书互联网全部资源二维码

目　录

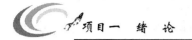

项目一 绪 论

【学习目标】

了解水资源的定义,熟悉我国水资源状况,了解我国水利工程建设成果,了解水利工程建设程序及项目管理的基本知识。

【技能目标】

能够定义水资源,描述当地水资源的特点。

任务一 水资源与水利工程建设

一、水资源

(一)地球上的水资源和水循环

水,是生命之源、生存之本、生态之魂。地球上的总水量约为 13.86 亿 km^3,其中 97.5% 的地球水是海洋中的咸水。通过太阳做功、大气循环,而以降水、径流方式在陆地运行的淡水相对就很少了,淡水资源只占总水量的 2.5%,在这 2.5% 中又有 87% 是人类难以利用的两极冰盖、高山冰川和永冻地带的冰雪,人类能够利用的只是江河湖泊及地下水的一部分,仅仅占地球总水量的 0.26%。就是这些水支撑着人类的生存和发展,支撑着地球主要生物的繁衍生息。

由于太阳辐射能的作用,水从海洋、江河、湖泊、土壤表面及植物叶面蒸散发成水汽升入空中,随大气运行飘移至各处,在上升和飘移过程中由于气温降低而凝结为降水回到陆面和水体。降到地面上的水,除植物吸收及蒸散发外,一部分入渗形成地下水,另一部分沿地表流动形成地面径流通江入海。地球上水的这种周而复始、永不停息的蒸发、降水、径流的运动过程,称为自然界的水循环(见图 1-1)。陆地或海洋与大气层之间由降水和蒸发组成的垂向水分交换,称为小循环;海洋和陆地之间由水汽输送和径流排泄组成的水平水分交换,称为大循环。

不断往复的水循环运动,维持着全球水量的动态平衡。地球表面承受的降水量和地球表面的蒸发量相等,平均为 1 130 mm,海洋上年蒸发量为 1 400 mm,年降水量为 1 270 mm,蒸发量超过降水量 130 mm,差值部分由陆地流入海洋的年径流量(包括地下径流)达到平衡。陆地上年降水量为 800 mm,年蒸发量为 485 mm,降水量大于蒸发量 315 mm,差值部分由海洋水汽输送加以补充。从陆地流入海洋的径流和由海洋输送到陆地的水汽,其多年平均水量是相等的,为 47 万亿 m^3。

各种水体在循环过程中,不断更替和自身净化。由于其存在条件的明显差异,各种水体具有不同的更替周期。所谓更替周期,一般可以理解为某一水体在停止补给的条件下,通过自然排泄、蒸发而完全消退所需的时间。除生物水外,在自由水中以大气水、河流水

图 1-1   水循环示意图

和土壤水最为活跃,更替周期在一年以内;冰川、深层地下水和海洋水的更替周期很长,都在千年以上。

河流的年径流量,包含大气降水和高山冰川融水产生的动态地表水,以及绝大部分的动态地下水,基本上反映了陆地水的数量和特征,所以通常用多年平均河川径流量来表示陆地水数量。陆地多年平均河川年径流量为 44.5 万亿 m³,其中有 1.0 万亿 m³ 排入内陆湖,其余的全部流入海洋。包括 2.3 万亿 m³ 的南极冰川径流在内,全世界年径流总量为 46.8 万亿 m³。径流量在地区分布上很不均匀,有人居住和适合人类生活的地区,至多拥有全部径流的 40%,约 19 万亿 m³。各大洲的自然条件差别很大,因而水资源量也不相同。大洋洲的一些大岛(新西兰、伊里安、塔斯马尼亚等)的淡水最为丰富,年降水量几乎达到 3 000 mm,年径流深超过 1 500 mm。南美洲的水资源也比较丰富,平均年降水量为 1 600 mm,年径流深为 660 mm,相当于全球陆地平均年径流深的 2 倍。大洋洲澳大利亚是水资源量最少的大陆地区,平均年径流深只有 40 mm;有 2/3 的面积为无永久性河流的荒漠、半荒漠地区,年降水量不到 300 mm。非洲的河川径流资源也比较贫乏,降水量虽然与欧洲、亚洲、北美洲接近,但年径流深却只有 150 mm,这是非洲南北回归线附近有大面积的沙漠所致。南极洲的多年平均年降水量很少,只有 165 mm,没有一条永久性的河流,然而却以冰的形态储存了地球淡水总量的 62%。

(二) 水资源的含义

由于地球上水体类型复杂,而且水的使用价值又具有多样性,人们对水的可使用性的认识也不尽一致,因此目前尚未对水资源给出一个公认的统一定义。

广义水资源是指地球上的一切水体,包括海洋、江河、湖泊、冰川、地下水以及大气中的水分等,都能够直接或间接地被人类利用,均属于自然资源的范畴。如《英国大百科全书》中将水资源定义为"自然界一切形态(液态、固态和气态)的水"。

狭义水资源是指水资源是人类生存和发展不可替代的自然资源,又是环境的基本要素。水资源是人类可以利用的、逐年可以恢复和更新的淡水量,大气降水是它的补给来源。狭义水资源强调水资源的再生性和可利用性。

水资源的不可替代性,是由水的物质特性所决定的。水的汽化热和热容量是所有物质中最高的;水的热传导能力在所有液体(除水银外)中是最高的;水的表面张力在所有液体中是最大的;水在 4 ℃时密度最大;水的汽化膨胀系数大;水具有不可压缩性;水是最好的溶剂;水本身是植物光合作用的基本材料;水具有特强的渗透性等。凭借水特有的极大热容量和汽化热,地球的水圈为生物保持着适于生存的相对恒定温度的自然条件。水是生物体内最基本的物质成分,一般生物体水的含量达 60%~80%,生物体内的水分通过蒸腾和蒸发来实现对生物体温的正常调节,脱水即意味着死亡;人类及一切生物所需的养分,全靠水溶、输移;4 ℃的水密度最大,水生物才得以越冬生存;水是循环冷却、供热、蓄热、传递压力的最好介质;由于水的巨大的汽化膨胀性,才有蒸汽机、汽轮机。水是国民经济各行业中用途广泛、不可替代的重要生产要素,水资源的状况制约着工农业生产的发展和布局,人类社会的古代四大文明都以大河流域为发源地。这些充分说明了水对人类生存和发展的不可替代性。

水环境是生态环境的重要方面。水是最好的溶剂,水最易被污染,但同时是最好的清污剂;水的格局影响了全球的海陆分布、气候变化;水的冲蚀、搬运、淤积作用改变着地形、地貌;所以说,水又是环境的基本要素。

水资源是人类可以利用的水,具体应符合以下要求:①水质应符合人类利用的要求。所以,水资源指的是符合人类不同用途相应水质标准的淡水量。②在现代技术经济条件下,通过工程措施或净化处理可能利用的水才算水资源。深层地下水、净化代价过高的海水,一般均不作为水资源。

水资源可以通过水循环得到恢复和更新,是再生性资源。水循环受日地运行规律所制约,具有季节交替和大体以年为周期的特点,水资源量通常指年资源量。

水资源含义强调"大气降水是水资源的补给来源",是说明一个区域(或流域)的水资源是该区域边界内、当地大气降水补给下的产物。该区域当地大气降水补给的地表水量、地下产水量(动态水量),才是该区域的当地水资源量或区域水资源量。流经该区域、非该区域大气降水补给的地表水量、地下水量,称作过境水资源量或入境水资源量。当地水资源量和过境(入境)水资源量都是该区域可以开发利用的水资源量。

通常所谓的水资源指的是狭义范畴的水资源。必须指出的是,从水的可利用性出发,对具有自然资源属性的水的范围还很难给予明确的界定。例如,占地球上水的总储量96.5%的海洋水,尽管不如淡水那样被人类直接利用,但是也应该注意到海洋不仅是航海的载体,还有生物资源和海水能量资源等,从一定意义上讲,海洋水体也具有自然资源的属性。

(三)水资源的基本特性

水资源是在水循环背景上随时空变化的动态自然资源,水资源具有与其他自然资源不同的特性,主要表现为再生性、有限性、时空分布的不均匀性、用途的广泛性和利与害的双重性等。

1. 水资源的再生性

水资源的再生性源于周而复始的水循环。从宏观上看,地球上一切水体都在自然界的水循环中不断地转化、更新。不同水体的更替周期长短不同。更替周期短的水体可利用率高,遭受污染时水质恢复快。地球上某些水体,如深层地下水、高山冰川、永冻带底冰等更新速度极其缓慢,其更替周期长达 1 000 年以上,这些水体每年可以恢复、更新的水量极其有限。水资源的再生性表明这些水体是一种可持续利用的自然资源。

2. 水资源的有限性

由于地球上的水循环是周而复始、永不停息的过程,水资源曾被认为是"取之不尽、用之不竭"的自然资源。这种认识是不恰当的,甚至是有害的。就特定区域一定时段(年)而言,年降水量有或大或小的变化,但总是个有限值,因而就决定了区域年水资源量的有限性。水资源的超量开发消耗,或过度使用区域地表水、地下水的静态储量,导致超量部分难以恢复,甚至不可恢复,从而破坏自然生态环境的平衡。就多年均衡意义上来讲,水资源的平均年耗用量不得超过区域的多年平均资源量。无限的水循环和有限的大气降水补给决定了区域水资源量的可恢复性和有限性。因此,强调水资源的再生性时必须清醒地看到水资源的有限性,水资源的开发利用只有不超出其逐年可恢复、更新的限度,才可能保持其可持续利用。

3. 水资源时空分布的不均匀性

水资源时间变化上的不均匀性,表现为水资源量年际、年内变化幅度很大。区域年降水量因水汽条件、气团运行等多种因素的影响呈随机性变化,使得丰水年、枯水年的水资源量悬殊,丰水年、枯水年交替出现,或连旱、连涝持续出现都是可能的。水资源的年内变化也很不均匀,汛期水量集中,不便利用,枯水季水量锐减,又满足不了需水要求,而且各年年内变化的情况也各不相同。水资源量的时程变化与需水量的时程变化的不一致性,是另一种意义上的时间变化不均匀性。

水资源空间变化的不均匀性,表现为资源量地区分布上的不均匀。水资源的补给来源为大气降水,多年平均年降水量的地带性变化,基本上规定了水资源量在地区分布上的不均匀性。水资源地区分布的不均匀,使得各地区在水资源开发利用条件上存在巨大的差别。水资源的地区分布与人口、土地资源的地区分布的不相一致,是又一种意义上的空间变化不均匀性。

中国分区产
水量分级图

4. 水资源用途的广泛性

水资源的用途十分广泛,各行各业都离不开水,有些用水部门属于消耗性用水,如用于农业灌溉、工业生产、城乡生活的水,而有些部门是用而不耗或是消耗很小,如用于发电、航运、水产养殖、旅游娱乐、改善生态环境等的水。由于水资源的有限性,人类在开发利用水资源时,可以根据各种用途的用水特点,力争一水多用,充分发挥水资源的综合利用效益。

5. 水资源利与害的双重性

由于降水和径流在时间和空间分布上的不平衡,往往会出现汛期水量过度集中造成洪涝灾害、枯水期水量枯竭造成旱灾等自然灾害。开发利用水资源的目的是兴利除害,造福人民。但是,如果开发利用不当,也会引起人为灾害,如垮坝事故、水土流失、土壤次生盐渍化、水质污染、地下水枯竭、地面沉降、水库诱发地震和海水入侵等也是时有发生的。水的可供开发利用和可能引起的灾害说明水资源具有利与害的双重性。

(四) 水资源的开发利用

1. 水资源开发利用的概念

水资源开发利用是指根据兴利、除害的要求,采取工程措施及非工程措施对天然水资源进行治理、控制、调配、保护和管理等,使之满足国民经济各行业的用水要求。可供开发利用的水资源主要是河川径流、地下水等。要合理开发利用这些水资源,都要采取工程技术措施,使天然状态的水在时间上、地区上和质量上成为可供利用的水资源,实现水资源可持续利用。径流调节是一项重要措施,目的是通过重新分配径流过程,使之与用水过程在时空分布上协调一致。地下水是开发利用的重要水资源,应实施采补平衡,永续利用。水资源开发利用的服务对象涉及国民经济的相关行业,其利用方式可以概括为不耗水的河道内利用(如水力发电、水运、渔业、水上娱乐用水等)和耗水的河道外利用(如农业用水、工业用水及生活用水和生态环境用水等)。

2. 水资源开发利用的发展过程

人类开发利用水资源,大致可以分为三个阶段:①单一目标开发,以需定供的自取阶段;②多目标开发,以供定需,综合利用,重视水质,合理利用和科学管水阶段;③与水协调共处,全面节水,治污为本,多渠道开源的水资源可持续利用阶段。随着经济发展和人口增加,要求供水数量日益增长,但是许多地区水资源短缺,不能完全满足需要,而且修建水利工程需要大量投资,移民、占用耕地以及生态环境等方面问题亟待解决。因此,以供定需、综合开发、高效利用、有效保护水资源已成为必然趋势。为使一定区域内水资源的供需平衡,要根据国民经济和社会发展计划以及国土整治和环境保护规划,针对不同地区经济发展水平和水资源特点,制订水的中长期供求计划,协调各行业用水需要,实施以需水管理为基础的水资源供需平衡战略。

3. 水资源开发利用的基本原则

水资源是国家的宝贵财富,它有多方面的开发利用价值。与水资源关系密切的行业有水力发电、农业灌溉、防洪与排涝、工业和城镇供水、航运、水产养殖、水生态环境保护和旅游等。因此,在开发利用河流水资源时,要从整个国民经济可持续发展和环境保护的需要出发,全面考虑、统筹兼顾,尽可能满足各相关行业的需要,贯彻综合利用的原则,开发和利用水资源,以利于人类社会的生存和发展。水是有限的可再生资源,全球约1/3的陆地为干旱、半干旱地区,水资源不足;一些湿润地区也存在开发利用上的困难,使得全世界约2/3的人口供水不足或供水水质不良,因此开发和保护水资源是当代社会经济活动的重要工作。开发水资源必须将除害与兴利相结合,对水资源进行多功能的综合开发利用和重复利用;要对水系、流域进行全面规划,协调不同行业和地区的利益;要根据水资源的特点和社会经济发展的要求,分清水资源开发的主次目标,选择合理的开发方式,使水资源开发达到全社会总体效益最大和水资源可持续利用的目的。

水资源开发利用的基本原则可以概括为:①统筹兼顾防洪、排涝、供水、灌溉、水力发电、水运、水产、水上娱乐以及生态环境等方面的需求,以取得经济、社会和环境的综合效益;②兼顾上下游、左右岸、各地区和各行业的用水需求,重点解决严重缺水地区、工农业生产基地、重点城市的供水;③合理配置水资源,生活用水优先于其他用水,水质较好的地下水、地表水优先用于饮用水,合理安排生产力布局,与水资源条件相适应,在缺水严重地区,限制发展耗水量大的工业和种植业;④地表水与地下水统一开发和配置,在地下水超采并发生地面沉降的地区应严格控制开发;⑤跨流域调水要统筹考虑调出、引入水源的流域的用水需求,以及对生态环境可能产生的影响;⑥重视水利工程建设对生态环境的影响,有效保护水源,防治水体污染,实行节约用水,防止浪费。由于综合利用各相关行业自身的特点和用水要求不同,这些要求既有一致的方面,又有矛盾的方面,其间存在着错综复杂的关系。因此,必须从整体利益出发,在集中统一领导下,根据实际情况,分清综合利用的主次任务和轻重缓急,妥善处理相互之间的矛盾关系,如此才能合理解决水资源的综合利用问题。

二、我国水资源的特点

(一)总量大,但人均占有量小

中国位于亚欧大陆的东南部,是一个水资源相对短缺、水旱灾害频繁的国家。如果按水资源总量考虑,我国多年平均年降水总量为 61 889 亿 m^3。平均年降水深 648 mm,小于世界平均年降水深(800 mm)。多年平均地表水资源量(年径流总量)为 27 115 亿 m^3,折合年径流深为 284 mm,小于全球陆地平均年径流深(315 mm)。多年平均地下水资源量为 8 288 亿 m^3,扣除二者之间的重复水量后,全国多年平均年水资源总量为 28 124 亿 m^3,居世界第六位。另外,我国的水能资源丰富,可开发装机容量约 6.6 亿 kW,年发电量约 3 万亿 kW·h,总量为世界第一位。但是我国人口众多,人均占有量只有 2 240 m^3 左右,约相当于世界人均水量的 1/4,在世界排名百位之后,被列为人均水资源贫乏的国家之一。每公顷耕地占有水量亦低于世界平均水平。

(二)水资源时空分布很不均匀

从水资源地区分布上看,我国境内水资源的地区分布十分不均匀,由东南向西北递减。长江流域及其以南的珠江流域,浙、闽、台诸河和西南诸河等南方四片面积占全国面积的 36.5%,耕地面积占 36%,人口占全国的 54.4%,但水资源量却占全国水资源总量的 81%。黄河、淮河、海河流域片,总面积占全国国土面积的 15%,耕地面积占全国的 39.4%,人口占全国的 34.7%,GDP 占全国的 32.1%,但水资源量只占全国的 7.7%。占全国国土面积 47% 的干旱和半干旱带,水资源量只占全国的 7%。总体来说,我国南方水资源丰富,而北方相对贫乏。

我国大部分地区属于东亚季风区,受青藏高原的影响,降水年际变化大,少水年和多水年常持续出现。我国南方地区最大年降水量与最小年降水量的比值达 2~4,北方地区为 3~6;最大年径流量与最小年径流量的比值南方为 2~4,北方为 3~8。另外,年内分配也很不均匀,大部分水资源集中在汛期以洪水的形式出现,水资源利用困难,且易造成洪涝灾害。北方比南方更为集中,南方雨季比较长,最长 4 个月(3~6 月或 4~7 月),雨量占全年的 50%~60%;北方雨季较短,出现的时间也较迟,最长 4 个月(6~9 月),雨量占全年的 70%~80%,且主要集中在 7 月、8 月两个月内。我国水资源量的年际悬殊和年内变化剧烈是我国农业生产不稳定、水旱灾害频繁的根本原因。

(三)雨热同期性

雨热同期性是我国水资源分布的突出优点,我国水资源和热量的年内变化具有同步性,每年 3~5 月后,气温持续上升,雨季也大体上在这个时候来临。我国各地 6~8 月间高温期,一般也是全年雨水最多的时间,较高的气温、充足的雨水是许多农作物生长需要同时具备的自然条件。当然,雨热同期是就全国宏观而言的,也可能出现有的地区 7~9 月农作物生长旺盛,如遇高温少雨,成为主要干旱期的情况。

(四)水质变化大、水污染情况逐渐改善

我国河流的天然水质是相当好的,南方和北方水量较多的地区,河水矿化度和总硬度都比较低,各主要江河干流的河水矿化度和总硬度也都比较低,黄河干流矿化度一般只有300~500 mg/L,总硬度一般为 85~100 mg/L,属中等矿化度适度硬水。超过 1 000 mg/L的高矿化度河水分布面积仅占全国的 13%,而且主要分布在人烟稀少的内蒙古高原西部、塔里木盆地、准噶尔盆地、柴达木盆地以及黄河流域上、中游的黄土高原部分地区。

由于人口的不断增长和工业迅速发展,废污水的排放量增加很快,水体污染日趋严重。北方地区水体污染比南方严重,西部比东部严重。在我国大城市的工业区和人口密集区附近的水体污染较严重。全国的江河水质,中小河流水污染状况重于各大水系干流。由于排入河道的废污水总量没有得到有效控制,河流水污染较严重。近年来,随着环境保护力度的加大,水资源的状况已有所改善。

(五)水土流失严重,河流泥沙含量大

由于自然条件恶化和长期以来人类活动加剧,我国森林覆盖率很低,水土流失严重,平均每年山地、丘陵被河水带走的泥沙约 35 亿 t,其中直接入海的泥沙约 18.5 亿 t,占全国河流输沙量的 53%;约有 14 亿 t 泥沙淤积在流域中,包括下游平原河道、湖泊、水库或引水灌区、分蓄洪区等。黄河是我国泥沙最多的河流,也是世界罕见的多沙河流,年平均含沙量和年输沙总量均居世界大河的首位,多年平均输沙量达 16.1 亿 t。

三、水利工程类型及特点

水是人类生产和生活必不可少的宝贵资源,但其自然存在的状态并不完全符合人类的需要。只有通过修建水利工程,才能控制水流、防止洪涝灾害,并进行水量的调节和分配,以满足人民生活和生产对水资源的需要。水利工程是用于控制和调配自然界的地表水和地下水,达到除害兴利目的而修建的工程,也称为水工程。水利工程需要修建坝、堤、溢洪道、水闸、进水口、渠道、渡槽、筏道、鱼道等不同类型的水工建筑物,以实现其目标。

新中国水利
回顾与展望

(一)水利工程的分类

水利工程建设中,需要修建不同用途的建筑物,这些建筑物称为水工建筑物。

对于开发河川水资源来说,常需在河流适当地段集中修建几种不同类型、不同功能的水工建筑物,以控制水流并便于协调运行和管理,这种由多种水工建筑物组成的综合体称为水利枢纽。

水利枢纽的规划、设计、施工和运行管理应尽量遵循综合利用水资源的原则。为实现多种目标而兴建的水利枢纽,建成以后能满足国民经济不同部门的需要,称为综合利用水利枢纽。

水利枢纽按照其水头大小一般分为高水头枢纽,其水头大于 70 m;水头为 30~70 m的为中水头枢纽;水头在 30 m 以下的为低水头枢纽。

水利工程并不总是以集中兴建于一处的若干建筑物组成的水利枢纽来体现的。有时仅指一个水工建筑物,有时又包括沿一条河流很长范围内甚至很大区域内的许多水工建筑物。在不同河流以及河流不同部位所建的水利枢纽、水工建筑物也千差万别,按功用通常分为以下几类:防洪除涝工程、农田水利工程、水力发电工程、给排水工程、航道及港口工程、环境水利工程等。一项工程同时兼有几种任务的,称为综合利用水利工程。现代水利工程多是综合利用水利工程。

1. 防洪除涝工程

我国是一个洪涝灾害十分严重的国家。洪水灾害是指由于降雨、融雪(冰)、冰凌、风暴潮、堤坝溃决等引起江河湖岸及沿海水量增加、水位上升而泛滥以及山洪暴发所造成的灾害。涝渍灾害是指降水量过于集中,排水不畅,致使土地、房屋等渍水、受淹而造成的灾害。洪涝灾害可使工业、农业、人民生活等受到巨大影响,严重时会造成农业绝收、工业停产、人员伤亡等。

防洪除涝措施是防止或减轻洪水灾害损失的各种手段和对策。现代防洪措施包括工程措施和非工程措施。

工程防洪措施主要通过修建工程来控制洪水、改变洪水特性以达到防洪减灾的目的,其内容包括水土保持工程、水库工程、堤防工程、分蓄洪工程、河道整治工程等。从性质上来说,可概括为"拦、蓄、分、泄"四个方面。

工程除涝措施,即兴建、扩建和管好、用好除涝工程设施。对于有自流排出条件的易涝区,常采用挖沟、疏河和下移出水口等办法来提高自流排水能力。

非工程除涝措施是 20 世纪 50 年代以来逐步研究形成的防洪减灾的一种新概念。它是通过行政、法律、经济和现代化技术等手段调整洪水威胁地区的开发利用方式,加强防洪管理以适应洪水的天然特性,减轻洪灾损失,节省防洪基建投资和工程维护管理费用。

2. 农田水利工程

我国自古以来就是农业大国,农业是国民经济的命脉,农业的发展与否直接关系着社会的稳定与发展。2004 年以来,中央一号文件都是围绕"三农"问题,彰显了"三农"在现代化建设中的重中之重的地位。

农田水利工程的基本任务是通过水利工程技术措施,改变不利于农业生产发展的自然条件,为农业高产高效服务。通过兴修为农田服务的水利设施(包括灌溉、排水、除涝和防治盐渍灾害等工程),建设旱涝保收、高产稳定的基本农田。改变和调节农田水分状况是农田水利的基本任务,其措施一般有下列两种:

(1)灌溉措施。按照作物的需要有计划地将水量输送和分配到田间,以补充农田水分的不足,改变土壤中养料、通气、热状况等,达到提高土壤肥力和改良土壤的目的。

(2)排水措施。修建排水系统将农田内多余的水分排至一定范围外,使农田水分保持适宜状态,满足通气、养料和热状况的要求,以适应农作物的正常生长。

3. 水力发电工程

自然河流中的水流蕴藏着丰富的能量,包括动能和势能,称为水能资源。水力发电工程是利用水能资源进行发电的工程。这是一种洁净能源,具有运行成本低、不消耗水量、生态环保、可循环再生等特点,是其

水力发电
原理

他能源不可比拟的。

水力发电工程一般需要在河流上筑坝或修引水道,以造成集中落差形成水头,并通过水库调节径流取得流量,引导水流通过电站厂房中安装的水轮发电机组,将水能转换为机械能和电能,然后通过输变电线路,把电能输入电网或送到用户。

4. 给排水工程

给水是指供给城镇居民生活和工矿企业生产的用水,排水是指排除工矿企业及城市废水、污水和地面雨水。给水必须满足用水水质标准,排水必须符合国家规定的污水排放标准。

给排水工程的目的就是通过工程措施来满足城镇的给水与排水需求。给排水措施应在流域规划和地区规划统一指导下统一调配水量。必要时采取蓄水、调水措施,如修建水库、开运河、南水北调等。

5. 航道及港口工程

航道及港口工程是为发展水上运输而兴建的各种工程设施。水运具有运量大、运费低、能耗少、占地少等突出优点。因此,水运是水资源综合利用的重要方面,又是交通运输的重要组成部分。

航道是船舶航行的通路,分天然航道和人工运河两大类。天然航道包括内河航道和近海入港航道。港口是供船舶安全停泊、完成装卸并实行补给的水陆运输枢纽。港口按使用特点可分为商港、工业港、军港、渔港和避风港等。港口按所处地理位置可分为内河港、河口港和海岸港。内河港位于天然河流、人工运河、湖泊或水库内;河口港和海岸港统称海港。

6. 环境水利工程

环境水利工程是为保护和改善水环境而修建的工程设施。它主要包括:①在保护和改善生态环境方面,如过鱼建筑物、人工孵育场和人工产卵场、为改善水生物环境的蓄水或排水工程、改善鱼类洄游和河口环境的入海河口排沙防淤工程、防止坝下溶解氧过饱和的工程、改善坝下低温的建筑物、提高水温的工程措施等;②在防治水污染方面,通过修建闸坝等工程,保证环境要求的水位和流量,提高河流自净能力,建设氧化塘处理工程系统、土地处理工程系统、污水深水排放工程等;③改善景观方面,应用水利美学原理设计形式优美的水工建筑物,与景观协调一致;④通过水利工程防治疾病和流行病的发生以及防治病虫害。

(二)水利工程的特点

1. 工作条件的复杂性

水工建筑物工作条件的复杂性主要是水的作用导致的。水对挡水建筑物的作用主要是静水压力,静水压力的大小随建筑物挡水高度的变化而变化,因此建筑物必须有足够的水平抗力以保持其稳定性。

此外,水面也有对建筑物较为复杂的波浪压力,水面结冰时将会附加冰压力,发生地震时将会附加水的地震激荡力,水流流经建筑物时也会产生各种动水压力。在设计水工建筑物时,这些力都必须考虑在内。

建筑物上下游的水头差会导致建筑物及其地基内的渗流。渗流会引起对建筑物稳定不利的渗透压力,渗流也可能引起建筑物及地基的渗

水闸渗流

透变形破坏,过大的渗流量也会造成水库的较多漏水。为此,建造水工建筑物也要妥善解决防渗和渗流控制问题。

高速水流通过泄水建筑物时还可能出现自掺气、负压、空化、空蚀和冲击波等现象,强烈的紊流脉动会引起轻型结构的振动,挟沙水流对建筑物边壁也有磨蚀作用,挑射水流在空中会导致对周围建筑物有严重影响的雾化,通过建筑物的水流多余动能对下游河床有冲刷作用,甚至影响建筑物本身的安全。因此,兴建泄水建筑物,特别是高水头泄水建筑物时,要注意解决高速水流可能带来的一系列问题,并做好消能防冲设计。

水工建筑物除受上述主要作用外,还要注意水的其他可能作用。比如,当水具有侵蚀性时,会使混凝土结构中的石灰质溶解,破坏材料的强度和耐久性,与水接触的水工钢结构易发生锈蚀,在寒冷地区的建筑物及地基还将有一系列冰冻问题。

2. 设计选型的独特性

水工建筑物的形式、构造和尺寸与建筑物所在地的地形、地质、水文等条件密切相关。即便是规模和效益大致相仿的水工建筑物,由于地质条件的不同,二者的形式、尺寸和造价都会有很大差别。由于自然条件千差万别,水工建筑物的设计选型总是只能按各自特征进行,除非规模特别小,否则一般不采用定型设计。

3. 施工建造的艰巨性

在河道中修建水利工程时,第一,需要解决好施工导流的问题,要求施工期间在保证建筑物安全的前提下,让河水顺利下泄,这是水利工程设计和施工中的一个重要课题;第二,工程进度紧迫,截流、度汛需要抢时间、争进度,否则就要拖延工期;第三,施工技术复杂;第四,地下及水下工程多,施工难度大;第五,交通运输比较困难,特别是高山峡谷地区更为突出。

4. 失事后果的严重性

水利工程可为人类造福,但如失事也会产生严重后果,特别是拦河坝如失事溃决,会给下游带来灾难性乃至毁灭性的后果,这在国内外都不乏惨重实例。应当指出,有些水工建筑物的失事与某些自然因素或当时人的认识能力与技术水平限制有关,也有些是不重视勘测、试验研究或施工质量欠佳所致。据统计,大坝失事最主要的原因,一是洪水漫顶,二是坝基或结构出问题,两者各占失事总数的1/3左右。

驻马店水库
溃坝事件

任务二　我国水利工程建设成就

在我国,兴修水利,与水旱灾害做斗争,历来是安邦治国的重要措施。《管子》一书中说:善为国者,必先除其五害,除五害之说,以水为始。因此,水利的兴衰与社会的治乱相互影响。

由于历代政府的重视,我国古代的水利事业处于向前发展的趋势。夏朝时我国人民就掌握了原始的水利灌溉技术。西周时期已构成了蓄、引、灌、排的初级农田水利体系。春秋战国时期,都江堰、郑国渠等一批大型水利工程的完成促进了中原、川西农业的发展。其后,农田水利事业由中原逐渐向全国发展。两汉时期主要在北方有大量发展(如六辅

渠、白渠),同时大的灌溉工程已跨过长江。魏晋以后水利事业继续向江南推进,到唐代基本上遍及全国。宋代更掀起了大兴水利的热潮。元明清时期的大型水利工程虽不及宋前多,但仍有不少,且地方小型农田水利工程兴建的数量越来越多。各种形式的水利工程在全国几乎到处可见,发挥着显著的效益。

1949 年以来,我国在水利水电建设方面取得了飞速发展,建成了一批大、中、小型相互配套的水利水电工程,如长江三峡水利枢纽工程、小浪底水利枢纽工程、南水北调工程等,这些工程在防洪、发电、航运、供水、灌溉、水产养殖、改善环境、发展旅游等方面都产生了巨大的社会效益、经济效益和环境效益,在国民经济建设和社会发展中发挥了极其重要的作用。

根据 2016 年全国水利发展统计公报,截至 2016 年底,全国共建成 5 级以上江河堤防 29.9 万 km,堤防保护人口 6 亿,保护耕地 4 100 万 hm²;建成 5 m³/s 以上水闸 105 283 座(其中大型水闸 892 座);建成各类水库 98 460 座,总库容 8 967 亿 m³,其中大型水库 720 座,总库容 7 166 亿 m³;建成 2 000 亩❶以上灌区 22 689 处,灌溉耕地面积 3 720.8 万 hm²,其中 50 万亩以上灌区 177 处,灌溉面积 1 233.5 万 hm²,全国耕地灌溉总面积达到 6 714.1 万 hm²;全国水土流失综合治理面积达 120.4 万 km²,累计封禁治理保有面积达 81.6 万 km²。

2016 年底,全国水电总装机容量 3.3 亿 kW,总发电量 11 815 亿 kW·h,其中共建成农村水电站 47 529 座,装机容量 7 791 万 kW,年发电量 2 682 亿 kW·h。

小浪底工程 1991 年 9 月开始前期工程建设,1994 年 9 月主体工程开工,1997 年 10 月截流,2000 年 1 月首台机组并网发电,2001 年底主体工程全面完工,历时 11 年,共完成土石方挖填 9 478 万 m³、混凝土 348 万 m³、钢结构 3 万 t、安置移民 20 多万人,取得了工期提前、投资节约、质量优良的好成绩,被世界银行誉为该行与发展中国家合作项目的典范。

长江三峡水利枢纽工程位于湖北省宜昌市境内。三峡水电站是世界上规模最大的水电站,也是我国有史以来建设的最大型工程项目。三峡水电站 1992 年获得全国人民代表大会批准建设,1994 年正式动工兴建,2003 年 6 月 1 日下午开始蓄水发电,于 2009 年全部完工。三峡大坝为混凝土重力坝,大坝长 2 335 m,高 185 m,正常蓄水位 175 m。大坝坝体可抵御万年一遇的特大洪水,最大下泄流量可达 10 万 m³/s。总库容 393 亿 m³,其中防洪库容 221.5 亿 m³,调节能力为季调节型。三峡水电站的机组布置在大坝的下游侧,共安装 32 台 70 万 kW 水轮发电机组,其中左岸 14 台、右岸 12 台、地下 6 台,另外还有 2 台 5 万 kW 的电源机组,总装机容量 2 250 万 kW。

溪洛渡水电站位于四川和云南交界的金沙江上,是国家"西电东送"骨干工程。工程以发电为主,兼有防洪、拦沙和改善下游航运条件等综合效益,是金沙江上最大的一座水电站,总装机容量 1 386 万 kW,仅次于三峡水电站和伊泰普水电站,是我国第二、世界第三大水电站。2005 年底开工,2007 年实现截流,2014 年 6 月 30 日,溪洛渡水电站所有机组全部投产。

宏伟的南水北调工程总体规划为东线、中线和西线三条调水线路。通过三条调水线路与长江、黄河、淮河和海河四大江河的联系,构成以"四横三纵"为主体的总体布局。东线工程从长江下游扬州抽引长江水,利用京杭大运河及与其平行的河道逐级提水北送,并

---

❶ 1 亩 = 1/15 hm²,下同。

连接起调蓄作用的洪泽湖、骆马湖、南四湖、东平湖。出东平湖后分两路,一路向北,在位山附近经隧洞穿过黄河;另一路向东,通过胶东地区输水干线经过济南输水到烟台、威海,即胶东调水工程。中线工程从扩容后的丹江口水库引水,沿唐白河流域西侧过长江流域与淮河流域的分水岭方城垭口后,经黄淮海平原西部边缘,在郑州以西孤柏嘴处穿过黄河,继续沿京广铁路西侧北上,可基本自流到北京、天津。西线工程尚在规划中。

改造山河的雄奇华章　　　　　　江河安澜　神州康泰

任务三　水利行业管理

　　由水利工程分类可知,水利工程分为防洪工程、农田水利工程、水力发电工程、给排水工程、港口与航道工程、生态与环境水利工程六大类,其中水力发电工程属于电力行业(小水电工程属于水利行业管理),给排水工程属于市政管理行业,港口与航道工程属于交通行业,其他工程都属于水利行业。

　　水利行业管理一般可分为行政管理、工程技术管理、工程建设管理等几大类。

一、行政管理

　　全国的水利行业管理由水利部负责,各省、市、自治区设立水利厅(水务局),各省辖市(区)设立水利局(水务局),县(市)设立水利局(水务局),乡镇一般设立水利站或水利员。

　　水利部统一管理全国水资源和河道、水库、湖泊,主管全国防汛抗旱和水土保持工作,负责全国水利行业的管理,包括与水利相关的法律文件的实施和监督、相关政策及法规等文件的制定;组织制定全国主要江、河、湖控制流域(区域)综合规划和有关专业规划;统一管理全国水资源;主管全国河道、水库、湖泊(包括人工水道、行洪区、蓄洪区、滞洪区)、河口滩涂和海堤等水域及其岸线,负责大江、大河、大湖的综合治理和开发;主管全国防汛抗旱工作,负责国家防汛抗旱总指挥部的日常工作;主管全国水土保持工作;管理全国农村水利和乡镇供水、人畜饮水工作;负责城市地表水供水水源建设、水环境保护等城市水利工作;组织建设和管理水利系统的水电站及小电网;配合国家综合经济管理部门制订有关水利的财务政策及价格、税收、信贷等经济调节措施并组织实施;对全国水文工作实行行业管理;对全国水工程建设进行行业管理,负责组织建设和管理具有控制性的或跨省、市、自治区的重要水工程;对全国水利工程、水利综合经营和水库移民实行行业管理。

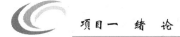

各省、市、自治区水利厅(水务局)的主要职责与上述类似,但只在其辖区内行使。

同时,现行《中华人民共和国水法》规定我国对水资源实行流域管理与行政区域管理相结合的管理体制。流域机构是指水利部按照河流或湖泊的流域范围设置的水行政管理部门,其代表水利部在所辖流域内行使水行政管理权,为水利部直属派出机构。七大流域管理系统分别为长江水利委员会、黄河水利委员会、淮河水利委员会、海河水利委员会、珠江水利委员会、松辽水利委员会、太湖流域管理局。其中,长江水利委员会、黄河水利委员会为副部级编制,其他流域为正厅级编制。

二、工程技术管理

(一)水库及水电站管理

为了更好地对水库大坝等水工建筑物进行管理,通常会成立水库管理局等单位,依据《水库大坝安全管理条例》等法律法规对水利工程进行运行管理和维护。

(二)水文管理

水文管理对水利工程至关重要,水文情况决定了水利枢纽的运行方案。水利部信息中心(水利部水文水资源监测预报中心)负责全国的水文管理工作,各大流域均设置水文局,地方水行政机关也相应地设置水文局,负责辖区内的水文管理工作。

(三)河道管理

在我国,国务院水行政主管部门是全国河道的主管机关,各省、市、自治区的水利行政主管部门是该行政区域的河道主管机关。国家对河道实行按水系统一管理和分级管理相结合的原则。有堤防的河道,其管理范围为两岸堤之间的水域,沙洲、滩地、行洪区,两岸堤防及护堤地;无堤防的河道,其管理范围根据历史最高洪水位或者设计洪水位确定。在河道管理范围内,禁止修建围堤、阻水渠道、阻水道路;禁止种植高秆农作物、芦苇、杞柳、荻柴和树木;禁止置拦河渔具;禁止弃置矿渣、石渣、煤灰、泥土、垃圾等。在河道管理范围内采砂、取土、淘金、弃置砂石或者淤泥、爆破、钻探、挖筑鱼塘等,必须经河道主管机关批准。对河道管理范围内的阻水障碍物,按照"谁设障,谁清除"的原则,由河道主管机关提出清障计划和实施方案,由防汛指挥部责令设障者在规定的期限内清除。

此外,还有农村水利建设与运行管理、水资源管理、水土保持管理等工作。

三、工程建设管理

水利工程建设管理是指在水利工程建设领域里建设管理工作的总称,包括水利建设行政管理和对水利工程建设项目的管理。我国在多年水利工程建设管理经验积累下,形成了较为健全的水利工程建设管理体制。

所谓水利工程建设管理体制,是指在水利工程建设中,各级水行政主管部门以及在工程建设项目中相互联系、相互制约的参建各方之间的格局、配置和管理权限划分的制度。从水利工程建设的特点出发,以正确划分中央、地方政府事权为原则,自上而下建立的水利部、流域机构和地方水行政主管部门的分级、分层次的建设管理体系,运用法律、行政等手段,对水利工程建设实施指导和监督管理。

任务四　水利工程建设程序

一、基本建设程序概念

工程项目建设的各阶段、各环节、各项工作之间存在着一定的不可违反的先后顺序。基本建设程序是指基本建设项目从决策、设计、施工到竣工验收及工程后评价整个工作进行过程中各阶段及其工作所必须遵循的先后次序与步骤。它所反映的是在基本建设过程中各有关部门之间一环扣一环的紧密联系和工作中相互协调、相互配合的工作关系。基本建设是一项十分复杂的工作,涉及面广,需要内外各有关部门协作配合的环节多。要完成一项工程,需要多方面的工作,有些是前后衔接的,有些是左右配合的,更有些是相互交叉的。因而这些工作必须按照一定的程序和先后次序依次进行,才能确保基本建设工作的顺利开展;否则,违反了基本建设程序将会造成无法挽回的经济损失。例如,不做可行性研究,就轻率决策定案;没有搞清水文、地质情况就仓促开工;边勘察、边设计、边施工等,不仅浪费投资,也会降低工程质量,更严重的可能会造成建设项目迟迟不能发挥效益。因此,基本建设程序是遵循客观规律、经济规律以获得最大效益的科学方法,必须严格地按基本建设程序办事。

二、水利水电工程基本建设程序

我国的基本建设程序最初是 1952 年由政务院颁布实施的。随着各项工程建设的不断发展,特别是近 30 多年以来建设管理所进行的一系列改革,基本建设程序也得到了进一步完善。

根据我国基本建设实践,按照《水利工程建设项目管理规定》(1995 年发布,2014 年、2016 年、2017 年修改),水利水电工程的基本建设程序分为项目建议书、可行性研究报告、施工准备、初步设计、建设实施、生产准备、竣工验收、后评价等阶段。

(一)项目建议书阶段

项目建议书应根据国民经济和社会发展长远规划、流域综合规划、区域综合规划、专业规划,按照国家产业政策和国家有关投资建设方针进行编制,是对拟进行建设项目的初步说明。

项目建议书是在流域规划的基础上,由主管部门提出建设项目的轮廓设想,从宏观上衡量分析项目建设的必要性和可能性,分析建设条件是否具备,是否值得投入资金和人力。

项目建议书编制一般由政府委托有相应资格的设计单位承担,并按国家现行规定权限向主管部门申报审批。项目建议书被批准后,由政府向社会公布,若有投资建设意向,应及时组建项目法人筹备机构,开展下一建设程序工作。

(二)可行性研究报告阶段

水利水电工程项目的可行性研究是在流域(河段)规划的基础上,对拟建项目的建设条件进行全方位、多方面的综合论证比较。

首先应对项目进行方案比较,在技术上是否可行和经济上是否合理进行科学的分析和论证。经过批准的可行性研究报告,是项目决策和进行初步设计的依据。可行性研究报告由项目法人(或筹备机构)组织编制。

可行性研究报告按国家现行规定的审批权限报批。申报项目可行性研究报告,必须同时提出项目法人组建方案及运行机制、资金筹措方案、资金结构及回收资金的办法。

可行性研究报告经批准后,不得随意修改和变更,若在主要内容上有重要变动,应经原批准机关复审同意。项目可行性报告批准后,应正式成立项目法人,并按项目法人责任制实行项目管理。

(三) 施工准备阶段

水利工程建设项目可行性研究报告已经批准,年度水利投资计划下达后,项目法人即可开展施工准备。

(1)施工场地的征地、拆迁,施工用水、电、通信、道路的建设和场地平整等工程;

(2)完成必需的生产、生活临时建筑工程;

(3)组织招标设计、咨询、设备和物资采购等服务;

(4)组织建设监理和主体工程招标投标,并择优选择建设监理单位和施工承包商;

(5)进行技术设计,编制修正总概算和施工详图设计,编制设计预算。

施工准备工作开始前,项目法人或其代理机构须依照有关规定,向行政主管部门办理报建手续,同时交验工程建设项目的有关批准文件。工程项目报建后,方可组织施工准备工作。对于工程建设项目施工,除某些不适应招标的特殊工程项目外(须经水行政主管部门批准),均须实行招标投标。

水利工程项目进行施工准备必须满足如下条件:水利工程建设项目可行性研究报告已经批准,年度水利投资计划下达后,项目法人即可开展施工准备。

(四) 初步设计阶段

初步设计是根据批准的可行性研究报告和必要而准确的设计资料,对设计对象进行通盘研究,阐明拟建工程在技术上的可行性和经济上的合理性,规定项目的各项基本技术参数,编制项目的总概算。初步设计任务应择优选择有相应资格的设计单位承担,依照有关初步设计编制规定进行编制。

初步设计文件报批前,一般须由项目法人委托有相应资格的工程咨询机构或组织行业各方面(包括管理、设计、施工、咨询等)的专家,对初步设计中的重大问题进行咨询论证。设计单位根据咨询论证意见,对初步设计文件进行补充、修改、优化。初步设计由项目法人组织审查后,按国家现行规定权限向主管部门申报审批。

初步设计文件经批准后,主要内容不得随意修改、变更,并作为项目建设实施的技术文件基础。如有重要修改、变更,须经原审批机关复审同意。

(五) 建设实施阶段

建设实施阶段是指主体工程的建设实施,项目法人按照批准的建设文件组织工程建设,保证项目建设目标的实现。

水利工程具备《水利工程建设项目管理规定》中规定的开工条件后,主体工程方可开工建设。建设实行项目法人责任制,主体工程开工前还须具备以下条件:

（1）建设管理模式已经确定，投资主体与项目主体的管理关系已经理顺；

（2）项目建设所需全部投资来源已经明确，且投资结构合理；

（3）项目产品的销售，已有用户承诺，并确定了定价原则。

（六）生产准备阶段

生产准备是项目投产前所要进行的一项重要工作，是建设阶段转入生产经营的必要条件。项目法人应按照建管结合和项目法人责任制的要求，适时做好有关生产准备工作。生产准备应根据不同类型的工程要求确定，一般应包括如下主要内容：

（1）生产组织准备。建立生产经营的管理机构及相应管理制度。

（2）招收和培训人员。按照生产运营的要求，配备生产管理人员，并通过多种形式的培训提高人员素质，使之能满足运营要求。生产管理人员要尽早介入工程的施工建设，参加设备的安装调试，熟悉情况，掌握好生产技术和工艺流程，为顺利衔接基本建设和生产经营阶段做好准备。

（3）生产技术准备。主要包括技术资料的汇总、运行技术方案的制订、岗位操作规程的制定和新技术的准备。

（4）生产的物资准备。主要是落实投产运营所需要的原材料、协作产品、工器具、备品备件和其他协作配合条件的准备。

（5）正常的生活福利设施准备。

及时具体落实产品销售合同协议的签订，提高生产经营效益，为偿还债务和资产的保值增值创造条件。

（七）竣工验收阶段

竣工验收是工程完成建设目标的标志，是全面考核基本建设成果、检验设计和工程质量的重要步骤。竣工验收合格的项目即从基本建设转入生产或使用。

当建设项目的建设内容全部完成，并经过单位工程验收（包括工程档案资料的验收），符合设计要求并按《水利基本建设项目（工程）档案资料管理暂行规定》的要求完成了档案资料的整理工作；完成竣工报告、竣工决算等必需文件的编制后，项目法人按《水利工程建设项目管理规定》，向验收主管部门提出申请，根据国家和部颁验收规程，组织验收。

竣工决算编制完成后，须由审计机关组织竣工审计，其审计报告作为竣工验收的基本资料。

工程规模较大、技术较复杂的建设项目可先进行初步验收。不合格的工程不予验收；有遗留问题的项目，对遗留问题必须有具体处理意见，且有限期处理的明确要求并落实责任人。

（八）后评价阶段

建设项目竣工投产后，一般经过1~2年的生产运营要进行一次系统的项目后评价，是对项目的立项决策、设计、施工、竣工验收、生产运营等全工程进行系统评估的一种技术活动，是基本建设程序的最后一环。通过后评价达到肯定成绩、总结经验、研究问题、提高项目决策水平和投资效果的目的。

工程后评价主要内容包括：①影响评价，即项目投产后对各方面的影响进行评价；

②经济效益评价,即对项目投资、国民经济效益、财务效益、技术进步和规模效益、可行性研究深度等进行评价;③过程评价,即对项目的立项、设计施工、建设管理、竣工投产、生产运营等全过程进行评价。

任务五　水利工程建设的项目管理

1995年水利部发布《水利工程建设项目管理规定》,提出实行"三项制度"改革,即项目法人责任制、招标投标制和建设监理制。

一、项目法人责任制

项目法人责任制是指经营性建设项目由项目法人对项目的策划、资金筹措、建设实施、生产经营、偿还债务和资产的保值增值实行全过程负责的一种项目管理制度。在基本建设"三项制度"中,项目法人责任制是核心制度。

根据《关于贯彻落实加强公益性水利工程建设管理若干意见的实施意见》,项目主管部门在可行性研究报告批复后,施工准备工程开工前需要完成项目法人组建。中央项目由水利部(或流域机构)负责组建项目法人。流域机构负责组建项目法人的报水利部备案。地方项目由县级以上人民政府或其委托的同级水行政主管部门负责组建项目法人并报上级人民政府或其委托的水行政主管部门审批,其中总投资在2亿元以上的地方大型水利工程项目由项目所在地的省(自治区、直辖市及计划单列市)人民政府或其委托的水行政主管部门负责组建项目法人,任命法定代表人(简称法人代表)。

新建项目一般应按建管一体的原则组建项目法人。除险加固、续建配套、改建扩建等建设项目,原管理单位基本具备项目法人条件的,原则上由原管理单位作为项目法人或以其为基础组建项目法人。一、二级堤防工程的项目法人可承担多个子项目的建设管理,项目法人的组建应报项目所在流域的流域机构备案。

项目法人是项目建设的责任主体,对项目建设的工程质量、工程进度、资金管理和生产安全负总责,并对项目主管部门负责。

在建设阶段,项目法人的主要职责是:

(1)组织初步设计文件的编制、审核、申报等工作。

(2)按照基本建设程序和批准的建设规模、内容、标准组织工程建设。

(3)根据工程建设需要组建现场管理机构并负责任免其主要行政及技术、财务负责人。

(4)负责办理工程质量监督和主体工程开工报告报批手续。

(5)负责与项目所在地方人民政府及有关部门协调解决好工程建设外部条件。

(6)依法对工程项目的勘察、设计、监理、施工和材料及设备等组织招标,并签订有关合同。

(7)组织编制、审核、上报项目年度建设计划,落实年度工程建设资金,严格按照概算控制工程投资,用好、管好建设资金。

(8)负责监督检查现场管理机构建设管理情况,包括工程投资、工期、质量、生产安全和工程建设责任制情况等。

(9)负责组织制订、上报在建工程的度汛计划、相应的安全度汛措施,并对在建工程安全度汛负责。

(10)负责组织编制竣工决算。

(11)负责按照有关验收规程组织或参与验收工作。

(12)负责工程档案资料的管理,包括对各参建单位所形成档案资料的收集、整理、归档工作进行监督、检查。

二、招标投标制

根据《水利工程建设项目招标投标管理规定》,符合下列具体范围并达到规模标准之一的水利工程建设项目必须进行招标。

(一)需要招标的项目范围

1.具体范围

(1)关系社会公共利益、公共安全的防洪、排涝、灌溉、水力发电、引(供)水、滩涂治理、水土保持、水资源保护等水利工程建设项目;

(2)使用国有资金投资或者国家融资的水利工程建设项目;

(3)使用国际组织或者外国政府贷款、援助资金的水利工程建设项目。

2.规模标准

(1)施工单项合同估算价在 200 万元人民币以上的;

(2)重要设备、材料等货物的采购,单项合同估算价在 100 万元人民币以上的;

(3)勘察设计、监理等服务的采购,单项合同估算价在 50 万元人民币以上的;

(4)项目总投资额在 3 000 万元人民币以上,但分标单项合同估算价低于本项第(1)、(2)、(3)条目规定的标准的项目原则上都必须招标。

招标分为公开招标和邀请招标。招标投标活动应当遵循公开、公平、公正和诚实信用的原则。建设项目的招标工作由招标人负责,任何单位和个人不得以任何方式非法干涉招标投标活动。

(二)水利工程建设项目招标的一般程序

(1)招标前,按项目管理权限向水行政主管部门提交招标报告备案;

(2)编制招标文件;

(3)发布招标信息(招标公告或投标邀请书);

(4)发售资格预审文件;

(5)按规定日期,接受潜在投标人编制的资格预审文件;

(6)组织对潜在投标人资格预审文件进行审核;

(7)向资格预审合格的潜在投标人发售招标文件;

(8)组织购买招标文件的潜在投标人现场踏勘;

(9)对招标文件有关问题进行澄清,并书面通知所有潜在投标人;

(10)组织成立评标委员会,并在中标结果确定前保密;

(11)在规定时间和地点,接受符合招标文件要求的投标文件;

（12）组织开标评标会；

（13）在评标委员会推荐的中标候选人中，确定中标人；

（14）向水行政主管部门提交招标投标情况的书面总结报告；

（15）发中标通知书，并将中标结果通知所有投标人；

（16）进行合同谈判，并与中标人订立书面合同。

（三）投标和评标

投标人必须具备水利工程建设项目所需的资质（资格）。

投标人应当按照招标文件的要求编写投标文件，并在招标文件规定的投标截止时间之前密封送达招标人。投标人应当对递交的资质（资格）预审文件及投标文件中有关资料的真实性负责。

评标标准和方法应当在招标文件中载明，在评标时不得另行制定或修改、补充任何评标标准和方法。

评标标准分为技术标准和商务标准，一般包含以下评价内容：投标人的业绩和资信；技术负责人的经历和管理人员的技术力量；主要施工设备（对于施工项目）；工作实施方案和进度；质量标准、质量和安全管理措施（对于施工项目）；投标人的业绩、类似工程经历和资信（对于施工项目）；投标价格和评标价格；财务状况等。评标方法可采用综合评分法、综合最低评标价法、合理最低投标价法、综合评议法及两阶段评标法。评标委员会经过评审，从合格的投标人中排序推荐中标候选人。

三、建设监理制

根据《水利工程建设监理规定》，水利工程建设监理是指具有相应资质的水利工程建设监理单位，受项目法人（建设单位）委托，按照监理合同对水利工程建设项目实施中的质量、进度、资金、安全生产、环境保护等进行的管理活动。

水利工程建设监理的主要内容是进行建设工程的合同管理，按照合同控制工程建设的投资、工期和质量，并协调建设各方的工作关系。监理单位应当按下列程序实施建设监理：

（1）按照监理合同，选派满足监理工作要求的总监理工程师、监理工程师和监理员组建项目监理机构，进驻现场；

（2）编制监理规划，明确项目监理机构的工作范围、内容、目标和依据，确定监理工作制度、程序、方法和措施，并报项目法人备案；

（3）按照工程建设进度计划，分专业编制监理实施细则；

（4）按照监理规划和监理实施细则开展监理工作，编制并提交监理报告；

（5）监理业务完成后，按照监理合同向项目法人提交监理工作报告、移交档案资料。

水利工程建设监理实行总监理工程师负责制。总监理工程师负责全面履行监理合同约定的监理单位职责，发布有关指令，签署监理文件，协调有关各方之间的关系。监理工程师在总监理工程师授权范围内开展监理工作，具体负责所承担的监理工作，并对总监理工程师负责。监理员在监理工程师或者总监理工程师授权范围内从事监理辅助工作。

监理机构应按照监理合同和施工合同约定，开展水利工程施工质量、进度、资金的控制活动,以及施工安全和文明施工的监理工作,加强信息管理,协调施工合同有关各方之间的关系。

任务六　本课程的内容和学习方法

一、本课程的主要内容

本课程的主要内容包括水资源开发利用、水利工程运行管理、水利工程基本知识、水库工程、闸坝工程、水力发电工程、农田水利工程、河道治理与防洪工程、生态与环境水利工程、海绵城市建设等。

二、本课程的学习方法与要求

水利工程概论是一门综合性很强的课程,涉及的知识面很宽,同时是一门实践性很强的课程,学好本门课程有助于在工作中更好地理解和掌握各种水利工程的设计、施工和运行管理。

本课程的学习要求有以下几点:

(1)掌握各种水利工程的基本概念、分类和特点,初步了解其工作原理。

(2)对水利工程的设计施工和运行管理有充分的理解。

(3)掌握水工建筑物组成、细部构造等内容。

(4)能够初步看懂相关建筑物的图纸。

(5)学会独立思考问题的方法,能够在设计中查阅相关规范及资料,达到自学的目的。

(6)了解国内外水利水电发展的趋势。

练习题

一、简答题

1.简述水资源的基本特性。

2.简述我国水资源的特点。

3.水利工程有哪些类型?

4.列举我国的七大流域管理系统。

5.水利水电工程基本建设程序分为哪几个阶段?

二、单选题

1.海水占全球总水量的比例为(　　　)。

　　A.70%　　　　　　B.90%　　　　　　C.95%　　　　　　D.97.5%

2.全球陆地平均年降水量为(　　　)。

　　A.600 mm　　　　B.800 mm　　　　C.1 000 mm　　　　D.1 200 mm

3.水资源开发利用的原则不包括(　　　)。

A.统筹兼顾兴利除害的综合效益

B.兼顾上下游、左右岸、各地区和各行业的用水需求

C.缺水地区要优先保证高耗水行业的需求

D.重视水利工程建设对生态环境的影响

4.以下河流输沙量最大的是( )。

    A.长江   B.黄河   C.珠江   D.尼罗河

5.水利工程的设计造型具有独特性的原因是( )。

A.与建筑物所在地的地形、地质、水文等条件密切相关

B.人们对水利工程提出不同的审美要求

C.水利工程特别重视外观设计的产权保护

D.国家鼓励进行水利工程的创新设计

项目二　水利工程基本知识

【学习目标】

1. 了解水文与水资源概况。
2. 熟悉水利枢纽的类型。
3. 掌握水利枢纽的组成。
4. 掌握水利枢纽的布置。
5. 掌握水利工程等级的划分。

【技能目标】

能叙述水利工程相关内容。

任务一　水利工程中常用的基本概念

为了更好地学习本课程,本任务主要介绍一些必要的基本概念。

一、水文方面

(一)水文现象

自然界各种水体的存在形态和运动过程称为水文现象。例如,蒸发、降水、水流的循环过程是水文现象;河流和湖泊中的水位涨落、流量的大小、河流含沙量的大小及输沙的多少、水温冰情变化等也是水文现象。

(二)水文学

水文学一般研究地球上水的形成、循环、时空分布、化学和物理性质以及水与环境的相互关系,为人类防治水旱灾害、合理开发和有效利用水资源、不断改善人类生存和发展的环境条件提供科学依据。

(三)水文要素

水文要素是构成某一地点或区域在某一时间的水文情势的主要因素,它描述水文情势的主要物理量,包括各种水文变量和水文现象。降水、蒸发和径流是水文循环的基本要素。同时,把水位、流量、流速、水温、含沙量、冰凌和水质等列为水文要素。流速是指单位时间内水体移动的距离,单位为 m/s;流量是指单位时间内通过某一过水断面的水量,单位为 m^3/s。

(四)降水量

降水量是一定时段内降落到某一点或某一面积上的总水量,用深度表示,单位为 mm。降水持续的时间称为降水历时,以 min、h 或 d 计。单位时间的降水量称为降水强度,以 mm/min 或 min/h 计。

按降水强度可分为小雨、中雨、大雨和暴雨。中国气象部门规定,24 h 降雨量小于 10 mm 的降雨为小雨,10~24.9 mm 为中雨,25~49.9 mm 为大雨,大于或等于 50 mm 而小于 100 mm 的为暴雨,大于或等于 100 mm 而小于 200 mm 称为大暴雨,大于 200 mm 称为特大暴雨。

(五) 水位

河流或者其他水体的自由水面离某一基面零点以上的高程称为水位。水位的单位是 m,一般要求记至小数点后 2 位,即 0.01 m。水文中常见的特征水位有:

(1)起涨水位。一次洪水过程中,涨水前最低的水位。

(2)洪峰水位。一次洪水过程中,出现的最高水位值。

(3)警戒水位。当水位继续上涨达到某一水位,防洪堤可能出现险情,此时防汛护堤人员应加强巡视,严加防守,随时准备投入抢险,这一水位即定为警戒水位。

(4)保证水位。按照防洪堤防设计标准,应保证在此水位时堤防不溃决。有时也把历史最高水位定为保证水位。当水位达到或接近保证水位时,防汛进入紧急状态,防汛部门要按照紧急防汛期的权限采取各种必要措施,确保堤防等工程的安全,对于可能出现超过保证水位的工程抢护和人员安全做好积极准备。

(六) 径流量

径流是指在水文循环过程中,沿流域的不同路径向河流、湖泊、沼泽和海洋汇集的水流。在一定时间内通过河流某一过水断面的水量称为径流量。一个年度内在河槽里流动的水流叫作年径流。年径流可以用年径流总量 $W(m^3)$、年平均流量 $Q(m^3/s)$、年径流深 $R(mm)$ 等表示。

洪水:暴雨或融雪等引起的,使水库、河流水量迅猛增加,水位急剧上升的自然现象。

洪峰:最大洪水叫洪峰,对应水位叫洪峰水位。

洪水总量:一次暴雨产生的径流量。

重现期:洪水变量大于或等于一定数值,在很长时间内平均多少年出现一次的概率,又称洪水频率。如百年一遇是大于或等于这样的洪水在很长时间内平均每百年出现一次,不能理解成恰好每隔百年一次。

(七) 河流泥沙

河流泥沙是指河流中随水流输移或在河床上发生冲淤的岩土颗粒物质。根据其运动情况,可将泥沙分为推移质、跃移质和悬移质。由于跃移质是推移质和悬移质间的过渡情况,因此有时将其合并在推移质中而分为两种。悬移质泥沙是指受水流的紊动作用悬浮于水中并随水流移动的泥沙,推移质泥沙指受水流拖曳力作用沿河床滚动、滑动、跳跃或层移的泥沙。

(八) 河流、水系及流域

河流是指陆地表面宣泄水流的通道,是溪、川、江、河的总称。水系(河系)是由河流的干流和各级支流,流域内的湖泊、沼泽或地下暗河形成彼此连接的一个系统。流域是地表水和地下水的分水线所包围的集水区域或汇水区域,习惯上指地表水的集水区域。

河流分段:每条河流一般都可分为河源、上游、中游、下游、河口等五个分段。①河源:河流开始的地方,可以是溪涧、泉水、冰川、沼泽或湖泊等。②上游:直接连着河源,在河流的上段,它的特点是落差大,水流急,下切力强,河谷狭,流量小,河床中经常出现急滩和瀑布。③中游:其一般特点是河道比降变缓,河床比较稳定,下切力量减弱而旁蚀力量增强,因此河槽逐渐拓宽和曲折,两岸有滩地出现。④下游:其特点是河床宽,纵比降小,流速慢,河道中淤积作用较显著,浅滩到处可见,河曲发育。⑤河口:河流的终点,也是河流入海洋、湖泊或其他河流的入口,泥沙淤积比较严重。

流域面积:流域分水线与河口断面之间所包围的平面面积。

左右岸:假设人站在河中,面向下游,左手边为左岸,右手边为右岸。

堤内与堤外:以河流的大堤为界,河水一侧为堤内,农田、村庄一侧为堤外。

长江流域和分段

(九)水环境

水环境是指自然界中水的形成、分布和转化所处空间的环境;是指围绕人群空间及可直接或间接影响人类生活和发展的水体,其正常功能的各种自然因素和有关的社会因素的总体。水环境主要由地表水环境和地下水环境两部分组成。

(十)水生态

水生态是指环境水因子对生物的影响和生物对各种水分条件的适应。生命起源于水中,水又是一切生物的重要组分。生物体不断地与环境进行水分交换,环境中水的质(盐度)和量是决定生物分布、种的组成和数量,以及生活方式的重要因素。

(十一)水质

水质是水体质量的简称。它标志着水体的物理(如色度、浊度、臭味等)、化学(无机物和有机物的含量)和生物(细菌、微生物、浮游生物、底栖生物)的特性及其组成的状况。为评价水体质量的状况,规定了一系列水质参数和水质标准,如生活饮用水、工业用水和渔业用水等水质标准。

(十二)水污染

水污染是指污染物进入水体,使水质恶化,降低水的功能及其使用价值的现象。水污染主要是由人类活动产生的污染物造成的,它包括工业污染源、农业污染源和生活污染源三大部分。

二、工程测量方面

(一)高程

地面点到高度起算面的垂直距离称为高程。黄海多年平均海平面称为"1985国家高程基准",是我国的地面高度起算面。

(二)比例尺

比例尺是表示图上一条线段的长度与地面相应线段的实际长度之比。公式为:比例尺=图上距离/实际距离。比例尺有三种表示方法:数值比例尺、图示比例尺和文字比例尺。

(三)地形

地形是地物和地貌的统称。地物是地面上各种人为的或天然的固定物体,如河渠、房屋、道路等。地貌是指地表面倾斜缓急、高低起伏的形状,如山头、洼地、山谷等。

(四)等高线

等高线指的是地形图上高程相等的相邻各点所连成的闭合曲线。把地面上海拔高度相同的点连成闭合曲线,并垂直投影到一个水平面上,并按比例缩绘在图纸上,就得到等高线。等高线也可以看作是不同海拔的水平面与实际地面的交线,所以等高线是闭合曲线。

关于等高线的知识

三、力学与结构方面

(一)荷载

荷载是指使结构或构件产生内力和变形的外力及其他因素,习惯上指施加在工程结构上使工程结构或构件产生效应的各种直接作用,常见的有结构自重、静水压力、动水压力、泥沙压力、浪压力、冰压力、地震荷载、风荷载等。

(二)应力与应变

物体由于外因(受力、温度变化等)而变形时,在物体内各部分之间产生相互作用的内力,以抵抗这种外因的作用,并试图使物体从变形后的位置恢复到变形前的位置。在所考察的截面某一点单位面积上的内力称为应力。同截面垂直的称为正应力或法向应力,同截面相切的称为剪应力或切应力。应力大小与外力成正比。对于某一种材料,应力的增长是有限度的,超过这一限度,材料就会发生破坏。破坏时的应力值称为强度。物体在外力的作用下产生变形时,体内各点处变形程度一般并不相同,用以描述一点处变形程度的力学量称为该点的应变。

对于一根长度为 L、横截面面积为 A 的直杆来说,在轴向拉力 F 作用下伸长了 ΔL,则其轴向应力为 $\sigma = F/A$,轴向应变为 $\varepsilon = \Delta L/L$。受拉杆在弹性变形阶段,应力 σ 和应变 ε 之间的关系为 $\sigma = E\varepsilon$,其中 E 为弹性模量。

弹性模量是弹性材料的一种最重要、最具特征的力学性质,是物体弹性变形难易程度的表征,用 E 表示。定义为理想材料有小变形时应力与相应应变之比。

(三)结构基本构件

工程结构一般是由基本构件组成的,这些基本构件可以分为板、梁、柱、墙、杆、拱、壳、索、膜、框架、桁架等。

板:平面形结构,厚度远远小于平面尺寸,承受垂直于板面方向的荷载,以弯曲变形为主。

梁:线形结构,其截面尺寸远远小于其长度,承受垂直于其纵轴方向的荷载,其变形主要是弯曲变形和剪切变形。

柱:线形结构,其截面尺寸远远小于其长度,承受平行于其纵轴方向的荷载,以压缩变形为主,偏心受压时也会发生弯曲变形。

墙:平面结构,厚度远小于墙面尺寸,承受平行于及垂直于墙面方向的荷载,以压缩变形为主,有时也发生弯曲和剪切变形。

板、梁、柱、墙

杆:线形结构,其截面尺寸远远小于其长度,承受与其长度方向一致的轴力(拉伸或压缩),多用于组成桁架或网架或用于单独承受拉力的杆件。

拱:曲线结构,截面尺寸远小于其弧长尺寸,承受沿其纵轴平面内荷载的曲线形构件,以压缩变形为主,也发生弯曲和剪切变形。

壳:一种曲面形且具有很好空间传力性能的构件,能以极小厚度覆盖大跨度空间,以受压缩为主。

索:柔性线形结构(分直线形或曲线形),一般承受拉力。

膜:一种用薄膜材料(如玻璃纤维布、塑料薄膜)制成的构件,能受拉。

框架:框架结构是指由梁和柱以钢筋相连而成的结构,即由梁和柱组成框架共同抵抗使用过程中出现的荷载。

桁架：由杆件通过焊接、铆接或螺栓连接而成的支撑横梁结构，是格构化的一种梁式结构。桁架结构常用于大跨度的厂房、展览馆、体育馆和桥梁等公共建筑中。

拱、索、膜、
框架、桁架

四、建筑材料方面

（一）建筑材料

建筑材料是工程建筑中使用的材料的统称，可分为结构材料、装饰材料和某些专用材料。结构材料包括木材、竹材、石材、水泥、混凝土、金属、砖瓦、陶瓷、玻璃、工程塑料、复合材料等。

（二）建筑材料的基本性质

（1）密实度：材料体积内被固体物质所充实的程度。

（2）孔隙率：材料中孔隙体积所占的百分比。

（3）空隙率：空隙体积所占的比例。

（4）亲水性与憎水性：能否被水浸润。

（5）吸水性：材料吸水饱和时吸收水分的体积占干燥材料自然体积的比值。

（6）吸湿性。

（7）耐水性：在饱和水作用下不破坏。

（8）抗渗性：材料抵抗压力水渗透的性质称为抗渗性（或称不透水性）。

（9）抗冻性：用抗冻等级 F 表示。

其中材料的抗渗性、抗冻性、耐化学腐蚀性、耐磨性、抗老化性等称为材料的耐久性。

（三）混凝土的分类

混凝土简称砼，是指由胶凝材料将骨料胶结成整体的工程复合材料的统称。通常讲的混凝土是指用水泥作为胶凝材料，砂、石作为骨料，与水（可含外加剂和掺和料）按一定比例配合，经搅拌而得的水泥混凝土，也称普通混凝土，它广泛应用于各类建筑工程。

混凝土的骨料一般为砂和石。砂称为细骨料，其粒径为 0.15~4.75 mm；石称为粗骨料，其粒径大于 4.75 mm。

混凝土有多种分类方法，最常见的有以下几种。

1. 按使用功能分类

混凝土按使用功能可分为结构混凝土、保温混凝土、装饰混凝土、防水混凝土、耐火混凝土、水工混凝土、海工混凝土、道路混凝土、防辐射混凝土等。

2. 按施工工艺分类

混凝土按施工工艺可分为离心混凝土、真空混凝土、灌浆混凝土、喷射混凝土、碾压混凝土、挤压混凝土、泵送混凝土等。

3. 按配筋方式分类

混凝土按配筋方式可分为素（无筋）混凝土、钢筋混凝土、钢丝网水泥混凝土、纤维混凝土、预应力混凝土等。

4. 按掺和料分类

为了改善混凝土性能，调节混凝土强度等级，在混凝土拌和时掺入天然的或人工的粉状矿物质，称为掺和料。混凝土按掺和料可分为粉煤灰混凝土、硅灰混凝土、矿渣混凝土、纤维混凝土等。

另外,混凝土还可按抗压强度分为低强度混凝土(抗压强度小于 30 MPa)、中强度混凝土(抗压强度为 30~60 MPa)和高强度混凝土(抗压强度大于或等于 60 MPa);按每立方米水泥用量又可分为贫混凝土(水泥用量不超过 170 kg)和富混凝土(水泥用量不小于230 kg)等。

(四)混凝土的强度

混凝土硬化后的最重要的力学性能是指混凝土抵抗压、拉、弯、剪等应力的能力。水灰比、水泥品种和用量、骨料的品种和用量以及搅拌、成型、养护都直接影响混凝土的强度。

混凝土按标准抗压强度(以边长为 150 mm 的立方体为标准试件,在标准养护条件下养护 28 d,按照标准试验方法测得的具有 95% 保证率的立方体抗压强度)划分的强度等级一般可分为 C10、C15、C20、C25、C30、C35、C40、C45、C50、C55、C60、C65、C70、C75、C80共 15 个等级。混凝土的抗拉强度仅为其抗压强度的 1/10~1/20。

(五)混凝土的外加剂

工程中常用的外加剂包括:

(1)减水剂:增加流动性,减少水泥用量,提高密实度,提高抗渗、抗冻、抗化学腐蚀及抗锈蚀等能力,改善混凝土的耐久性。

(2)早强剂:指能加速混凝土早期强度发展的外加剂。

(3)引气剂:改善混凝土拌和物的和易性,显著提高抗渗性、抗冻性,但混凝土强度略有降低。

(4)缓凝剂:指能延缓混凝土凝结时间。

(5)防冻剂:降低混凝土冰点。

(6)速凝剂:使混凝土迅速凝结硬化。

(7)膨胀剂:提高混凝土的抗渗性和抗裂性。

(六)钢材

钢材是工程建设必不可少的重要物资,应用广泛、品种繁多,根据断面形状的不同,钢材一般分为型材、板材、管材和金属制品四大类。其主要力学指标包括:

(1)强度:钢材在静拉伸条件下的最大承载能力,它反映了材料的抗断裂抗力,单位为 MPa。

(2)塑性:对大多数的工程材料,当其应力低于比例极限(弹性极限)时,应力—应变关系是线性的,表现为弹性行为,也就是说,当载荷卸除以后,其应变也会完全消失。而应力超过弹性极限后,发生的变形包括弹性变形和塑性变形两部分,塑性变形不可逆。塑性越好,越不容易发生脆性断裂,受力过程中,应力和内力重分布就越充分,设计就越安全,破坏前的预兆越明显。

(3)冷弯性能:常温下钢材承受弯曲加工变形的能力。

(4)韧性:钢材在冲击荷载作用下,变形和断裂过程中吸收机械能的能力。

五、工程地质方面

(一)断层

断层是指地壳受力发生断裂,沿破裂面两侧岩块发生显著相对位移的构造。断层的规模大小不等,大者沿走向延长可达上千千米,向下可切穿地壳,通常由许多断层组成,称为断裂带;小者常以厘米计。断层是岩层或岩体顺破裂面发生明显位移的构造,断层在地壳中广泛发育,是地壳的最重要构造之一。在地貌上,大的断层常常形成裂谷和陡崖,如著名的东非大裂谷、我国华山北坡大断崖。沿断裂面往往发育成泉水湖泊。断层处不宜兴建大坝等大型工程,易诱发滑坡等地质灾害。

(二)节理

节理也称为裂隙,是岩体受力断裂后两侧岩块没有显著位移的小型断裂构造。节理是很常见的一种构造地质现象,就是在岩石露头上所见的裂缝,或称岩石的裂缝。这是由于岩石受力而出现的裂隙,但裂开面的两侧没有发生明显的(眼睛能看清楚的)位移,在岩石露头上,到处都能见到节理。节理的发育程度和走向、倾角等对水工建筑物的稳定有一定影响。

断层、节理

(三)风化

风化是指使岩石发生破坏和改变的各种物理、化学和生物作用。一般可定义为在地表或接近地表的常温条件下,岩石在原地发生的崩解或蚀变。崩解和蚀变的区别反映了物理作用和化学作用的差异。物理作用涉及岩石破碎而不涉及造岩矿物的任何分解。相反,化学作用则意味着一种或多种矿物的蚀变。风化作用产生在结构或成分上不同于母岩的表层物质。一般来说,水工建筑物不宜建在强风化层上。

(四)地震震级和烈度

地震是地壳快速释放能量过程中造成的震动,地震期间地震波向四面八方传播。

震级是地震大小的一种度量,根据地震释放能量的多少来划分,用"级"来表示。地震震级是衡量地震本身大小的尺度,由地震所释放出来的能量大小来决定。释放出的能量愈大,则震级愈大。地震释放的能量大小,是通过地震仪记录的震波最大振幅来确定的。

同样大小的地震,造成的破坏不一定相同;同一次地震,在不同的地方造成的破坏也不同。而地震烈度就是表示地震破坏程度的一个指标。影响烈度的因素有震级、震源深度、距震源的远近、地面状况和地层构造等。一般情况下仅就烈度和震源、震级间的关系来说,震级越大震源越浅,烈度也越大。一般震中区的破坏最重、烈度最高,这个烈度称为震中烈度。从震中向四周扩展,地震烈度逐渐减小。所以,一次地震只有一个震级,但它所造成的破坏在不同的地区是不同的,即一次地震,可以划分出好几个烈度不同的地区。

六、土力学方面

(一)土的组成

水利工程建筑在很多情况下要利用土作为承载结构,尤其是在基础工程中。一般来说,工程中所说的土是指土体,由岩石风化而来,是由固体(土的颗粒)、液体和气体材料组成的。当土中的空隙全部被水充满时,称为饱和土。土颗粒的粒径大小不同,粒径大小及其粒径分布会影响到土体的工程性质。

土的组成

(二)土的颗粒级配

土中各粒组的相对百分含量通常用各粒组占土粒总质量(干土质量)的百分数表示,称为土的粒度成分,一般用颗粒级配曲线表示土颗粒的分布情况。土粒质量累计百分数为10%时,相应的粒径称为有效粒径 d_{10};当小于某粒径的土粒质量累计百分数为30%时,相应的粒径用 d_{30} 表示;当小于某粒径的土粒质量累计百分数为60%时,该粒径称为限定

粒径 d_{60}。根据《岩土工程勘察规范(2009 年版)》(GB 50021—2001)的规定,粒径>2 mm 的质量超过 50%的称为碎石土,粒径<2 mm 的质量小于 50%而粒径>0.075 mm 的质量超过 50%的称为砂土,粒径<0.075 mm 的质量小于 50%的称为粉土或黏性土。碎石土、砂土和粉土又称为无黏性土。

(三)土中的应力

土体在其自重作用下,其内部存在一定的应力,称为土体的天然应力或初始应力。土体中的天然应力可分解为铅直应力 σ_v 与水平应力 σ_h。天然铅直应力 σ_v 通常用土体天然容重 γ 与埋藏深度 h 的乘积 γh 估算;天然水平应力 σ_h 通常用侧压力系数 K_0 与天然铅直应力 σ_v 估算。

(四)土的强度

土的强度为土在外力作用下达到屈服或破坏时的极限应力。由于剪应力对土的破坏起控制作用,所以土的强度通常是指它的抗剪强度。土的抗剪强度一般用摩尔—库仑强度准则表示,在一定应力范围内,抗剪强度 $\tau_f = c + \sigma \tan\varphi$(其中 c 表示土的黏聚力,σ 为土剪切面上的法向应力,φ 为土的内摩擦角),c 和 φ 用试验方法确定。

(五)土的渗透性

土的渗透性一般是指水通过土中孔隙流动的现象,是土的主要力学性质之一。一般用渗透系数作为表征土的渗透性指标。砂土的渗流基本服从达西定律,即渗流速度 $v = ki$(k 为渗透系数,i 为渗透坡降)。黏性土中渗流的达西定律表达形式为 $v = k(i - i_0)$(i_0 为起始水力坡降)。

(六)土的稳定

在土体受到荷载作用后,土体内各点产生应力,可将其分解为法向应力和剪应力。若某点剪应力达到该点的抗剪强度,土体即沿着剪应力作用方向产生相对滑动。若荷载继续增加,则剪应力达到抗剪强度的区域愈来愈大,最后形成连续的滑动面,使一部分土体相对另一部分土体产生滑动,使整个土体强度破坏而失稳。

(七)土工合成材料

土工合成材料分为土工织物、土工膜、土工格栅、土工复合材料(复合土工膜、塑料排水带、软式排水管等)。

(1)土工织物:又称为土工布,是用于岩土工程中的一种布状材料;是把聚合物原料加工成丝、短纤维、纱或条带,然后制成平面结构的土工织物。其优点是质量轻、整体连续性好、施工方便、抗拉强度较高、耐腐蚀和抗微生物侵蚀性好。缺点是未经特殊处理,抗紫外线能力低,如暴露在外容易老化,但如不直接暴露,则抗老化及耐久性能仍较高。

(2)土工膜:一般可分为沥青和聚合物(合成高聚物)两大类。土工膜具有突出的防渗和防水性能,其弹性和适应变形的能力很强,能适用于不同的施工条件和工作应力,具有良好的耐老化能力,处于水下和土中的土工膜的耐久性尤为突出。

(3)土工格栅:是一种主要的土工合成材料,与其他土工合成材料相比,它具有独特的性能与功效。土工格栅常用作加筋土结构的筋材或复合材料的筋材等。土工格栅分为玻璃纤维类和聚酯纤维类两种类型。

土工材料

土工格栅是一种质量轻,具有一定柔性的平面网材,易于现场裁剪和连接,也可重叠搭接,施工简便,不需要特殊的施工机械和专业技术人员。

(4)土工复合材料:土工织物、土工膜、土工格栅和某些特种土工合成材料,将其两种或两种以上的材料互相组合起来就成为土工复合材料。土工复合材料可将不同材料的性质结合起来,更好地满足具体工程的需要,能起到多种功能的作用。例如复合土工膜,就是将土工膜和土工织物按一定要求制成的一种土工织物组合物。其中,土工膜主要用来防渗,土工织物起加筋、排水和增加土工膜与土面之间摩擦力的作用。

七、其他方面

标准、规范、规程都是标准的表现形式,习惯上统称为标准,只有针对具体对象时才加以区别。

规范一般是在工农业生产和工程建设中,对设计、施工、制造、检验等技术事项所做的一系列规定。

规程是对作业、安装、鉴定、安全、管理等技术要求和实施程序所做的统一规定。

任务二　水利工程枢纽及其布置

一、水利工程枢纽

由若干种不同类型的水工建筑物组成的建筑物综合体称为水利枢纽,一般由挡水建筑物、泄水建筑物、取水输水建筑物和专门性建筑物组成。

(一)挡水建筑物

在取水枢纽和蓄水枢纽中,为拦截水流、抬高水位和调蓄水量而设的跨河道建筑物,分为溢流坝(闸)和非溢流坝(也称为挡水建筑物)两类。溢流坝(闸)兼作泄水建筑物。河床式水电站的厂房、河道中船闸的闸首、闸墙和临时性的围堰等,属于挡水建筑物。仅用以抬高水位的、高度不大的闸坝称壅水建筑物。不少挡水建筑物兼有其他功能,也常列入其他水工建筑物。例如,溢流坝、拦河闸、泄水闸常列入泄水建筑物,进水闸则常列入取水建筑物。

挡水建筑物可用混凝土、钢筋混凝土、钢材、木材、橡胶等构筑而成,也可用土料填筑或石料砌筑、堆筑而成。其主要形式有重力式和拱式两种。混凝土重力坝、浆砌石重力坝和大头坝、支墩坝主要依靠本身的重量抵抗水平推力来保持稳定,其体积相对较大,属于重力式结构。土坝和堆石坝都有边坡稳定问题,但就其整体稳定的性能来说,也属于重力式结构。各种形式的拱坝,依靠拱的作用将大部分水平推力传至两岸,只有小部分水平推力传至河床地基,属于拱式结构,坝体体积相对较小。连拱坝的拱形挡水面板属于拱式结构,但就其整体来讲,仍属于重力式结构。除这两种基本形式外,有些临时性或半永久性的中小型低水头挡水建筑物,如一些围堰工程、壅水坝、导流坝等,使用嵌固式的板桩结构,利用桩在地基内的嵌固作用来抵抗水平推力以保持稳定,可称为嵌固式挡水建筑物。

挡水建筑物所承担的任务在其所从属的水利工程的总体规划中已基本确定。挡水建筑物的形式、轮廓尺寸、建筑材料、地基处理等的设计需遵照规定的设计程序,通过水力、结构等的计算分析和方案比较来确定。挡水建筑物的设计必须特别注意水的作用。对于混凝土浇筑、浆砌石砌筑的挡水建筑物,水压力、浪压力、扬压力等可能影响整体稳定;对于土石堆筑的挡水建筑物,渗流可能影响上下游边坡的稳定,并可能使建筑物本身或地基产生危害性的管涌与流土;兼有泄水作用的闸、坝,其下泄水流对河床、岸坡乃至建筑物本身可能产生有害的,甚至破坏性的冲刷和磨损,高速水流还可能引起建筑物和闸门的空蚀和振动。针对这些水的作用,挡水建筑物除必须采用适当的体形和轮廓尺寸外,还常需在防渗排水、消能防冲、防空蚀、抗振动等方面采取有效措施。

(二) 泄水建筑物

泄水建筑物为宣泄洪水和放空水库而设。其形式有岸边溢洪道、溢流坝(闸)、泄水隧洞、闸身泄水孔或坝下涵管等。

泄水建筑物的布置、形式和轮廓设计等取决于水文、地形、地质以及泄水流量、泄水时间、上下游限制水位等任务和要求。设计时,一般先选定泄水形式,拟定若干个布置方案和轮廓尺寸,再进行水利和结构计算,与枢纽中其他建筑物进行综合分析,选用既满足泄水需要又经济合理、便于施工的最佳方案。必要时采取不同的泄水形式,进行方案优选。

修建泄水建筑物,关键是要解决好消能防冲和防空蚀、抗磨损。对于较轻型建筑物或结构,还应防止泄水时的振动。泄水建筑物设计和运行实践的发展与结构力学和水力学的进展密切相关。近年来,由于高水头窄河谷宣泄大流量、高速水流压力脉动、高含沙水流泄水、大流量施工导流、高水头闸门技术以及抗震、减振、掺气减蚀、高强度耐蚀耐磨材料的开发和进展,对泄水建筑物设计、施工、运行水平的提高起了很大的推动作用。

(三) 取水输水建筑物

取水输水建筑物为灌溉、发电、供水和专门用途的取水而设。其形式有进水闸、引水隧洞和引水涵管等。引水隧洞在洞身后接压力水管,渠道上的输水隧洞和通航隧洞只有洞身段。闸门可设在进口、出口或洞内的适宜位置。出口设有消能防冲设施。为防止岩石坍塌和渗水等,隧洞洞身段常用锚喷(采用锚杆和喷射混凝土)或钢筋混凝土做成临时支护或永久性衬砌。洞身断面可为圆形、城门洞形或马蹄形。有压隧洞多用圆形。进出口布置、洞线选择以及洞身断面的形状和尺寸受地形、地质、地应力、枢纽布置、运用要求和施工条件等因素所制约,需要通过技术经济比较后确定。进水闸闸室形式取决于引水条件,当上游水位变幅小、引水流量大、引水渠底高程较高时,宜采用开敞式水闸;当上游水位变幅大、闸底高程受低水位控制时,宜用胸墙式水闸或涵洞式水闸。当进水口前防洪水位远高于引水位时,一般采用涵洞式水闸。

(四) 专门性建筑物

专门性建筑物有水电站的厂房、调压室,扬水站的泵房、流道,通航、过木、过鱼的船闸、升船机、筏道、鱼道等。

二、枢纽位置选择及布置

水利枢纽是为满足各项水利工程兴利除害的目标,在河流或渠道的适宜地段修建的不同类型水工建筑物的综合体。水利枢纽常以其形成的水库或主体工程——坝、水电站的名称来命名,如三峡大坝、密云水库、罗贡坝、新安江水电站等;也有直接称水利枢纽的,如葛洲坝水利枢纽。

水利枢纽按承担任务的不同，可分为防洪枢纽、灌溉（或供水）枢纽、水力发电枢纽和航运枢纽等。多数水利枢纽承担多项任务，称为综合利用水利枢纽。影响水利枢纽功能的主要因素是选定合理的位置和最优的布置方案。水利枢纽工程的位置一般通过河流流域规划或地区水利规划确定。具体位置须充分考虑地形、地质条件，使各个水工建筑物都能布置在安全可靠的地基上，并能满足建筑物的尺度和布置要求，以及施工的必需条件。水利枢纽工程的布置一般通过可行性研究和初步设计确定。枢纽布置必须使各个不同功能的建筑物在位置上各得其所、在运用中相互协调，充分有效地完成所承担的任务；各个水工建筑物单独使用或联合使用时水流条件良好，上下游的水流和冲淤变化不影响或少影响枢纽的正常运行，总之技术上要安全可靠；在满足基本要求的前提下，要力求建筑物布置紧凑，一个建筑物能发挥多种作用，减少工程量和工程占地，以减小投资；同时要充分考虑管理运行的要求和施工便利、工期短。一个大型水利枢纽工程的总体布置是一项复杂的系统工程，需要按系统工程的分析研究方法进行论证确定。

在流域规划或地区规划中，某一水利枢纽所在河流中的大体位置已基本确定，但其具体位置还需在此范围内通过不同方案的技术经济比较来进行比选。水利枢纽的位置常以其主体——坝（挡水建筑物）的位置为代表。因此，水利枢纽位置的选择常称为坝址选择。有的水利枢纽，只需在较狭窄的范围内进行坝址选择；有的水利枢纽，则需要在较宽的范围内选择坝段，然后在坝段内选择坝址。例如三峡水利枢纽，就曾先在三峡出口的南津关坝段及其上游 30~40 km 处的美人坨坝段进行比较。前者的坝轴线较短，坝的工程量较小，发电量稍大；但地下工程较多，特别是地质条件、水工布置和施工条件远较后者差，因而选定了美人坨坝段。在这一坝段中，又选择了太平溪和三斗坪两个坝址进行比较。两者的地质条件基本相同，前者坝体工程量较小，但后者便于枢纽布置，特别是便于施工，最终选定了三斗坪坝址。

一个水利枢纽的建筑物组成是由该枢纽承担的任务来确定的。

枢纽布置应遵循的一般原则是：①坝址、坝及其他主要建筑物的形式选择和枢纽布置要做到施工方便、工期短、造价低；②枢纽布置应当满足各个建筑物在布置上的要求，以保证其在任何工作条件下都能正常工作；③在满足建筑物强度和稳定的条件下，降低枢纽总造价和年运转费用；④枢纽中各建筑物布置紧凑，尽量将同一工种的建筑物布置在一起，以减少连接建筑；⑤尽可能使枢纽中的部分建筑物早期投产，提前发挥效益（如提前蓄水，早期发电或灌溉）；⑥枢纽的外观应与周围环境相协调，在可能条件下注意美观。

(一)三峡水利枢纽

三峡水利枢纽是长江流域治理开发的关键工程，2009 年全面建成，是目前世界规模最大的水利工程。枢纽位于长江干流三峡中的西陵峡，湖北省宜昌市上游约 40 km 的三斗坪。

三峡工程的主要作用是防洪、发电和航运。工程建成后，防洪方面可将荆江河段的防洪标准由原来的约 10 年一遇提高到 100 年一遇，遭遇大于 100 年一遇特大洪水时，辅以分洪措施可防止发生毁灭性灾害；三峡水电站总装机容量 2 250 万 kW；在航运方面，可改善长江特别是川江渝宜段（重庆—宜昌）的航道条件，对促进西南与华中、华东地区的物资交流和发展长江航运事业具有积极作用。此外，三峡水利工程还具有巨大的养殖、旅游等方面的效益，是一个条件优越、效益显著的综合利用水利枢纽，是治理开发长江的一项关键工程。

三峡水利枢纽由大坝、水电站厂房、通航建筑物等主要建筑物组成。选定的枢纽布置方案是泄流坝段位于河床中部,即原主河槽部位,两侧为电站坝段及非泄流坝段(亦称非泄洪、非溢流、非溢洪坝段);水电站厂房位于电站坝段坝后,另在右岸留有将来扩机的地下厂房位置;通航建筑物均位于左岸,见图2-1。

　　三峡大坝为混凝土重力坝,坝长2 335 m,底部宽115 m,顶部宽40 m,坝体高185 m,正常蓄水位175 m。大坝下游的水位约66 m。大坝坝体可抵御万年一遇的特大洪水,最大下泄流量可达10万 m³/s。

　　三峡大坝设计成由多个功能模块组成,从左至右(面向下游)依次为永久船闸、升船机、泄沙通道(临时船闸)、左岸大坝及电站、泄洪坝段、右岸大坝及电站、山体地下电站等。大坝的永久船闸为双线五级船闸,建于坛子岭背对长江的一侧,年通过能力5 000万 t。

三峡水利枢纽

　　三峡水电站的机组布置在大坝的后侧,共安装32台70万 kW 水轮发电机组,其中左岸14台、右岸12台、地下6台,另外还有2台5万 kW 的电源机组。

(二)小浪底水利枢纽

　　小浪底水利枢纽工程位于河南省洛阳市以北、黄河中游最后一段峡谷的出口处,上距三门峡水利枢纽130 km,下距郑州花园口128 km,是黄河干流在三门峡以下唯一能够取得较大库容的控制性工程。其开发目标以防洪、防凌、减淤为主,兼顾供水、灌溉和发电。水库正常蓄水位275 m,库水面积272 km²,总库容126.5亿 m³。

　　小浪底工程由拦河大坝、泄洪建筑物和引水发电系统组成。

　　拦河大坝采用斜心墙堆石坝,坝顶高程281 m,设计最大坝高154 m,坝顶长度为1 667 m,坝顶宽度为15 m,坝底最大宽度为864 m。

　　由于地形、地质条件的限制和进水口防淤堵等运用要求,泄洪、排沙、引水发电建筑物均布置在左岸,形成进水口、洞室群、出水口消力塘集中布置的特点。在面积约1 km²的单薄山体中集中布置了各类洞室100多条,9条泄洪排水洞、6条引水发电洞和1条灌溉洞的进水口组合成一字形排列的10座进水塔,其上游面在同一竖直面内,前缘总宽276.4 m,最大高度为113 m。各洞进口错开布置,形成高水泄洪排污、低水泄洪排沙、中间引水发电的总体布局,可防止进水口淤堵、降低洞内流速、减轻流道磨蚀、提高闸门运用的可靠性。其中,6条引水发电洞和3条排沙洞进口共组成3座发电进水塔,每座塔布置2条发电洞进口,其下部中间为1条排水洞进口,高差15~20 m,可使粗沙经排沙洞下泄,减少对水轮机的磨蚀,见图2-2。

　　引水发电系统也布置在枢纽左岸,包括6条发电引水洞、地下厂房、主变室、闸门室和3条尾水隧洞。厂房内安装6台300 MW 混流式水轮发电机组,总装机容量1 800 MW。

小浪底水利枢纽

(三)新安江水电站

　　新安江水电站建于1957年4月,是1949年后我国自行设计、自制设备、自主建设的第一座大型水力发电站。大坝位于杭州建德市新安江镇以西6 km,水库总库容220亿 m³,为多年调节水库。水电站总装机容量66.25万 kW,年发电量18.6亿 kW·h。枢纽由大坝、溢流式厂房、开关站及泄洪结构等组成,见图2-3。

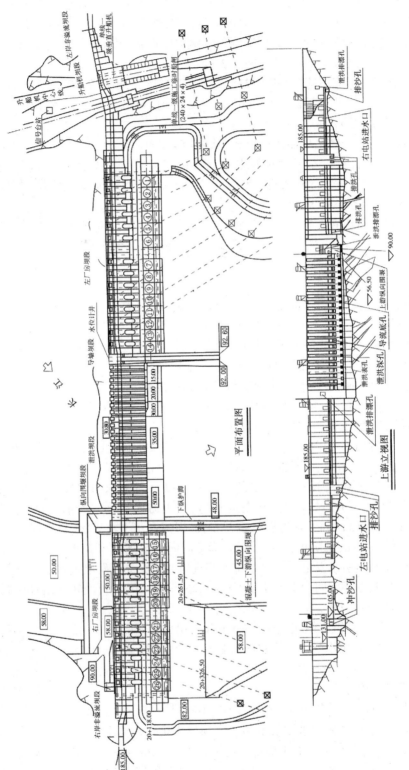

图 2-1　长江三峡水利枢纽布置图 （单位：m）

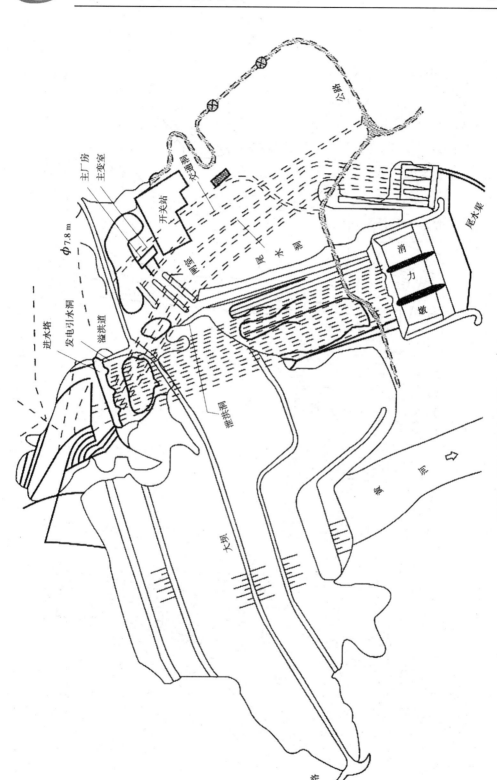

图 2-2 黄河小浪底水利枢纽平面布置图

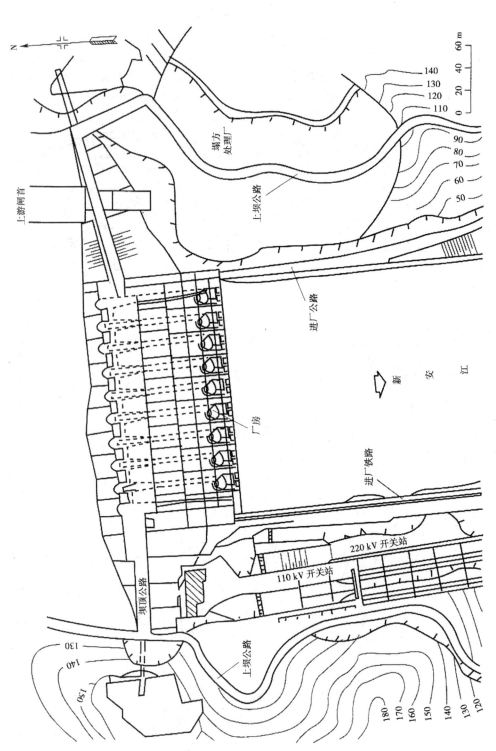

图 2-3 新安江水电站枢纽平面布置图

大坝为混凝土宽缝重力坝,坝体分为26个坝段,长466.5 m。0~3号、24~25号坝段为实体重力坝,4号、23号坝段只有一侧留有宽缝。坝顶高程115 m,最大坝高105 m,最大底宽93.664 m,挡水段坝顶宽8.5 m,溢流段顶宽38.7 m。溢流道布置在7~16号坝段,设有9个溢流孔,每孔净宽13 m,总净宽117 m,溢流堰顶高程99 m。在堰顶上安装平板钢闸门,闸门重76 t,闸门尺寸为10.5 m×14.47 m,门顶高程109.5 m。水电站最大泄洪能力约14 000 m³/s(其中机组发电流量按800 m³/s计)。设计洪水时下泄洪能力9 500 m³/s,在正常高水位108 m时,9孔闸门泄洪能力为6 060 m³/s。按万年一遇校核洪水流量132 00 m³/s,采用挑流消能方式,厂房顶末端设有差动式挑流鼻坎,高低坎高低差1.6 m,宽均为2.5 m。在溢流坝段内安装有直径5.2 m压力钢管9条。

厂房位于溢流段坝后,全长216 m,宽17 m,高42.75 m,装有国产水轮发电机组9台,其中1号、2号、7号、8号机容量为7.5万kW,3号、4号、5号、6号、9号机容量为7.25万kW。厂房装有2台起重能力分别为200 t、30 t的电动桥式起重机。副厂房共5层,控制室与配电设备位于中间1层,其余4层自上而下分别是回风道、母线层、电缆层、输水钢管伸缩节层。

新安江水电站

尾水平台与两岸进场公路相连,宽7.85 m,高程33.75 m,设20 t门式启闭机、1台启闭尾水闸门。

任务三 水利工程分等与建筑物分级

根据《水利水电工程等级划分及洪水标准》(SL 252—2017)及其他现行水利水电工程等级划分的相关规范,汇总工程等别划分标准如下。

(1)水利水电工程的等别应根据其工程规模、效益及在国民经济中的重要性按表2-1确定。

对综合利用的水利水电工程,当按各综合利用项目的分等指标确定的等别不同时,其工程等别应按其中最高等别确定。

(2)水利水电工程永久性水工建筑物的级别,应根据工程的等别或永久性水工建筑物的分级指标综合分析确定,见表2-2。综合利用水利水电工程中承担单一功能的单项建筑物的级别,应按其功能、规模确定;承担多项功能的建筑物级别,应按规模指标较高的确定。

若水库大坝按表2-2的标准确定为2级、3级,但坝高超过表2-3规定的指标,其级别可提高一级,洪水标准可不提高。

(3)拦河闸永久性水工建筑物的级别,应根据其所属工程的等别按表2-2确定。拦河闸永久性水工建筑物按表2-2规定为2级、3级,其校核洪水过闸流量分别大于5 000 m³/s、1 000 m³/s时,其建筑物级别可提高一级,但洪水标准可不提高。

(4)防洪工程中堤防永久性水工建筑物的级别应根据其保护对象的防洪标准按表2-4确定。

表 2-1 水利水电工程分等指标

工程等别	工程规模	水库总库容(亿m³)	防洪			治涝 治涝面积(万亩)	灌溉 灌溉面积(万亩)	供水		发电 发电装机容量(MW)
			保护人口(万人)	保护农田面积(万亩)	保护区当量经济规模(万人)			供水对象重要性	年引水量(亿m³)	
I	大(1)型	≥10	≥150	≥500	≥300	≥200	≥150	特别重要	≥10	≥1 200
II	大(2)型	<10, ≥1	<150, ≥50	<500, ≥100	<300, ≥100	<200, ≥60	<150, ≥50	重要	<10, ≥3	<1 200, ≥300
III	中型	<1, ≥0.10	<50, ≥20	<100, ≥30	<100, ≥40	<60, ≥15	<50, ≥5	比较重要	<3, ≥1	<300, ≥50
IV	小(1)型	<0.10, ≥0.01	<20, ≥5	<30, ≥5	<40, ≥10	<15, ≥3	<5, ≥0.5	一般	<1, ≥0.3	<50, ≥10
V	小(2)型	<0.01, ≥0.001	<5	<5	<10	<3	<0.5		<0.3	<10

注：1. 水库总库容是指水库最高水位以下的静库容；治涝面积是指设计治涝面积；灌溉面积是指设计灌溉面积；年引水量指供水工程渠首设计年均引(取)水量。

2. 保护区当量经济规模指标仅限于城市保护区，供水中的多项指标满足 1 项即可。

3. 按供水对象的重要性确定工程等别时，该工程应为供水对象的主要水源。

表2-2 永久性水工建筑物级别

工程等别	主要建筑物	次要建筑物
I	1	3
II	2	3
III	3	4
IV	4	5
V	5	5

表2-3 水库大坝提级指标

级别	坝型	坝高(m)
2	土石坝	90
	混凝土坝、浆砌石坝	130
3	土石坝	70
	混凝土坝、浆砌石坝	100

表2-4 堤防永久性水工建筑物级别

防洪标准[重现期(年)]	≥100	<100,≥50	<50,≥30	<30,≥20	<20,≥10
堤防级别	1	2	3	4	5

涉及保护堤防的河道整治工程永久性水工建筑物级别,应根据堤防级别并考虑损毁后的影响程度综合确定,但不宜高于其所影响的堤防级别。

(5)治涝、排水工程中的排水渠(沟)永久性水工建筑物级别,应根据设计流量按表2-5确定。

表2-5 排水渠(沟)永久性水工建筑物级别

设计流量(m³/s)	主要建筑物	次要建筑物
≥500	1	3
<500,≥200	2	3
<200,≥50	3	4
<50,≥10	4	5
<10	5	5

(6)治涝、排水工程中的水闸、渡槽、倒虹吸、管道、涵洞、隧洞、跌水与陡坡等永久性水工建筑物级别,应根据设计流量,按表2-6确定。

表 2-6　排水渠系永久性水工建筑物级别

设计流量(m³/s)	主要建筑物	次要建筑物
≥300	1	3
<300,≥100	2	3
<100,≥20	3	4
<20,≥5	4	5
<5	5	5

(7)治涝、排水工程中的泵站永久性水工建筑物级别以及灌溉工程中的泵站永久性水工建筑物级别,应根据设计流量及装机功率按表2-7确定。

表 2-7　泵站永久性水工建筑物级别

设计流量(m³/s)	装机功率(MW)	主要建筑物	次要建筑物
≥200	≥30	1	3
<200,≥50	<30,≥10	2	3
<50,≥10	<10,≥1	3	4
<10,≥2	<1,≥0.1	4	5
<2	<0.1	5	5

注:1.设计流量指建筑物所在断面的设计流量。

2.装机功率指泵站包括备用机组在内的单站装机功率。

3.当泵站按分级指标分属两个不同级别时,按其中高者确定。

4.由连续多级泵站串联组成的泵站系统,其级别可按系统总装机功率确定。

(8)灌溉工程中的渠道及渠系永久性水工建筑物级别,应根据设计灌溉流量按表2-8确定。

表 2-8　灌溉工程永久性水工建筑物级别

设计灌溉流量(m³/s)	主要建筑物	次要建筑物
≥300	1	3
<300,≥100	2	3
<100,≥20	3	4
<20,≥5	4	5
<5	5	5

(9)供水工程永久性水工建筑物级别,应根据设计流量按表2-9确定。供水工程中的

泵站永久性水工建筑物级别,应根据设计流量及装机功率按表2-9确定。但承担县级市及以上城市主要供水任务的供水工程永久性水工建筑物级别不宜低于3级,承担建制镇主要供水任务的供水工程永久性水工建筑物级别不宜低于4级。

表2-9　供水工程的永久性水工建筑物级别

设计流量(m³/s)	装机功率(MW)	主要建筑物	次要建筑物
≥50	≥30	1	3
<50,≥10	<30,≥10	2	3
<10,≥3	<10,≥1	3	4
<3,≥1	<1,≥0.1	4	5
<1	<0.1	5	5

注:1.设计流量指建筑物所在断面的设计流量。

　　2.装机功率系指泵站包括备用机组在内的单站装机功率。

　　3.泵站建筑物按分级指标分属两个不同级别时,按其中高者确定。

　　4.由连续多级泵站串联组成的泵站系统,其级别可按系统总装机功率确定。

(10)水利水电工程施工期使用的临时性挡水、泄水等水工建筑物的级别,应根据保护对象、失事后果、使用年限和临时性挡水建筑物规模按表2-10确定。

表2-10　临时性水工建筑物级别

级别	保护对象	失事后果	使用年限(年)	临时性挡水建筑物规模	
				围堰高度(m)	库容(亿 m³)
3	有特殊要求的1级永久性水工建筑物	淹没重要城镇、工矿企业、交通干线或推迟工程总工期及第一台(批)机组发电,推迟工程发挥效益,造成重大灾害和损失	>3	>50	>1.0
4	1级、2级永久性水工建筑物	淹没一般城镇、工矿企业或影响工程总工期和第一台(批)机组发电,推迟工程发挥效益,造成较大经济损失	≤3,≥1.5	≤50,≥15	≤1.0,≥0.1
5	3级、4级永久性水工建筑物	淹没基坑,但对总工期及第一台(批)机组发电影响不大,对工程发挥效益影响不大,经济损失较小	<1.5	<15	<0.1

任务四　水　库

天然河道的径流过程和用水需求存在一定的矛盾。当需要用水时,河流中的水量可能不大;而当不需要用水时,河流中的径流量可能比较大,尤其是在洪水季节,用水很少而河流中的流量很大,有可能发生洪涝灾害。为了解决这个矛盾,就需要在河流上修建水库。修建水库的主要目的一是拦蓄洪水,二是调节径流。

一、水库的作用

(一)防洪

水库是防洪广泛采取的工程措施之一。利用水库库容拦蓄洪水,削减进入下游河道的洪峰流量,达到减免洪水灾害的目的。水库防洪一般用于拦蓄洪峰或错峰,常与堤防、分洪工程、防洪非工程措施等配合组成防洪系统,通过统一的防洪调度共同承担其下游的防洪任务。长江三峡水利枢纽工程有防洪库容 221.5 亿 m³,可使荆江河段防洪标准从 10 年一遇提高到 100 年一遇,若配合运用荆江分洪工程和其他分、蓄洪区,可将防洪标准提高到 1 000 年一遇,基本上可消除洪涝灾害的影响。

(二)兴利调节

对于综合利用水库来说,水库除承担防洪任务外,还可能要承担以下任务:

(1)向附近的区域供水,包括工农业生产用水、居民生活用水、环境生态用水等。由于修建了水库,可以基本保证用户在枯水季节的用水需求。

(2)在水库大坝下游修建水电站,利用水库中的水位与大坝下游水位之间的水位差(也称为水头)进行水力发电。例如三峡水电站建成后,装机总容量达 22 500 MW,平均年发电量达 1 040 亿 kW·h,效益非常可观。

(3)修建水库以后,控制水库的泄水过程,改善河流中的流量,保证河流中的水位,确保其中的船只通行。三峡水库将改善航运里程 660 km,使万吨级船队可以从重庆直达汉口。

(4)其他方面。还可以利用水库进行水产养殖、开发库区旅游,如著名的千岛湖就是新安江水库所形成的。

二、水库的调节分类

水库的来水、放水和蓄水都是随时间而变化的。水库由空库到满库再到空库的循环所经历的时间称为水库的调节周期。按照调节周期的长短可以将水库分为日调节、周调节、月调节、季调节、年调节及多年调节。

(1)日调节水库:水库库容很小,水库的调节周期为一昼夜,将一昼夜的天然径流通过水库调节。

(2)周调节水库:水库库容小,水库的调节周期为一周,将一周的天然径流通过水库调节。

(3)月调节水库:水库库容小,水库的调节周期为一个月,将一个月的天然径流通过水库调节。

日调节、周调节和月调节三种类型的水库库容小,相应的蓄水能力和适应用水要求的调节能力也较弱。

(4)年调节水库:对一年内各月的天然径流进行优化分配、调节,将丰水期多余的水量存在水库中,保证枯水期的用水需要。

(5)多年调节水库:将不均匀的多年天然来水量进行优化分配、调节。多年调节的水库容量较大,调节洪水的能力也很强,可以实现削减洪峰和错开洪峰的目的。

三、水库的特征水位和特征库容

(一)水库的特征水位

水库中的水位是不断变化的,为完成不同时期的不同任务和各种水文情况,需控制达到或允许消落的各种库水位,称为水库特征水位。这些特征水位和相应的库容各有其特定的任务和作用,体现着水库利用和正常工作的各种特定要求。水库特征水位和特征库容的关系见图2-4。

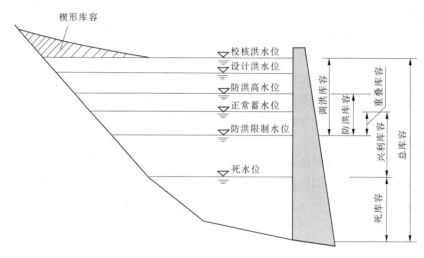

图2-4 水库特征水位和特征库容的关系

(1)正常蓄水位:水库在正常运用情况下,允许经常保持的最高水位,又称设计蓄水位。它决定了水库的规模、效益和调节方式,也在很大程度上决定了水工建筑物的尺寸、形式和水库的淹没,是水库最重要的特征水位。

(2)设计洪水位:发生设计洪水时,在坝前所达到的最高水位。是水库在正常运用情况下允许达到的最高洪水位,也是挡水建筑物稳定计算的主要依据。

(3)校核洪水位:发生校核洪水时,在坝前所达到的最高水位。

(4)防洪限制水位:水库在汛期允许的水位上限,也是水库在汛期防洪运用时的起调水位。防洪限制水位的拟定关系到防洪和兴利的结合问题,要兼顾两方面的需要。

(5)死水位:水库在正常运用情况下,允许消落到的最低水位,又称设计低水位。

此外,还有防洪高水位,即当水库遇到下游防护对象的设计标准洪水时,在坝前所达到的最高水位,称为防洪高水位。只有当水库承担下游防洪任务时,才需确定这一水位。

(二)水库的特征库容

(1)死水位以下的库容称为死库容,也叫垫底库容。死库容的水量除遇到特殊的情况外(如特大干旱年),不直接用于调节径流,但可以淤积泥沙。

(2)正常蓄水位至死水位之间的水库容积称为兴利库容,用以调节径流,提供水库的供水量。

(3)设计洪水位至防洪限制水位之间的水库容积称为设计调洪库容。校核洪水位至防洪限制水位之间的水库容积称为校核调洪库容。

(4)正常蓄水位至防洪限制水位之间的容积称为重叠库容,也叫共用库容。汛前限制蓄水,腾出库容以便防汛,汛后蓄水用于兴利。

(5)校核洪水位以下的水库容积称为总库容。它作为表征水库工程规模的代表性指标,是划分水库等级、确定工程安全标准的重要依据。

练习题

一、简答题

1.简述挡水建筑物的主要作用和形式。

2.简述泄水建筑物的主要作用和布置要求。

3.简述水利工程枢纽的组成。

4.水利工程等级划分的依据是什么?如何分等?如何分级?

5.说明水库的特征水位和特征库容有哪些?其各自的定义及含义是什么?

二、单选题

1.在一定时间内通过河流某一过水断面的(　　　)称为径流量。

　　A.水量　　　　　　B.水流　　　　　　C.洪峰　　　　　　D.洪水

2.洪水变量大于或等于一定数值,在很长时间内平均多少年出现一次的概率,称为(　　　)。

　　A.洪水频率　　　　B.重现期　　　　　C.概率　　　　　　D.频率

3.黄海多年平均海平面,称为"1985国家高程基准",是我国的地面高度(　　　)。

　　A.基准点　　　　　B.起算面　　　　　C.标准0点　　　　D.0点高程

4.材料中应力的增长是有限度的,超过这一限度,材料就会发生破坏,破坏时的(　　　)称为强度。

　　A.变形　　　　　　B.应变　　　　　　C.荷载值　　　　　D.应力

5.板主要承受(　　　)板面方向的荷载,以弯曲变形为主。

　　A.平行于　　　　　B.垂直于　　　　　C.斜交于　　　　　D.任意方向

6.材料的孔隙率是指材料中孔隙体积所占的(　　　)。

　　A.比例　　　　　　B.百分比　　　　　C.多少　　　　　　D.体积

三、多选题

1.水工建筑物常见的荷载有(　　　)、浪压力、冰压力、地震荷载、风荷载等。

　　A.结构自重　　　　B.静水压力　　　　C.动水压力　　　　D.泥沙压力

2.梁承受垂直于其纵轴方向的荷载,其变形主要是( )。

  A.弯曲变形   B.拉伸变形   C.剪切变形   D.扭曲变形

3.混凝土的强度是其最重要的力学性能,是指混凝土抵抗( )等应力的能力。

  A.压   B.拉   C.弯   D.剪

4.土的抗剪强度主要取决于( )。

  A.黏聚力   B.剪切面上的的法向应力

  C.渗透系数   D.内摩擦角

5.水利枢纽一般由( )组成。

  A.挡水建筑物   B.泄水建筑物   C.取水建筑物   D.专门性建筑物

项目三　水库工程

【学习目标】

1. 掌握重力坝的工作原理、特点、类型,熟悉重力坝的剖面、材料、构造,了解重力坝的地基处理;掌握拱坝的工作特点和类型;掌握土石坝的工作原理、特点、类型,熟悉土石坝的剖面和构造,了解土石坝的渗流问题、稳定问题和地基处理方法。

2. 掌握泄水建筑物的类型,溢流坝、溢洪道的类型、构造、作用及其消能方式。

3. 掌握水工隧洞和坝下涵管的组成和构造;熟悉常见附属建筑物的类型及组成。

【技能目标】

能初步看懂常见重力坝、拱坝、土石坝、常见泄水建筑物和输水建筑物的工程图纸。

在河流有利地点修建人工湖来存蓄洪水、调节径流,既可以防洪,又可以兴利,这种人工湖称为水库。水库的修建可以改变江河的自然面貌,驯服洪水,发挥水利资源的综合效益,不仅可以重新按季度分配径流、防治水旱灾害,而且可以利用蓄水和抬高的水位发展灌溉、发电、航运、给水、水产及旅游等。

一般水库工程由挡水建筑物、泄水建筑物、输水建筑物、附属建筑物等水工建筑物组成。

任务一　挡水建筑物

挡水建筑物主要是指堤、坝、堰和闸,有时候水电站厂房也参与挡水,水库工程中的挡水建筑物主要是指拦河坝。其作用是拦截河水、壅高水位。拦河坝按其建筑物材料可分为混凝土坝、土石坝和浆砌石坝,混凝土坝又可分为重力坝、拱坝、支墩坝等。

本任务主要学习重力坝、拱坝、土石坝。

一、重力坝

重力坝是一种古老而又应用广泛的坝型,因其依靠坝体自重产生的摩阻力维持其自身稳定而得名。通常修建在岩基上,用混凝土或浆砌石筑成。坝轴线一般为直线,垂直坝轴线方向设永久性横缝,将坝体分为若干个独立坝段,以免因坝基不均匀沉陷和温度变化而引起坝体开裂。坝的横剖面基本上是上游近于铅直的三角形,如图3-1所示。

(一)重力坝的工作原理及特点

重力坝的工作原理是在水压力及其他荷载的作用下,依靠坝体自身重量在滑动面上产生的抗滑力来满足稳定要求;同时依靠坝体自重在水平截面上产生的压应力来抵消由水压力所引起的拉应力,以满足强度要求。与其他坝型比较,其主要特点有:

(1)工作安全,运行可靠。重力坝剖面尺寸大,坝内应力较小,筑坝材料强度较高,耐

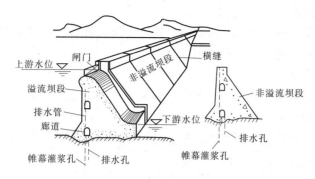

图 3-1　重力坝示意图

久性好。因此,抵抗洪水漫顶、渗漏、侵蚀、地震和战争等破坏的能力都比较强。

(2)对地形、地质条件的适应性较好。任何形状的河谷均可修建重力坝。由于坝体作用于地基面上的压应力不高,所以对地质条件的要求也较低,除承载力低的软基和难以处理的断层、破碎带等构造的基岩外,均可建造重力坝。

(3)泄洪方便,导流容易。重力坝断面大,筑坝材料抗冲刷能力强,可采用坝顶溢流,也可在坝内设泄水孔,不需另外设置河岸溢洪道和泄洪隧洞,枢纽布置紧凑。在施工期可以利用坝体导流,不需另设导流隧洞。

(4)施工方便,维护简单。重力坝结构简单,体积大,在放样、立模和混凝土浇筑等环节都比较方便,可采用机械化施工。在后期运行、维护、检修、扩建等方面也比较简单。

(5)结构简单,受力明确。重力坝沿坝轴线用横缝分成若干坝段,各坝段独立工作,结构简单,传力系统明确,便于分析和设计。

(6)坝体体积大,水泥用量多。水泥水化热引起混凝土温度升高,可能导致裂缝的产生。在施工中,为控制温度应力,常需采取温控散热措施。许多工程因施工时温度控制不当而出现裂缝,有的甚至形成危害性裂缝,从而削弱坝体的整体性能。

(7)受扬压力影响较大。坝体和坝基在某种程度上都是透水的,渗透水流将对坝体产生扬压力。由于坝体和坝基接触面较大,故受扬压力影响也大。扬压力的作用方向与坝体自重的方向相反,会抵消部分坝体的有效重量,对坝体的稳定和应力不利,需采取专门的防渗、排水设施。

(8)材料强度不能充分发挥。由于重力坝的断面是根据抗滑稳定和无拉应力条件确定的,坝体内的压应力通常不大,材料强度得不到充分发挥,这是重力坝的主要缺点。

(二)重力坝的类型

1. 按坝的高度分类

按坝的高度可分为高坝、中坝、低坝三类。坝高大于 70 m 的为高坝;坝高在 30~70 m 的为中坝;坝高小于 30 m 的为低坝。坝高指的是坝体最低面(不包括局部深槽或井、洞)至坝顶路面的高度。

2. 按筑坝材料分类

按筑坝材料可分为混凝土重力坝和浆砌石重力坝。一般情况下,较高的坝和重要的工程经常采用混凝土重力坝;中、低坝则可以采用浆砌石重力坝。

3. 按泄水条件分类

按泄水条件可分为溢流坝和非溢流坝。坝体内设有泄水孔的坝段和溢流坝段统称为泄水坝段。非溢流坝段也可称作挡水坝段。

4. 按施工方法分类

按施工方法可分为浇筑式混凝土重力坝和碾压式混凝土重力坝。

5. 按坝体的结构形式分类

按坝体的结构形式可分为实体重力坝、宽缝重力坝、空腹重力坝,见图3-2。

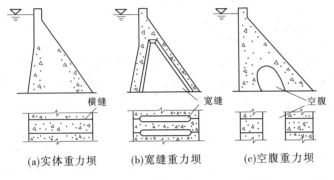

图3-2　重力坝的类型(按坝体结构形式)

重力坝

(1)实体重力坝剖面和自重大,利于坝体稳定,结构简单,设计和施工方便,应力计算明确;但建筑材料用量大,工程量大,而且坝中部许多材料仅起填充、加重作用,强度得不到充分发挥。坝体与坝基接触面积大,坝底扬压力也大,对坝体稳定起不利作用。

(2)宽缝重力坝将坝的横缝(内部部分)变宽,也就是把每节坝体的内部部分减薄,使两段坝体间的横缝加宽,如图3-2(b)所示。其坝体比实体重力坝可节省建筑材料10%~20%,坝体与坝基接触面积相对小一些,坝基中的渗透水可从宽缝处排出,从而降低坝底扬压力;施工时可根据各坝段地质条件采用不同的缝宽。宽缝重力坝的主要缺点是施工模板的种类与数量相对实体重力坝较多,施工较为复杂。

(3)空腹重力坝是在坝轴线方向设置大型空腔,可进一步降低扬压力,节省工程量,并可利用坝内空腔布置水电站厂房,坝顶溢流宣泄洪水,利于解决在狭窄河谷中布置发电厂房和泄水建筑物的矛盾。其缺点是腹孔附近可能存在一定的拉应力,局部需要配置较多钢筋,施工也比较复杂。

(三)重力坝上的作用(荷载)及作用效应组合

1. 作用(荷载)

结构上的荷载,即为结构上的作用,通常是指对结构产生效应(内力、变形等)的各种原因的总称,并可分为直接作用和间接作用。直接作用是指直接施加在结构上的集中力或分布力,间接作用则是指使结构产生外加变形或约束变形的原因,如地震、温度作用等。

荷载按其随时间的变异分为永久荷载、可变荷载、偶然荷载。设计基准期内量值基本不变的作用称为永久荷载;荷载量值随时间变化而且变化较大(变化量不可忽略)的荷载称为可变荷载;只可能短暂出现(量值很大)或可能不出现的荷载称为偶然荷载(如地震）。

（1）永久荷载包括结构自重和永久设备自重、土压力、淤沙压力、预应力、地应力、围岩压力等。

（2）可变荷载包括静水压力、扬压力、动水压力、浪压力、风雪荷载、冰冻压力、楼面（平台）活荷载、门机荷载、温度荷载、灌浆压力等。

（3）偶然荷载包括地震荷载、校核洪水位时的静水压力等。

作用在重力坝上的荷载位置及方向见图3-3，其具体计算公式和计算方法见《水工建筑物》或重力坝相关的设计手册。

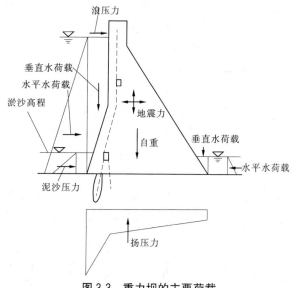

图3-3　重力坝的主要荷载

2. 作用效应组合

作用于重力坝上的各种荷载出现的时间是不同的。坝体自重、水压力和扬压力是经常起作用的，而地震和特大洪水出现的机会则较少。因此，进行坝体稳定分析时应根据工程的具体条件，考虑可能发生的各种危险情形，以及荷载出现的机会进行组合，具体的组合要求见《混凝土重力坝设计规范》（SL 319—2018）。

（四）重力坝的剖面

重力坝分为溢流坝段和非溢流坝段，本任务重点学习非溢流剖面。剖面设计的任务是在满足稳定和强度要求的条件下，确定一个施工简单、运用方便、体积最小的剖面。影响剖面设计的因素很多，主要有作用荷载、地形地质条件、运用要求、筑坝材料、施工条件等。其设计步骤一般是：首先简化荷载条件并结合工程经验拟定出基本剖面；其次根据坝的运用和安全要求，将基本剖面修改为实用剖面，并进行稳定计算和应力分析；再次优化剖面设计，得出满足设计原则条件下的经济剖面；最后进行构造设计和地基处理。

1. 基本剖面

重力坝承受的主要荷载是静水压力、扬压力和自重，控制剖面尺寸的主要指标是坝体稳定和强度要求。由于作用于上游面的水压力呈三角形分布，故重力坝的基本剖面是上游近于垂直的三角形,如图 3-4 所示。

理论分析和工程实践证明,混凝土重力坝上游面可做成折坡,折坡点一般位于 1/3 ~ 2/3 坝高处,以便利用上游坝面水重增加坝体的稳定性;上游坝坡系数常采用 $n = 0 ~ 0.2$,下游坝坡系数常采用 $m = 0.6 ~ 0.8$,坝底宽 $B = (0.7 ~ 0.9)H$(H 为坝高或最大挡水深度)。

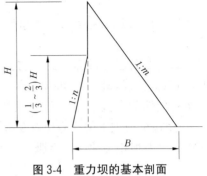

图 3-4　重力坝的基本剖面

2. 实用剖面

基本剖面拟定后,要进一步根据作用在坝体上的全部荷载以及运用条件,考虑坝顶交通、设备和防浪墙布置、施工和检修等综合需要,把基本剖面修改成实用剖面。

1)坝顶宽度

由于运用和交通的需要,坝顶应有足够的宽度。坝顶宽度应根据设备布置、运行、检修、施工和交通等需要确定,并满足抗震、特大洪水时抢护等要求。无特殊要求时,常态混凝土坝坝顶最小宽度为 3 m,碾压混凝土坝为 5 m,一般取坝高的 8% ~ 10%。若有交通要求或有移动式启闭机设施,则应根据实际需要确定。

2)坝顶超高

实用剖面必须加安全高度,坝顶应高于校核洪水位,坝顶上游防浪墙顶的高程应高于波浪顶高程。坝顶高于水库静水位的高度按《混凝土重力坝设计规范》(SL 319—2005)计算。

3)常用剖面形式

重力坝常用坝面形式主要指上游坝面形式,分为铅直坝面、折坡坝面、斜坡坝面,如图 3-5 所示。

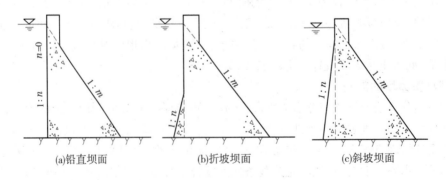

(a)铅直坝面　　　　(b)折坡坝面　　　　(c)斜坡坝面

图 3-5　重力坝常用剖面形式

(1)铅直坝面。上游坝面为铅直面,便于施工,利于布置进水口、闸门和拦污设备,但是可能会使下游坝面产生拉应力,此时可修改下游坝坡系数 m 值。

（2）折坡坝面。既可利用上游坝面的水重增加稳定，又可利用折坡点以上的铅直面布置进水口，还可以避免空库时下游坝面产生拉应力，折坡点（1/3~2/3 坝前水深）处应进行强度和稳定验算。

（3）斜坡坝面。当坝基条件较差时，可利用斜面上的水重，提高坝体的稳定性。

坝底一般应按规定置于坚硬新鲜岩基上，100 m 以下重力坝坝基灌浆廊道距岩基和上游坝面应不小于 5 m。

4）坝顶结构布置

坝顶结构布置的原则为安全、经济、合理、实用。坝顶部分可伸向上游，如图 3-6（a）所示；也可以伸向下游，并做成拱桥或桥梁结构形式，如图 3-6（b）所示。坝顶排水一般设置为排向上游。坝顶防浪墙高度一般为 1.2 m，厚度应能抵抗波浪及漂浮物的冲击，与坝体牢固地连在一起，防浪墙在坝体分缝处也留伸缩缝，缝内设止水，坝顶细部结构如图 3-6 所示。

坝顶结构图

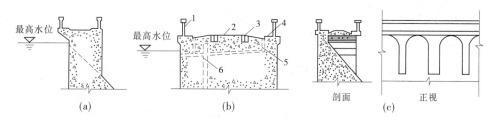

1—防浪墙；2—公路；3—起重机轨道；4—人行道；5—坝顶排水管；6—坝体排水管

图 3-6　重力坝非溢流坝坝顶结构

（五）混凝土重力坝的材料

1. 水工混凝土的特性指标

建造重力坝的混凝土，除应有足够的强度承受荷载外，还要有一定的抗渗性、抗冻性、抗侵蚀性、抗冲耐磨性以及低热性等。

1）强度

重力坝常用的混凝土有 C10、C15、C20、C25、C30。混凝土的强度随龄期而增加，坝体混凝土抗压强度一般采用 90 d 龄期强度，保证率为 80%。抗拉强度采用 28 d 龄期强度，一般不采用后期强度。

2）混凝土的耐久性

混凝土的耐久性包括抗渗性、抗冻性、抗冲耐磨性、抗侵蚀性等四项指标。

（1）抗渗性是指混凝土抵抗水压力渗透作用的能力。抗渗性可用抗渗等级表示，抗渗等级用 28 d 龄期标准试件测定，分为 W2、W4、W6、W8、W10 和 W12 六级。

（2）抗冻性是表示混凝土在饱和状态下能经受多次冻融循环而不破坏，同时不严重降低强度的性能。混凝土抗冻性用抗冻等级表示。抗冻等级用 28 d 龄期试件采用快冻试验测定，分为 F50、F100、F150、F200 和 F300 五级。

（3）抗冲耐磨性是指混凝土抗高速水流或挟沙水流的冲刷、磨损的性能。目前对抗冲耐磨性尚未制定明确的技术标准。

（4）抗侵蚀性是指混凝土抵抗环境侵蚀的性能。当环境水具有侵蚀性时,应选择抗侵蚀性能较好的水泥,水位变化区及水下混凝土的水灰比可比常态混凝土的水灰比减少0.05。

2.坝体混凝土分区

混凝土重力坝坝体各部位的工作条件及受力条件不同,对上述混凝土材料性能指标的要求也不同。为了满足坝体各部位的不同要求、节省水泥用量及工程费用、把安全与经济统一起来,通常将坝体混凝土按不同工作条件分为6个区,见图3-7。不同的分区采用不同等级的混凝土。

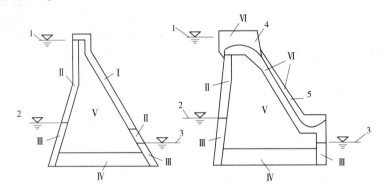

1—上游最高水位;2—上游最低水位;3—下游最低水位;4—闸墩;5—导墙

图3-7 坝体混凝土分区示意图

Ⅰ区——上、下游水位以上坝体表层混凝土,其特点是受大气影响;

Ⅱ区——上、下游水位变化区坝体表层混凝土,既受水的作用也受大气影响;

Ⅲ区——上、下游最低水位以下坝体表层混凝土;

Ⅳ区——坝体基础混凝土;

Ⅴ区——坝体内部混凝土;

Ⅵ区——抗冲刷部位的混凝土(如溢流面、泄水孔、导墙和闸墩等)。

(六)重力坝的构造

1.坝体排水

为了减少坝体渗透压力,靠近上游坝面应设排水管幕,将渗入坝体的水由排水管排入廊道,再由廊道汇集于集水井,由抽水机排到下游。排水管距上游坝面的距离一般要求不小于坝前水头的1/15~1/25,且不小于2 m,以使渗透坡降在允许范围以内。排水管的间距为2~3 m,上、下层廊道之间的排水管应布置成垂直的或接近于垂直方向,不宜有弯头,以便检修。

排水管可采用预制无砂混凝土管、多孔混凝土管,内径为15~25 cm,见图3-8。排水管施工时用水泥浆砌筑,随着坝体混凝土的浇筑而加高。在浇筑坝体混凝土时,须保护好排水管,以防止水泥浆漏入而造成堵塞。

2.坝体分缝

为了适应地基不均匀沉降和温度变化,以及施工期混凝土的浇筑能力和温度控制等要求,常需设置垂直于坝轴线的横缝、平行于坝轴线的纵缝以及水平施工缝。横缝一般是永久缝,纵缝和水平施工缝则属于临时缝。重力坝分缝如图 3-9 所示。

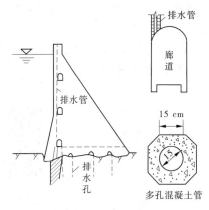
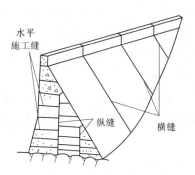

图 3-8 坝体排水管示意图

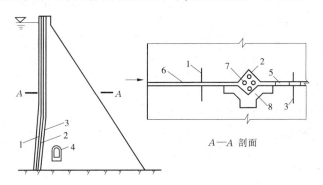

图 3-9 坝体分缝示意图

1)横缝及止水

永久性横缝将坝体沿坝轴线分成若干坝段,其缝面常为平面,各坝段独立工作。横缝可兼作伸缩缝和沉降缝,间距(坝段长度)一般为 12～20 m,当坝内设有泄水孔或电站引水管道时,还应考虑泄水孔和电站机组间距;对于溢流坝段,还要结合溢流孔口尺寸进行布置。

横缝内需设止水设备,止水材料有金属片、橡胶、塑料及沥青等。高坝的横缝止水应采用两道金属止水铜片和一道防渗沥青井,如图 3-10 所示。对于中、低坝的止水可适当简化,中坝第二道止水片可采用橡胶或塑料片等,低坝经论证也可仅设一道止水片。

A—A 剖面

1—第一道止水铜片;2—沥青井;3—第二道止水铜片;4—廊道止水;

5—横缝;6—沥青油毡;7—加热电极;8—预制块

图 3-10 横缝止水构造图

2)纵缝

为适应混凝土的浇筑能力和减少施工期的温度应力,常在平行坝轴线方向设纵缝,将一个坝段分成几个坝块,待坝体降到稳定温度后再进行接缝灌浆。常用的纵缝形式有竖直纵缝、斜缝和错缝等。纵缝间距一般为 15～30 m。斜缝适用于中、低坝,可不灌浆。错缝也不做灌浆处理,施工简便,可在低坝上使用。

3)水平施工缝

坝体上、下层浇筑块之间的结合面称水平施工缝,是临时性的。一般浇筑块厚度为 1.5~4.0 m,靠近基岩面用 0.75~1.0 m 的薄层浇筑,利于散热、减少温升,防止开裂。纵缝两侧相邻坝块水平施工缝不宜设在同一高程,以增强水平截面的抗剪强度。上、下层浇筑间歇 3~7 d,上层混凝土浇筑前,必须对下层混凝土凿毛,冲洗干净,铺 2~3 cm 强度较高的水泥砂浆后浇筑。水平施工缝的处理应高度重视,施工质量关系到大坝的强度、整体性和防渗性,否则将成为坝体的薄弱层面。

3.廊道系统

为了满足施工运用要求,如灌浆、排水、观测、检查和交通的需要,须在坝体内设置各种廊道。这些廊道互相连通,构成廊道系统,如图 3-11 所示。

重力坝廊道

1)基础灌浆廊道

帷幕灌浆须在坝体浇筑到一定高程后进行,以便利用混凝土压重提高灌浆压力,保证灌浆质量。为此,须在坝踵部位沿纵向设置灌浆廊道,以便降低渗透压力。基础灌浆廊道的断面尺寸,应根据钻灌机具尺寸及工作要求确定,一般宽度可取 2.5~3 m,高度可为 3.0~3.5 m。断面形式采用城门洞形。灌浆廊道距上游面的距离可取水头的 5%~10%,且不小于 4~5 m。廊道底面距基岩面的距离不小于 1.5 倍廊道宽度,以防廊道底板被灌浆压力掀动开裂。廊道底面上、下游侧设排水沟,下游排水沟设坝基排水孔及扬压力观测孔。灌浆廊道沿地形向两岸逐渐升高,坡度不宜大于 40°~45°,以便进行钻孔、灌浆操作和搬运灌浆设备。对坡度较陡的长廊,应分段设置安全平台及扶手。

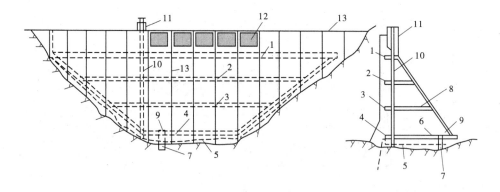

1—1 号检查廊道;2—2 号检查廊道;3—3 号检查廊道;4—基础灌浆廊道;5—排水廊道;6—交通廊道;
7—集水井;8—下游检查廊道;9—水泵室;10—电梯井;11—电梯塔;12—溢流孔;13—坝轴线

图 3-11 廊道和竖井系统布置图

2)检查和坝体排水廊道

为了检查巡视和排除渗水,常在靠近坝体上游面沿高度方向每隔 15~30 m 设置检查排水廊道。断面形式多采用城门洞形,最小宽度为 1.2 m,最小高度为 2.2 m,距上游面距离应不小于水头的 5%~7%,且不小于 3 m。寒冷地区应适当加厚。

(七) 重力坝的地基处理

除少数较低的重力坝可建在土基上外,一般须建在岩基上。然而天然基岩经受长期地质构造运动及外界因素的作用,不同程度地存在着风化、节理、裂隙,甚至断层、破碎带和软弱夹层等缺陷,不同程度上破坏了基岩的整体性和均匀性,降低了基岩的强度和抗渗性。因此,必须对地基进行适当的处理以满足重力坝对地基的要求。这些要求包括:①具有足够的强度,以承受坝体的压力;②具有足够的整体性、均匀性,以满足坝基抗滑稳定和减少不均匀沉陷;③具有足够的抗渗性,以满足渗透稳定,控制渗流量;④具有足够的耐久性,以防止岩体性质在水的长期作用下发生恶化。统计资料表明:重力坝的失事有40%是地基问题造成的。地基处理对重力坝的经济、安全至关重要,要与工程的规模和坝体的高度相适应。

重力坝的地基处理一般包括坝基开挖清理,对基岩进行固结灌浆和防渗帷幕灌浆,设置基础排水系统,对特殊软弱带(如断层、破碎带)进行专门的处理等。

1. 坝基的开挖与清理

坝基开挖与清理的最终目的是使坝体坐落在稳定、坚固的地基上。开挖深度应根据坝基应力、岩石强度及完整性,结合上部结构对地基的要求和地基加固处理的效果、工期和费用等研究确定。

为保持基岩完整性,避免开挖爆破振裂,基岩应分层开挖。当开挖到距设计高程0.5~1.0 m的岩层时,宜用手风钻造孔,小药量爆破。如岩石较软弱,也可用人工借助风镐清除。基岩开挖后,在浇筑混凝土前,需进行彻底的清理和冲洗;对易风化、泥化的岩体,应采取保护措施,及时覆盖开挖面;清除松动的岩块、打掉凸出的尖角,封堵原有勘探钻洞、探井、探洞,清洗表面尘土、石粉等。

2. 坝基固结灌浆

当基岩在较大范围内节理裂隙发育或较破碎而挖除不经济时,可对坝基进行低压浅层灌水泥浆加固,这种灌浆称为固结灌浆。固结灌浆可提高基岩的整体性和强度,降低地基的透水性。工程试验表明,节理裂隙较发育的基岩固结灌浆后,弹性模量可提高2倍以上。一般在坝体浇筑5 m左右时,采用较高强度等级的膨胀水泥浆进行固结灌浆。

固结灌浆孔一般布置在应力较大的坝踵和坝趾附近,以及节理裂隙发育和破碎带范围内。灌浆孔呈梅花形布置,见图3-12。孔距、排距和孔深根据坝高、基岩的构造情况确定,一般孔距3~4 m,孔深5~8 m。帷幕上游区的孔深一般为8~15 m,钻孔方向垂直于基岩面。当无混凝土盖重时取0.2~0.4 MPa,有盖重时取0.4~0.7 MPa,视盖重厚度而定,特殊情况应视灌浆压力而定,以不掀动基础岩体为原则。

3. 坝基帷幕灌浆

帷幕灌浆的目的是降低坝底的渗透压力,防止坝基内产生机械或化学管涌,减少坝基和绕渗渗透流量。帷幕灌浆是在靠近坝体上游面的坝基内布设一排或几排深钻孔,利用高压灌浆充填基岩内的裂隙和孔隙等渗水通道,在基岩中形成一道相对密实的阻水帷幕(见图3-13)。

帷幕灌浆材料目前最常用的是水泥浆,水泥浆具有结石体强度高、经济和施工方便等优点。在水泥浆灌注困难的地方,可考虑采用化学灌浆。化学灌浆具有很好的灌注性能,

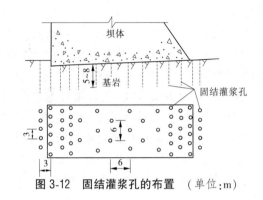

图 3-12　固结灌浆孔的布置　（单位：m）

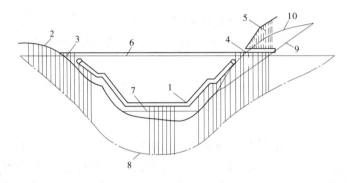

1—灌浆廊道；2—山坡钻进；3—坝顶钻进；4—灌浆平洞；5—排水孔；6—最高库水位；
7—原河水位；8—防渗帷幕底线；9—原地下水位线；10—蓄水后地下水位线

图 3-13　防渗帷幕沿坝轴线的布置

能够灌入细小的裂隙，抗渗性好，但价格昂贵，又易造成环境污染，使用时需慎重。

防渗帷幕的排数、排距及孔距应根据坝高、作用水头、工程地质、水文地质条件确定。在一般情况下，高坝可设两排，中坝设一排。当帷幕由两排灌浆孔组成时，可将其中的一排钻至设计深度，另一排可取其深度的 1/2 左右。帷幕灌浆孔距为 1.5~3.0 m，排距宜比孔距略小。

帷幕灌浆必须在浇筑一定厚度的坝体混凝土作为盖重后进行，灌浆压力由试验确定，通常在帷幕孔顶段取 1.0~1.5 倍的坝前静水压强，在孔底段取 2~3 倍的坝前静水压强，但应以不破坏岩体为原则。

4. 坝基排水设施

为了进一步降低坝底扬压力，需在防渗帷幕后设置排水系统。坝基排水系统一般由排水孔幕和基面排水组成。主排水孔一般设在基础灌浆廊道的下游侧，孔距 2~3 m，孔径 15~20 cm，孔深常采用帷幕深度的 40%~60%，方向则略倾向下游。除主排水孔外，还可设辅助排水孔 1~3 排，孔距一般为 3~5 m，孔深为 6~12 m。

如基岩裂隙发育，还可在基岩表面设置排水廊道或排水沟、管作为辅助排水。排水沟、管纵横相连形成排水网，增加排水效果和可靠性。在坝基上布置集水井，渗水汇入集水井后，用水泵排向下游。

5.坝基软弱夹层及破碎带的处理

断层破碎带的强度低、压缩变形大,易产生不均匀沉降导致坝体开裂,若与水库连通,使渗透压力加大,易产生机械或化学管涌,危及大坝安全。岩石层间软弱夹层厚度较小,遇水容易发生软化或泥化,致使抗剪强度低,特别是倾角小于30°的连续软弱夹层更为不利。对浅埋的软弱夹层及破碎带,将其挖除,回填与坝基强度等级相近的混凝土。对埋藏较深的软弱夹层及破碎带,应根据埋深、产状、厚度、充填物的性质,结合工程具体情况采取合理的处理措施。

二、拱坝

拱坝是一种平面上呈凸向上游的拱形,主要依靠拱的作用承受水压力的挡水建筑物,是固接于基岩上的整体空间壳体结构,坝体主要承受压力,如图3-14所示。

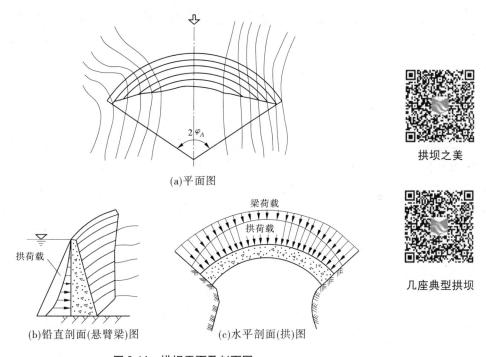

拱坝之美

几座典型拱坝

图3-14　拱坝平面及剖面图

(一)拱坝的工作原理及特点

(1)利用两岸岩体维持稳定。拱坝所承受的荷载主要由水平拱圈和竖向悬臂梁共同承担。大部分水平荷载通过水平拱圈传给两岸岩体,其余部分荷载通过竖向悬臂梁传给河床基岩。因此,拱坝的稳定主要依靠两岸坝肩岩体来维持,这是拱坝区别于重力坝的主要特点。

(2)能充分发挥筑坝材料强度,节省工程量。拱坝可充分发挥混凝土或浆砌石材料的抗压强度高的特性,有利于减小坝体厚度,从而减小坝的体积。

（3）超载能力大，安全度高。拱坝属周边嵌固的高次超静定结构，当外荷超载或坝体的某一部位产生局部裂缝时，坝体的拱梁作用将相互自行调整，应力可自行调整而得到新的平衡，使裂缝终止。研究表明，混凝土拱坝的超载能力可达设计荷载的 5～11 倍。

（4）抗震性能好。由于拱坝是一个整体的空间壳体结构，坝体轻而富有弹性，故其抗震性能较好。

（5）荷载特点。由于拱坝不设永久性横缝，且周边嵌固，温度变化和坝基岩体变形对拱坝的应力影响较大，因此温度荷载是作用于拱坝上的基本荷载。坝体自重和扬压力则对拱坝应力影响较小。

（6）坝身泄流及施工技术比较复杂。拱坝坝身较为单薄，坝身溢流可能引起坝身及闸门振动，致使材料疲劳；坝身下泄水流具有向心集中作用，挑距不远，易造成对河床及河岸冲刷。

拱坝坝体薄且形状复杂，对于施工技术要求较高，施工时需设置施工缝，分段浇筑，蓄水之前必须对各种施工缝进行封拱灌浆处理，使坝身成为一个整体，施工程序及工艺较为复杂。

（二）拱坝的类型

1. 按拱坝的曲率分类

按拱坝的曲率分为单曲拱坝和双曲拱坝。

单曲拱坝在水平断面上有曲率，而在悬臂梁断面上不弯曲或曲率很小。这种拱坝定圆心、等外径。水平拱圈从顶到底采用相同的外半径，拱坝的上游面为铅直的圆筒面，拱圈厚度随水深逐渐加厚，下游面为倾斜，各层拱圈内外弧的圆心位于同一铅直线上，如图 3-15 所示。单曲拱坝具有结构简单，设计、施工方便的优点。缺点是当坝顶和坝底处河谷宽度相差较大时，下部中心角往往太小。这种拱坝坝体较厚，材料用量较大，适用于矩形或梯形河谷，中小型工程采用较多。

双曲拱坝除在水平面上呈拱形外，在铅直面上也呈曲线形，如图 3-16 所示。由于坝体在水平和铅直两个方向上都有拱的作用，所以坝体应力状态较理想，近代拱坝建设采用较多。双曲拱坝坝体较薄，节约建筑材料，但施工比较复杂，适用于 V 形或梯形河谷。

2. 按水平拱圈形式分类

按水平拱圈形式分可分为圆弧拱坝、多心拱坝、变曲率拱坝（椭圆拱坝和抛物线拱坝等）。圆弧拱坝拱端推力方向与岸坡边线的夹角往往较小，不利于坝肩岩体的抗滑稳定。多心拱坝由几段圆弧组成，且两侧圆弧段半径较大，可改善坝肩岩体的抗滑稳定条件。变曲率拱坝（抛物线拱、椭圆拱等）的拱圈中间段曲率较大，向两侧曲率逐渐减小。

（三）拱坝的构造

1. 坝顶

拱坝坝顶的结构形式和尺寸应按运用要求确定。当无交通要求时，非溢流坝坝顶宽度一般应不小于 3 m。坝顶路面应有横向坡度和排水系统。在溢流坝段应结合溢流方式，布置坝顶工作桥、交通桥，其尺寸必须满足泄流启闭设备布置、运行操作、交通和观测检修等要求。

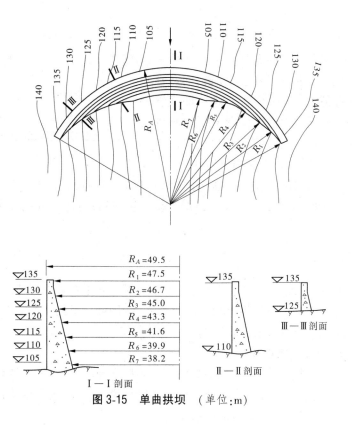

图 3-15 单曲拱坝 （单位:m）

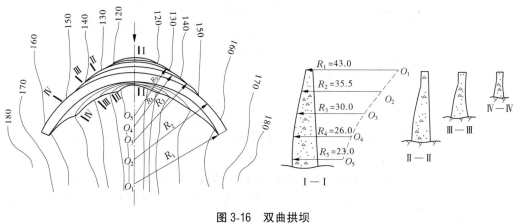

图 3-16 双曲拱坝

2. 坝内廊道及排水

考虑到拱坝厚度较薄,应尽可能少设廊道,以免对坝体削弱过多。对于中低高度的薄拱坝,可以不设坝内廊道,考虑分层设置坝后桥,作为坝体交通、封拱灌浆和观测检修之用。坝后桥应该与坝体整体连接。廊道之间可用电梯、坝后桥及两岸坡道等相互连通。廊道与坝内其他孔洞的净距离不宜小于 3~5 m,以防止应力集中。纵向廊道的上游壁离上游坝面的距离一般为坝面作用水头的 5%~10%,且不小于 3 m。

坝基一般设置基础灌浆廊道,其底部高程在坝基面以上 3~5 m,其断面尺寸应根据灌浆机具尺寸和工作空间的要求进行设计。

3. 坝体分缝

由于温度控制和施工的需要,像重力坝一样,拱坝也是分层分块进行浇筑或砌筑,而且在施工过程中设置伸缩缝(属于施工缝),即横缝和纵缝,如图 3-17 所示。当坝体混凝土冷却到稳定温度或低于稳定温度 2~3 ℃以后,再用水泥浆将伸缩缝封填,以保证坝体的整体性。

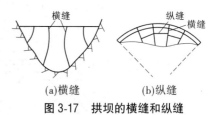

图 3-17　拱坝的横缝和纵缝

横缝是沿半径方向设置的收缩缝,间距 15~20 m,缝内设置键槽,以提高坝体的抗剪强度。纵缝一般在坝体厚度大于 40 m 时考虑设置,相邻坝体之间的纵缝应错开,间距 20~40 m。

三、土石坝

土石坝是世界上最古老的一种坝型,利用坝址附近的土石料逐层填筑而成,故又称当地材料坝。土石坝也是当今世界上坝体高度最高、应用最广泛的坝型。据统计,国内已建成的近 9 万座水坝中,土石坝占 90%以上。

(一)土石坝的工作原理和特点

土石坝是土石材料的堆筑物,主要利用土石颗粒之间的摩擦、黏聚特性和密实性来维持自身的稳定、抵御水压力和防止渗透破坏。一般来说,土石坝为了维持自身稳定需要较大的断面尺寸,因而有足够的能力抵御水压力。

土石坝被广泛采用并不断发展与其具有下列优越性是分不开的:

(1)就地取材。采用当地土石料筑坝,可以节约大量的水泥、钢材和木材。

(2)适应地基变形能力强。土石坝的散粒体结构具有适应地基变形的良好条件,对地基的要求较低,几乎在任何地基上都可修建土石坝。

(3)施工技术简单,施工方法灵活性大。能适应不同的施工方法,从简单的人工填筑到机械化快速施工都可以采用;且工序简单、施工速度快,质量也易保证。

(4)结构简单,造价低廉,工作可靠,运行管理方便,便于维修、加高和扩建。

当然,土石坝也有如下一些缺点:

(1)抗冲能力差,通常坝顶不允许过水,需在坝体以外的河岸上另设溢洪道。

(2)施工导流不方便,采用黏性土填筑时,雨季和严寒季节不能施工,受气候影响较大。

(3)坝体断面大,体积大。

(二)土石坝的组成

土石坝主要由坝体、防渗体、护坡、排水设施四大基本部分组成,见图 3-18。其中,坝体是土石坝的主体,用来维持稳定和挡水;由于土石坝坝体材料的透水性,必须在适当位置设置防渗体,以减少坝体渗透量;为了防止坝体被冲刷,应在坝体上下游表面设置护坡;同时为了排出坝体内的渗水,还应设置排水设施。

(三)土石坝的类型

土石坝可按筑坝材料、施工方法和坝体防渗形式分为不同的类型。

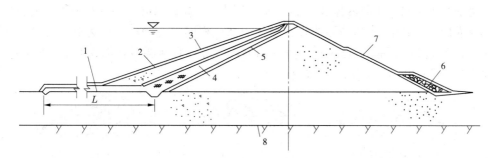

1—防渗铺盖;2—保护层;3—上游护坡;4—黏土斜墙;5—反滤层;6—排水体;7—下游护坡;8—基岩

图 3-18 土石坝的组成

1. 按筑坝材料分类

土石坝按筑坝材料可分为土坝、堆石坝和土石混合坝。当筑坝材料以当地土料和砂、砂砾、卵砾为主时,称为土坝;以石渣、块石为主时,称为堆石坝;由土、石料混合堆筑时称为土石混合坝。

2. 按施工方法分类

土石坝按施工方法可分为碾压式土石坝、水力冲填坝、水中倒土坝和定向爆破坝。

1)碾压式土石坝

碾压式土石坝是由适宜的土石料分层填筑,并用压实机械逐层碾压而成的坝型。随着大型高效碾压机械的采用,碾压式土石坝得到最广泛的应用。本章将重点介绍这种坝型。

2)水力冲填坝

水力冲填坝是利用水力和简易的水力机械完成土料的开采、运输和填筑等主要的工序填筑而成的坝型。典型的水力冲填坝是用高压水枪冲击料场土体形成泥浆,然后通过泥浆泵和输浆管把泥浆输送到坝体预定位置,分层淤积、沉淀、排水和固结后形成坝体。

3)水中倒土坝

水中倒土坝是在填筑范围内用堤埝围埝分格,在格中灌水,再将易于崩解的土料分层倒入格内静水中,依靠土体的自重压实而成的坝型。

4)定向爆破坝

定向爆破坝是在坝肩山体内开挖洞室,埋放炸药,通过定向爆破将山体的土石料抛到预定的设计位置,完成大部分坝体填筑,再经过防渗加高修复而成的坝型。

3. 按坝体防渗形式分类

土石坝按坝体防渗形式可分为均质坝、土质防渗体分区坝和非土质防渗体坝。

1)均质坝

均质坝基本上只由一种透水性较小的土料(黏性壤土、砂壤土)分层填筑而成。整个坝体本身具有防渗作用,不需另设专门的防渗设备,如图 3-19(a)所示。这种坝型材料单一,施工方便,便于质量控制,多用于中低坝。

2)土质防渗体分区坝

在黏性土料少而砂、石料较多的地方,可采用土质防渗体分区坝。土质防渗体分区坝是由透水性很小的土质防渗体及若干透水性不同的土石料(如砂、砂砾料或堆石)分区分层填筑而成的。其中,土质防渗体设在坝体中部或稍向上游倾斜的称为黏土心墙坝(见图 3-19(b)、(c))或黏土斜心墙坝(见图 3-19(d));土质防渗体设在坝体上游的称为黏土斜墙坝(见图 3-19 (e)、(f))。

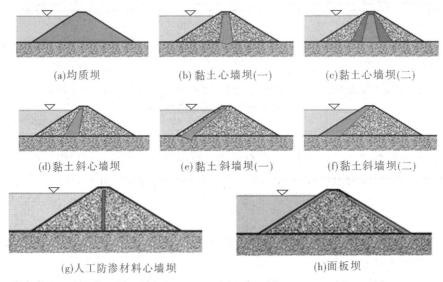

(a)均质坝　　　　　　(b)黏土心墙坝(一)　　　　　(c)黏土心墙坝(二)

(d)黏土斜心墙坝　　　　(e)黏土斜墙坝(一)　　　　(f)黏土斜墙坝(二)

(g)人工防渗材料心墙坝　　　　　　　　(h)面板坝

图 3-19　土石坝的类型

3)非土质防渗体坝

当坝址附近缺少合适的防渗土料而又有充足的石、砂料时,可采用钢筋混凝土、沥青混凝土或其他非土质材料(如土工膜)做防渗体,坝体其余部分由砂砾料或堆石填筑而成。其中,防渗体设在坝体中部附近的称为人工防渗材料心墙坝(见图 3-19 (g));防渗体设在上游坝面的称为面板坝(见图 3-19(h))。面板坝坝体较小,运用安全,施工维修也方便。在堆石坝中,一般将防渗体设在上游坝面,形成面板堆石坝。

(四)土石坝的剖面和构造

1.坝顶

1)坝顶高程

坝顶高程要保证挡水需要,同时防止波浪超越坝顶,有些海堤允许波浪越顶,但也需要控制。坝顶高程按《碾压式土石坝设计规范》(SL 274—2020)确定。

2)坝顶宽度和构造

坝顶宽度根据运用需要、交通要求、结构构造、施工条件和抗震等因素确定。有交通要求时,应按交通规定选取。如无特殊要求,高坝可选用 10~15 m,中低坝选用 5~10 m。

坝顶一般采用砌石、碎石或砾石、沥青混凝土等护面。4 级以下的坝面也可采用草皮护面,以防雨水冲刷。坝顶上游侧宜设置防浪墙,墙顶高出坝顶 1~1.2 m,可采用浆砌石或混凝土预制块砌筑。为了排出降雨积水,坝顶路面应设 2%~3% 的向下游侧的斜坡,上游不设防浪墙时,斜坡可向两侧倾斜。下游侧设路缘石,结合坝顶排水,路缘石应设置排水口。土石坝坝顶构造如图 3-20 所示。

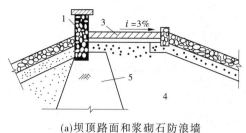
(a)坝顶路面和浆砌石防浪墙

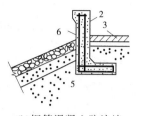
(b)钢筋混凝土防浪墙

1—浆砌石防浪墙;2—钢筋混凝土防浪墙;3—坝顶路面;4—砂砾坝壳;5—心墙;6—方柱

图 3-20 土石坝坝顶构造

2. 防渗体

为了减少渗漏量、降低浸润线以增加下游坝坡的稳定性、降低渗透坡降来防止渗透变形,土石坝应采取适当的防渗、排水措施。土石坝的防渗措施包括坝体防渗、坝基防渗及坝体与坝基、岸坡及其他建筑连接的接触防渗。这里仅介绍坝体防渗、排水,坝基防渗排水设施。

均质坝因其坝体土料透水性较小,本身就是一个防渗体。因此,除均质坝外,土石坝均应设置专门的防渗体。防渗体按材料可分土质防渗体和非土质防渗体。其中,土质防渗体包括土质心墙和土质斜墙;非土质防渗体包括沥青混凝土或钢筋混凝土心墙、斜墙、面板和土工膜等。

1)土质防渗体

土质防渗体的顶部高程应高出设计洪水位 $0.3 \sim 0.6$ m,且不低于校核洪水位,如防渗体顶部与防浪墙紧密连接,则可不受此限制。土质防渗体自顶向底逐渐加宽,心墙两侧的边坡一般在 $1:0.15 \sim 1:0.30$。防渗体顶部宽度按构造和施工要求确定,且不宜小于 3.0 m。对于防渗体的底部厚度,心墙一般不宜小于水头的 $1/4$,斜墙一般不宜小于水头的 $1/5$。土质心墙、斜墙的顶部及土质斜墙的上游侧均应设砂性保护层,其厚度应大于冰冻和干燥深度,且不小于 1.0 m。防渗体两侧均应设反滤层或过渡层,如图 3-21 所示。

2)土工膜

土工膜是近几十年来发展起来的在岩土工程中用于防渗的一种人工合成材料。目前,在工程中采用较多的是由土工织物和土工膜加工而成的复合土工膜。土工膜不仅防渗性能好,还具有质量轻、柔性好、强度高、耐磨等优点。利用土工膜做坝体防渗材料,可以降低工程造价,施工方便快捷,不受气候影响。对 2 级及其以下的低坝,经论证后可采用土工膜代替黏土、混凝土或沥青等作为坝体的防渗材料。

3. 坝坡

1)坝坡坡比

一般情况下,上游坝坡应比下游坝坡缓些。沿土石坝剖面高度方向可分级采用不同的坝坡,一般上部较陡,向下部逐级变缓,每级高度为 $15 \sim 20$ m,相邻坝坡比相差不宜大于 $0.25 \sim 0.50$。常用的坝坡一般为 $1:2.0 \sim 1:4.0$。

为了方便检查、观测和拦截、排泄雨水,土石坝一般在下游坝面每隔 $10 \sim 30$ m 设置一

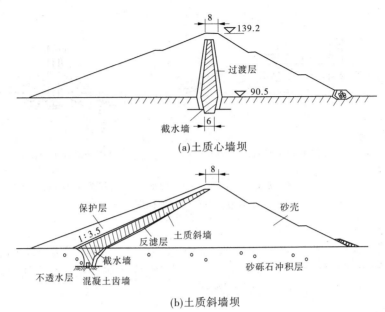

图 3-21　土质防渗体坝　（单位:m）

条马道。当坝坡自上而下有变化时,马道可设在变坡处。马道宽度视其用途而定,一般为1.5~2.0 m,但最小宽度不小于1.0 m。

2) 坝坡的护坡

土石坝的上、下游坝面通常要设置护坡。上游坝面可采用干砌石、浆砌石、堆石、混凝土块(板)或沥青混凝土。上游护坡范围应为上至坝顶,下至水库最低水位以下2.5 m,4、5级坝可为1.5 m,最低水位不确定时常护至坝底,在马道及坡脚应设置基座以增加稳定性。下游坝坡可采用草皮、单层干砌石护坡、碎石或块石护坡及钢筋混凝土框格填石护坡等。下游护坡范围应为上至坝顶,下至排水体顶部,无排水体时也应护至坡脚。

3) 坝面排水

为防止雨水冲刷,在下游坝坡上常设置纵横连贯的排水沟。沿土石坝与岸坡的连接处也应设置排水沟,以拦截山坡上的雨水。坝面上纵向排水沟沿马道内侧布置,横向排水沟可每隔50~100 m设置1条。排水沟的横断面可采用浆砌石或混凝土块砌筑,断面一般深20 cm、宽30 cm。

4. 坝体排水设施

土石坝虽设有防渗体拦截渗水,但仍有一定水量渗入坝体内部。因此,应在渗流出口处(即下游坝脚处)设置坝体排水设备,将渗水有计划地排出坝外,以降低坝体浸润线和孔隙压力,防止渗流逸出区产生渗透变形,增加坝坡稳定性,保护坝坡土层不产生冻胀破坏。常用的坝体排水设施有以下几种。

1) 贴坡排水

贴坡排水又称表面排水,是在下游坝坡底部表面用块石、卵石等分层填筑而成的排水设施,如图3-22所示。在贴坡排水下游处应设置排水沟。这种排水设备构造简单,省工节料,便于施工和检修,能防止渗流逸出点处的渗透变形,并可保护下游坝坡不受冲刷。

但是,贴坡排水不能降低浸润线,且易冰冻而失效。常用于中、小型工程下游无水的均质坝或浸润线较低的中、低坝。

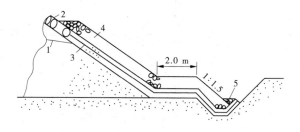

1—浸润线;2—护坡;3—反滤层;4—贴坡排水;5—排水沟

图 3-22　贴坡排水

2)棱体排水

棱体排水是在下游坡脚紧贴坝坡用块石堆筑而成的排水设备,如图 3-23 所示。棱体排水能有效降低坝体浸润线,防止坝体发生渗透破坏和冻胀破坏,保护下游坝脚不受尾水冲刷,且有支持坝体稳定的作用,因此应用较多。但也存在用石料较多、造价高、干扰坝体施工等缺点。土石坝的河槽部位常用这种排水设备。

3)褥垫式排水

褥垫式排水是沿坝基面伸入坝体内部的一种平铺式排水设备,如图 3-24 所示。这种排水设备适用于下游无水或下游水位很低的情况,排水体伸入坝体内部,能有效降低浸润线,有利于坝基排水。但对地基不均匀沉陷的适应能力差,且石料用量多,造价高,检修困难,与坝体施工干扰大。因此,这种排水形式一般不会被单独使用,经常与其他排水形式结合起来使用。

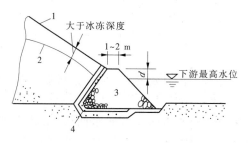

1—下游坝坡;2—浸润线;3—棱体排水;4—反滤层

图 3-23　棱体排水

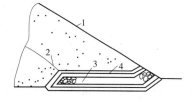

1—护坡;2—浸润线;3—排水;4—反滤层

图 3-24　褥垫式排水

4)综合型排水

为了充分发挥各种形式排水的优点,在实际工程中常将几种排水设备组合应用,称为综合型排水,如图 3-25 所示。

5.反滤层

在渗流出口处或进入排水设施处、土质防渗体与坝壳和坝基透水层之间,通常水力坡降大、渗流速度大,土料易产生渗透变形。为防止土体在渗流作用下产生渗透破坏,应在这些部位设置反滤层,如图 3-22~图 3-24 所示。

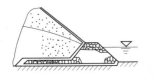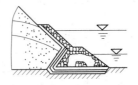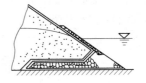

(a)褥垫与棱体排水结合　　　(b)贴坡与棱体排水结合　　　(c)贴坡、褥垫与棱体排水结合

图 3-25　综合型排水

反滤层的作用是滤土排水,一般由 1～3 层不同粒径的非黏性土料铺筑而成,如图 3-26 所示。其层面与渗流方向近乎垂直,其粒径沿渗流方向逐层增大,第一层反滤料的保护对象是坝体或坝基土料,第二、三层反滤料的保护对象是第一、二层反滤料。水平反滤层的厚度以 15～25 cm 为宜,垂直或倾斜反滤层应适当加厚,可采用 40～50 cm。采用机械化施工时,每层厚度视施工要求确定。

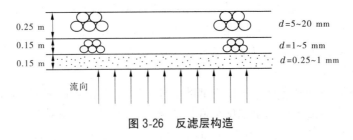

图 3-26　反滤层构造

(五) 土石坝的渗透

在土石坝中,由渗流引起的坝体和坝基渗透破坏对坝体危害很大,且渗透破坏往往具有隐蔽性,如发现和抢修不及时,将会导致难以补救的严重后果。因此,在坝体剖面尺寸和主要构造拟定后,必须进行渗流分析。

1.渗流分析内容

土石坝渗流分析的主要任务是:

(1)计算通过坝体和坝基的渗流量,估算水库的渗漏损失,以便加强防渗措施,控制渗漏量。

(2)确定坝体浸润线的位置。坝体浸润线是坝体内渗流的水面线,形状为抛物线。浸润线以下的坝体土为饱和土体,以上为自然含水状态。在工程中应尽量采取措施降低浸润线的位置。

(3)计算坝体和坝基渗流逸出区的渗流坡降,评判该处的渗透稳定性,以便采取更加有效的防渗反滤保护措施。

2.渗透变形及防治措施

土石坝的坝体和坝基在渗透水流作用下,土体颗粒流失,土壤发生局部破坏的现象称为渗透变形。破坏性的渗透变形可能导致水工建筑物失事。据统计,我国土石坝溃坝的事例中,有 38% 是渗透变形造成的。

1)渗透变形的形式

渗透变形的形式及其发生、发展、变化过程,与土料性质、土粒级配、水流条件以及防渗、排渗措施等因素有关,一般可归纳为管涌、流土、接触冲刷、接触流土等类型。最主要的是管涌和流土两种类型。

(1)管涌。坝体或坝基中的细土壤颗粒被渗流带走,逐渐形成渗流通道的现象称为管涌或机械管涌。管涌一般发生在坝的下游坡或闸坝的下游地基面渗流逸出处。砂土、砾石砂土中容易发生管涌。单个渗流通道的不断扩大或多个渗流通道的相互连通,最终将导致大面积的塌陷、滑坡等。

(2)流土。是指在渗流作用下,一定范围内的土体从坝身或坝基表面被掀起浮动或流失的现象。这种渗透变形从流土的发生到破坏,整个过程比较迅速,一旦渗透坡降超过土体产生流土的允许渗透坡降,渗透压力超过土体的浮容重时,土体就掀起浮动。流土主要发生在黏性土及均匀的非黏性土无保护措施的渗流出口处。

(3)接触冲刷。渗流沿着两种渗透系数不同的土层接触面或建筑物与地基的接触面流动时,沿接触面带走细颗粒,即渗透为顺接触面冲刷。它主要发生于闸坝地下轮廓线与地基土的接触面、双层地基的接触面,以及坝内埋管与其周围介质的接触面,刚性与柔性介质的接触面上。

(4)接触流土。在层次分明、渗透系数相差悬殊的两土层中,当渗流垂直于层面流动时,将渗透系数小的一层土中的细颗粒带到渗透系数大的一层中的渗透变形现象,即为接触流土。渗流为顺垂直接触面冲刷。

2)防止渗透变形的工程措施

如前所述,土坝产生渗透变形的条件主要取决于渗透坡降的大小和土料的组成。因此,防止渗透变形可从两方面入手:一方面可在上游侧采取防渗措施,拦截渗水或延长渗径,从而减小渗流速度和渗透压力,降低渗透坡降;另一方面可增强渗流的出口处土体抵抗渗透变形的能力。具体工程措施如下:

(1)在上游侧设置水平与垂直防渗设备(如心墙、斜墙、截水槽和水平铺盖等)拦截渗水,延长渗径,消耗水头,进而降低渗透坡降。

(2)在下游侧的坝体设置贴坡、堆石棱体等排水反滤设施,在坝基设置排水沟或减压井,降低渗流出口处的渗透压力。

(3)在可能产生管涌的地段,需铺设反滤层,拦截可能被涌流带走的细颗粒。

(4)在可能产生流土的地段,应加盖重,盖重下的保护层也必须按反滤层原则铺设。

(六)土石坝的稳定

土石坝由松散颗粒堆筑而成,剖面一般较庞大,承受渗流动水压力、土体自重、孔隙水压力及地震力等荷载作用。若坝体或坝基的抗剪强度不够,则坝坡或坝坡连同一部分坝基有可能发生坍塌,造成失稳。如果局部滑坡现象得不到控制,任其发展下去,也会导致坝体整体破坏。因此,土石坝的稳定问题主要是局部坝坡的滑动稳定性。

1.稳定分析目的

土石坝稳定分析的目的是分析坝体和坝基在不同的工作条件下可能产生的滑动破坏形式,校核其稳定性,并经反复修改定出经济合理的坝体横断面。

2.滑动破坏形式

土石坝滑动面的形式与坝体的工作条件、土料类型和地基的性质有关,一般可归纳为以下几种形式：

（1）曲线滑动面。多发生在黏性土料坝坡中。滑动面为一顶部陡而底部渐缓的曲线面。当坝基是坚硬的土质或岩基时，坝坡滑坡体多从坡脚处滑出（见图3-27（a））；否则，将切入坝基并连带一部分坝基从坝脚以外滑出（见图3-27（b））。

（2）直线或折线滑动面。多发生在非黏性土料坝坡中。对于薄心墙及斜墙坝，滑动面上部通常沿着防渗体与坝体接触面滑动，下部在某一部位转折向坝外滑出，如图3-27（c）所示。浸水坝坡常呈折线滑动面，折点一般在水面附近，如图3-27（d）所示。

（3）复合滑动面。厚心墙坝或由黏性土及非黏性土构成的多种土质坝，可能形成由曲线面和直线面组成的复合滑动面，如图3-27（e）所示。另外，当坝基有软弱夹层时，滑动面不再往下深切，而是沿夹层形成复合滑动面，如图3-27（f）所示。

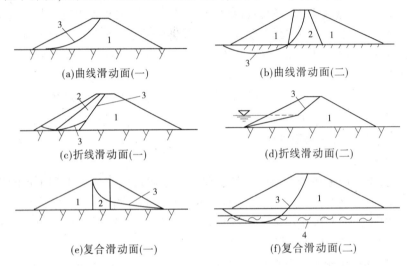

(a)曲线滑动面(一)   (b)曲线滑动面(二)

(c)折线滑动面(一)   (d)折线滑动面(二)

(e)复合滑动面(一)   (f)复合滑动面(二)

1—坝壳或坝身；2—防渗体；3—滑动面；4—软弱夹层

图3-27 坝坡滑动面形式

（七）土石坝的地基处理

土石坝的主要优点之一是对地基要求低，几乎在各种地基上都可建造土石坝。但地基的性质对土石坝的影响很大，且在相当大的程度上决定着土石坝的构造和尺寸。

土石坝很多建在砂砾石地基上。砂砾石地基一般强度大，压缩变形也较小，因而这种地基处理的主要任务是控制渗流。渗流控制的基本思路是上铺、中截、下排。上铺是在上游坝脚附近铺设水平防渗铺盖；中截是在坝体中上游侧布置黏土截水槽等截水设备；下排就是在坝体下游侧设置各种排水减压设备，达到滤土、排水、降压的作用，以免产生渗透变形。

1.黏土截水槽

当坝基覆盖层深度不大（一般在10~15 m以内）时，可开挖深槽至不透水层，槽内回填黏土，形成与防渗体连成整体的黏土截水槽。黏土截水槽是控制砂砾石地基最普遍且稳妥可靠的措施。

2.混凝土防渗墙

当坝基透水层较厚,采用明挖回填截水槽施工有困难时,可采用混凝土防渗墙。其优点是施工快、材料省、防渗效果好,但需要一定的机械设备。

3.帷幕灌浆

当砂卵石层很深时,上述处理方法都较困难或不经济,可采用帷幕灌浆防渗,或在深层采用帷幕灌浆,上层采取明挖回填截水槽或混凝土防渗墙等措施。

4.水平防渗铺盖

水平防渗铺盖是将坝身防渗体向上游的延伸部分,用黏性土料分层压实填筑而成。这种防渗设备结构简单、可靠、造价低廉,多用于斜墙坝和均质坝。它不能完全截断渗流,但可延长渗径、降低渗透坡降、减少渗流量。

任务二　泄水建筑物

在水利枢纽中,为了宣泄水库多余的水量、防止洪水漫坝失事、确保工程安全,以及满足放空水库和防洪调节等要求,在水利枢纽中一般都设有泄水建筑物。

一、泄水建筑物的分类

(一)按功能分类

按照功能,泄水建筑物可分为泄洪建筑物和泄水孔(放水孔)。泄洪建筑物用来宣泄水库设计所不能容纳的洪水,主要有溢流坝、溢洪道、泄水隧洞等。泄水孔(放水孔)用来泄放一定流量的水量以满足下游的需要,放空水库以满足检修枢纽建筑物或清淤等要求,配合泄洪建筑物泄放洪水,同时可以起到冲淤、排沙等作用。泄水孔按其进口高程的不同又分为表孔、中孔和底孔,其中中孔和底孔统称为深孔。

(二)按泄水方式分类

按照泄水方式,泄水建筑物可分为坝顶溢流、大孔口溢流、坝身泄水孔、明流泄水道、泄水隧洞等。坝顶溢流是将溢流孔设于坝顶,泄洪时水流以自由堰流的方式过坝,如图3-28所示。大孔口溢流降低了堰顶高程,上部采用胸墙挡水,泄洪水流以孔口水流的方式过坝,如图3-29所示。坝身泄水孔是将泄水进口布置在设计水位以下一定深度的位置。明流泄水道主要有岸边溢洪道、导流明渠等。

(三)按枢纽布置分类

按照枢纽布置,泄水建筑物可分为河床式与河岸式。河床式泄水建筑物布置在河床中央,一般泄水建筑物与挡水建筑物合为一体,通过坝身泄水,同时兼有挡水建筑物的作用,适用于混凝土坝、砌石坝等坝型,如重力坝、拱坝。河床式泄水建筑物有溢流坝、坝身泄水孔等。河岸式泄水建筑物布置在坝外的两岸或适宜的位置,布置较灵活,如泄水隧洞、河岸式溢洪道等。河岸式溢洪道适用于不宜坝身泄洪的坝型,如土石坝、薄拱坝等。当河床狭隘,河床式泄水建筑物布置受限时,也可采用河岸式泄水建筑物。

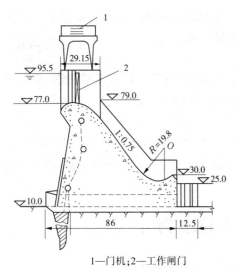

1—门机；2—工作闸门

图 3-28　坝顶溢流式泄水坝　（单位：m）

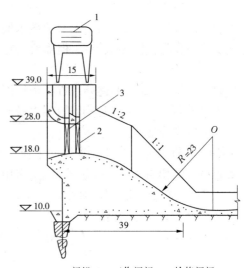

1—门机；2—工作闸门；3—检修闸门

图 3-29　大孔口溢流式泄水坝　（单位：m）

二、溢流坝与坝身泄水孔

(一) 溢流坝

1. 工作特点

溢流坝既是挡水建筑物又是泄水建筑物。溢流坝作为泄水建筑物，用于将规划库容不能容纳的绝大部分洪水经由坝顶泄向下游，以保证大坝安全。溢流坝应满足的泄洪要求包括：

(1) 足够的孔口尺寸、良好的孔口体型和泄水时具有较高的流量系数。

(2) 使水流平顺地流过坝体，不产生不利的负压和振动，避免发生空蚀现象。

(3) 保证下游河床不产生危及坝体安全的局部冲刷。

(4) 溢流坝段在枢纽中的位置，应使下游流态平顺，不产生折冲水流，不影响枢纽中其他建筑物的正常运行。

(5) 有灵活控制水流下泄的设备，如闸门、启闭机等。

2. 剖面设计

溢流坝的上游面一般做成直线形或折线形，而下游溢流坝面曲线则由顶部堰面曲线段、中间直线段和下部反弧段组成，如图 3-30 所示。

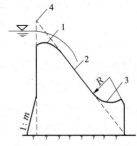

1—顶部堰面曲线段；2—中间直线段；
3—下部反弧段；4—基本剖面

图 3-30　溢流坝剖面图

1) 顶部堰面曲线段

顶部堰面曲线常用幂曲线（常称 WES 曲线），见图 3-31。其流量系数大，剖面小，便于施工放样，近年来工程中采用较多。其曲线方程如下：

$$x^n = KH_d^{(n-1)}y \tag{3-1}$$

式中　H_d——定型设计水头,如图 3-31 所示,可取堰顶最大水头 H_{max} 的 75%~95%,m;

典型溢流坝面
工程图

　　　K,n——与上游坝面坡度有关的参数,可查《混凝土重力坝设计规范》(SL 319—2005)附录 A 确定;

　　　x,y——以溢流堰顶为原点的坐标值,y 以向下为正。

坐标原点上游侧的曲线段可采用单圆、复合圆弧或椭圆曲线与上游坝面连接。

有时为了满足水库调洪的要求,需要降低溢流堰顶的高程,设置胸墙挡水,以控制最高库水位时的下泄流量,如图 3-32 所示。

胸墙底缘可采用圆弧或椭圆形外形。当堰顶最大水头 H_{max} 与孔口高度 D 的比值 $H_{max}/D>1.5$ 或闸门全开时,水流属于孔口出流形式。堰面曲线可按孔口射流曲线设计:

$$y = \frac{x^2}{4\varphi^2 H_d} \tag{3-2}$$

式中　φ——孔口收缩断面上的流速系数,一般取 $\varphi=0.95~0.96$。

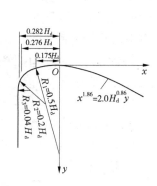

图 3-31　开敞式堰面曲线

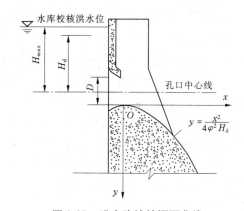

图 3-32　设有胸墙的堰面曲线

2)中间直线段

中间直线段的上端与顶部堰面曲线相切,下端与下部反弧段相切,坡度一般与非溢流坝段下游坝面的坡度一致,如图 3-30 所示。

3)下部反弧段

下部反弧段的作用是使经溢流坝面下泄的高速水流平顺地与下游消能设施相衔接,通常采用圆弧曲线。反弧半径 R 对反弧段流速分布、动水压强分布及下游的衔接均有影响,其计算公式因下游的消能设施的不同而异。反弧半径 R 的取值可按式(3-3)计算:

$$R = (4~10)h \tag{3-3}$$

式中　h——校核洪水位闸门全开时反弧段最低点的水深,m。

当弧段流速 $v<16$ m/s 时,R 可取下限;当流速较大时,R 可取较大值。

3. 溢流坝的上部结构布置

溢流坝的上部结构应根据运用要求布置,通常设置闸门、闸墩、启闭机、工作桥、交通桥等结构和设备,如图 3-33 所示。坝顶桥梁可采用装配式钢筋混凝土结构,并有足够的空间。工作桥高度应根据闸门启闭的需要来确定,交通桥高程应与非溢流坝顶一致。

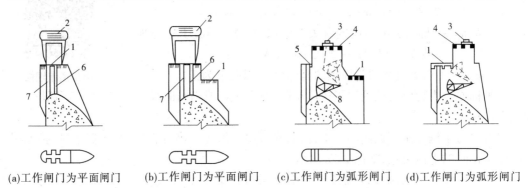

(a)工作闸门为平面闸门　　(b)工作闸门为平面闸门　　(c)工作闸门为弧形闸门　　(d)工作闸门为弧形闸门

1—公路桥;2—移动式启闭机;3—固定式启闭机;4—工作桥;
5—便桥;6—工作门槽;7—检修门槽;8—闸门

图 3-33　溢流坝的上部结构

1) 闸门和启闭机

溢流坝上的闸门有工作闸门和检修闸门。工作闸门用于挡水及泄水时控制下泄流量,要在动水中启闭,需要较大的启闭力。工作闸门一般设在溢流堰的顶点,以减小闸门高度,闸门顶应高出水库正常蓄水位。常用的工作闸门有平面闸门和弧形闸门,前者结构简单、闸墩受力条件较好,但闸墩较厚;后者启门力较小、闸墩较薄,且无门槽、水流平顺、局部开启时水流条件较好,但闸墩较长、受力条件不好。弧形闸门的支承铰应高于溢流水面,以免漂浮物堵塞。检修闸门用于在工作闸门检修时短期挡水,一般在静水中开启,启门力较小。检修闸门位于工作闸门之前,两者之间应留有 1~3 m 的净距,以便检修。整个溢流坝通常只备 1~2 扇检修闸门,形式为平面闸门或叠梁门,供检修工作闸门时交替使用。

闸门类型

闸门的启闭机有固定式和移动式两种。前者固定在工作桥上,两种闸门都可以启动,主要有螺杆式、卷扬式、液压式三种;后者可沿轨道移动(如门式起重机),可兼用启吊工作闸门和检修闸门,多用于启闭平面闸门。

启闭机类型

2) 闸墩与边墩

闸墩的作用是将溢流坝前缘分隔为若干孔口,并承担闸门、启闭机和桥梁等上部结构传来的荷载。为使水流平顺地通过闸孔,闸墩的平面形状应尽量减小孔口水流的侧收缩,闸墩的头部常采用半圆形、椭圆形或流线形,闸墩尾形状一般逐渐收缩或呈流线形。

闸墩的长度应满足工作桥、交通桥和启闭机等的布置要求。闸墩的高度取决于闸门高度和启闭机的形式,应保证开启后闸门底缘高于水库最高洪水位;闸墩的厚度应满足强度和布置闸门槽的要求,平面闸门的闸墩厚度一般为 2.0~4.0 m;弧形闸门的闸墩厚度一般为 1.5~2.0 m。

溢流坝两侧设边墩,也称边墙或导水墙,一方面起闸墩的作用,另一方面起分隔溢流段和非溢流段的作用,见图3-34。边墩从坝顶延伸到坝趾,边墙高度由溢流水面线决定,并应考虑溢流面上水流的冲击波和掺气所引起的水面增高,一般应高出掺气水面1~1.5 m。当采用底流式消能工时,边墙还需延长到消力池末端形成导水墙。

图3-34　浙江安吉凤凰水库溢流坝

　　有时可在溢流堰孔口上部设一胸墙,水位较高时变为孔口泄流。弧形闸门的胸墙一般置于闸门上游,平面闸门的胸墙可置于闸门上游或下游。胸墙与闸门间设止水件。

　　3)工作桥和交通桥

　　坝顶工作桥的作用是安装启闭机和供管理人员操作启闭机之用。工作桥一般为钢筋混凝土简支梁,或为整体板梁结构。交通桥根据两岸交通连接等条件确定,通常布置在闸室下游低水位一侧。

　　4.溢流坝的消能防冲

　　从溢流坝顶下泄的水流具有很大的能量,如不采取妥善的消能防冲措施,下游河床及两岸将遭到冲刷破坏。当冲刷坑扩展到坝基时,就会危及大坝的安全。坝下消能方式的选择主要取决于水利枢纽的水头、单宽流量、下游水深及其变幅、坝基的地形和地质条件以及枢纽布置情况等,经技术经济比较后选定。

　　溢流坝常用的消能方式主要有挑流消能、底流消能、面流消能和消力戽消能。

　　1)挑流消能

　　挑流消能包括空中消能和水垫消能两个过程,如图3-35所示。首先利用溢流坝下游反弧段的鼻坎,将下泄的高速水流挑射抛向空中,使水流扩散,并掺入大量空气消耗部分能量;然后落到距坝趾较远的下游河床水垫中产生强烈的旋滚,同时冲刷河床形成冲坑。随着冲坑的逐渐加深,水垫逐渐加厚,大量能量消耗在水流旋滚的摩擦之中,冲坑也逐渐趋于稳定。只要冲坑与坝趾之间有足够的距离,就不会影响大坝的安全。

溢流坝挑流消能

　　2)底流消能

　　底流消能是利用水跃消能,如图3-36所示。它是在坝下游设置消力池、消力坎及辅

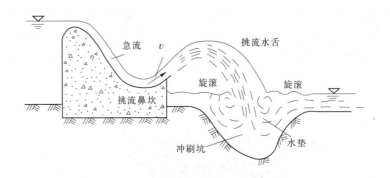

图 3-35　挑流消能示意图

助消能设施,促使下泄水流在限定的范围内产生淹没式水跃,使高速水流通过内部的旋滚、摩擦、掺气和撞击等作用消耗能量,以减轻对下游河床的冲刷。底流消能工作可靠,但工程量较大,多在水头低、流量大、地质条件较差时采用。

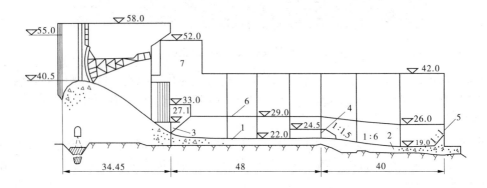

1——一级消力池;2——二级消力池;3——趾墩;4——消力墩;

5——尾墩;6——导水墙;7——电站厂房

图 3-36　陆浑水库底流消能示意图 （单位:m）

　　3)面流消能

　　面流消能是利用鼻坎将主流挑至水面,在鼻坎附近表面主流与河床之间形成逆向旋滚,使高速水流与河床隔开,避免对坝趾附近河床的冲刷,主流在水面逐渐扩散消能,反向旋滚也可消除一部分能量,见图 3-37。其优点是不需设护坦和其他加固措施;缺点是高速水流在表面伴有强烈的波浪,绵延数里,影响电站运行及下游通航,易冲刷两岸。它适用于水头低、下游水深大且变幅小的中小型工程。

　　4)消力戽消能

　　消力戽的构造类似于挑流消能设施,但其鼻坎潜没在水下,下泄水流在被鼻坎挑到水面(形成涌浪)的同时,还在消力戽内、消力戽下游的水流底部以及消力戽下游的水流表面形成三个旋滚,即所谓“一浪三滚”,见图 3-38。消力戽的作用主要在于使戽内的旋滚消耗大量能量,并将高速水流挑至水面,以减轻对河床的冲刷。消力戽下游的两个旋滚也有一定的消能作用。其优点是工程量较消力池小,冲刷坑比挑流式浅,不存在雾化问题;

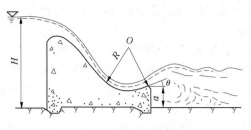

图 3-37　面流消能示意图

缺点是下游水面波动大,易冲刷岸坡,不利航运,戽面磨损率高,增大了维修费用。它适用于尾水深、变幅小、无航运要求,下游河岸有一定抗冲能力的情况。

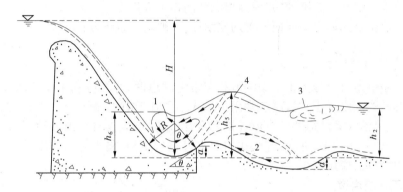

1—戽内旋滚;2—戽后底部旋滚;3—下游表面旋滚;4—戽后涌浪

图 3-38　消力戽消能示意图

(二) 坝身泄水孔

坝身泄水孔的进口全部淹没在设计水位以下,随时可以放水,故又称深式泄水孔。坝身泄水孔比大孔口溢流式重力坝的泄水孔要低得多,整个泄水通道是从坝体下方通过,如图 3-39 所示。在深孔内安装有弧形闸门拦住进水,在弧形闸门上方启闭机廊道里安装有闸门启闭机控制闸门的启闭。其作用是:①预泄洪水,增大水库的调蓄能力;②放空水库以便检修;③排放泥沙,减少水库淤积,延长水库使用寿命;④向下游供水,满足航运和灌溉要求;⑤施工导流。

1. 坝身泄水孔的分类

(1)按所处高度分类:中孔、底孔;

(2)按布置层数分类:单层、双层;

(3)按流态分类:有压、无压;

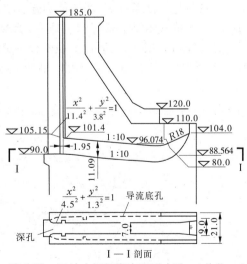

图 3-39　三峡大坝坝身有压泄水孔　(单位:m)

（4）按作用分类：泄洪孔、排沙孔、发电孔、放水孔、灌溉孔、导流孔。

2. 坝身泄水孔的布置

坝身泄水孔的布置与其用途、枢纽布置要求、地形地质条件和施工条件等因素有关。

泄水孔宜布置在河槽部位，以便下泄水流与下游河道衔接。当河谷狭窄时，一般设在溢流坝段；当河谷较宽时，则可布置于非溢流坝段。其进口高程在满足泄洪任务的前提下，应尽量高些，以减小进口闸门上的水压力。

灌溉孔应布置在灌区一岸的坝段上，以便与灌溉渠道连接，其进口高程则应根据坝后渠首高程来确定，必要时，也可根据泥沙和水温情况分层设置进水口。

排沙底孔应尽量靠近电站、灌溉孔的进水口及船闸闸首等需要排沙的部位。

发电孔进水口的高程应根据水力动能设计要求和泥沙条件确定。一般设于水库最低工作水位以下 1 倍孔口高度处，并应高出淤沙高程 1 m 以上。

施工导流孔是为放空水库而设置的放水孔，一般均布置得较低。

三、河岸式溢洪道

河岸式溢洪道可以分为正常溢洪道和非常溢洪道两大类，分别用于宣泄设计洪水和超出设计标准的洪水。正常溢洪道常用的形式主要有正槽式、侧槽式、井式、虹吸式四种，其中正槽式、侧槽式溢洪道的整个流程是完全开敞的，水流具有自由表面，属于开敞式溢洪道，在工程中应用较多；井式、虹吸式的泄水道是封闭的，属于封闭式溢洪道，其超泄能力小，易产生空蚀，应用较少。

（一）正常溢洪道

1. 正槽式溢洪道

正槽式溢洪道的过堰水流方向与泄槽轴线方向一致，水流正向进入泄槽，如图 3-40 所示。其特点是水流条件好，泄流能力强，工作安全可靠，结构简单，施工管理方便，应用最为广泛。正槽式溢洪道最好利用地形（天然垭口）修建，尽可能坐落在坚硬的岩石上；布置时尽可能与大坝靠近，但与土坝要有一定距离。它由进水渠、控制段、泄槽、消能段、尾水渠组成，其中中间三部分是必需的。正槽式溢洪道安全可靠，是采用最多的溢洪道形式。

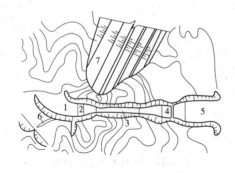

1—引水渠；2—溢流堰；3—泄槽；
4—消能防冲设施；5—出水渠；6—非常溢洪道；7—土石坝

图 3-40　正槽式溢洪道布置图

正槽式溢洪道

2. 侧槽式溢洪道

侧槽式溢洪道的泄槽轴线与溢流堰轴线接近平行,水流过堰后,在侧槽内转弯约90°,再经泄水槽泄入下游,见图3-41。其特点是水流条件复杂,水面极不平稳,结构复杂,对大坝有影响。当两岸山体陡峭,无法布置正槽式溢洪道时,可在坝头一端布置侧槽式溢洪道,此时溢流堰的走向与等高线大体一致,可减少开挖量,但水流就有转向问题。其适用于中小型工程。

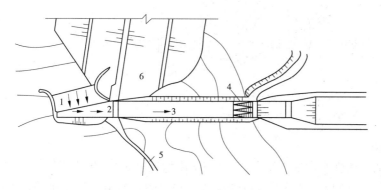

侧槽式溢洪道

1—溢洪道;2—侧槽;3—泄槽;4—出口消能段;5—上坝公路;6—土石坝

图3-41 侧槽式溢洪道布置图

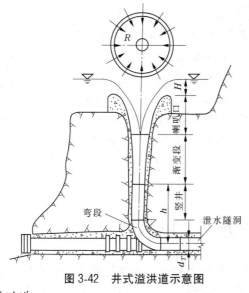

井式溢洪道

图3-42 井式溢洪道示意图

3. 井式溢洪道

井式溢洪道主要由溢流喇叭口段、渐变段、竖井段、弯道段和水平泄洪洞段组成,见图3-42。水流属于管流,泄水能力低,水流条件复杂,易出现空蚀,故应用较少。它适用于岸坡陡峭、地质条件良好,又有适宜的地形的情况。

4. 虹吸式溢洪道

虹吸式溢洪道由进口(遮檐)、曲形虹吸管、具有自动加速发生虹吸作用和停止虹吸作用的辅助设备、泄槽及下游消能设备组成。曲形虹吸管最顶部设通气孔,通气孔的出口在水库的正常高水位处,当水库的水位超过正常高水位,淹没了通气孔,曲形虹吸管内没有空气,泄水时有虹吸作用,可增加泄水能力,见图3-43。虹吸式溢洪道具有结构复杂、不便检修、易空蚀、超泄水能力小等特点。它适用于水位变化不大和需随时进行调节的中小型水库,以及发电和灌溉的渠道上。

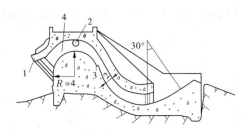

1—遮檐;2—通气孔;3—挑流坎;4—弯曲段

图 3-43　虹吸式溢洪道示意图　(单位:m)

(二) 非常溢洪道

由于水文现象的机遇性和不确定性,为了保证水库的绝对安全,有时需考虑出现超标准特大洪水时水库的泄洪问题。《溢洪道设计规范》(SL 253—2000)规定,在具备适宜的地形、地质条件时,经技术经济比较后,可将河岸式溢洪道布置为正常溢洪道和非常溢洪道,二者一般分开布置。对在设计标准范围内的洪水只用正常溢洪道泄洪;当出现超过设计标准的洪水时,需再加开非常溢洪道,以加大水库泄洪能力,确保大坝及枢纽安全。

由于超设计标准的洪水是稀遇的,故非常溢洪道启用机会很少。为此,非常溢洪道除溢流堰和泄洪能力不能降低标准外,其余部分都可以简化布置。若泄槽可不衬砌,消能防冲设施可不布置,以获得全面综合的经济效益。

非常溢洪道在土石坝枢纽中应用最多,这是由土石坝一般不允许洪水漫过坝顶的特点决定的。非常溢洪道的位置应与大坝保持一定的距离,以泄洪时不影响其他建筑物为控制条件。为了防止泄洪造成下游的严重破坏,当非常泄洪道启用时,水库最大总下泄流量不应超过坝址相同频率的天然洪水量。

非常溢洪道

任务三　输水建筑物

为实现供水、灌溉、发电等作用,水库必须修建输水建筑物。输水建筑物形式主要有水工隧洞、坝下涵管、坝体泄水孔等。前两种多用于土石坝中,后一种多在混凝土坝内采用。本任务主要学习水工隧洞和坝下涵管。

水工隧洞与坝下涵管大致类似,只是前者开凿在河岸岩体内,后者在坝基上修建,埋在坝体内,见图3-44。按其工作条件可分为引水隧洞和涵管、泄水隧洞和涵管;按其内部水流状态,可分为有压隧洞和涵管、无压隧洞和涵管。

引水隧洞和涵管是将水库放出的水量用于灌溉、发电和给水等。在工作时,可以是有压的也可以是无压的。泄水隧洞和涵管用于汛前或汛期泄水,以控制汛前限制水位。为

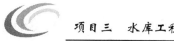

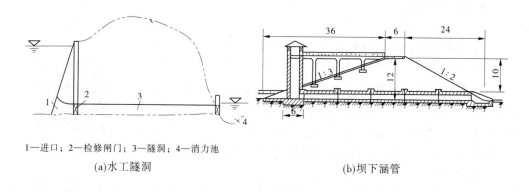

1—进口；2—检修闸门；3—隧洞；4—消力池

　　　　(a)水工隧洞　　　　　　　　　　　　　　　　(b)坝下涵管

图 3-44　水工隧洞与坝下涵管示意图　（单位:m）

检修枢纽建筑物或因战备需要,可放空水库及排沙减淤等。

有压隧洞和涵管运用时,全部断面均为水流所充满,洞管内壁有一定压力水头,称为内水压力。无压隧洞和涵管运用时,水流不满,顶部保持一定净空,具有自由水面。对于同一隧洞和涵管,必须避免有压和无压交替状态;更不允许按无压设计的隧洞、涵管在运用时出现有压状态。

建造隧洞或涵管应尽量考虑满足多种用途的要求。如有的导流隧洞或涵管在施工完成后,可以改作引水或泄水用;有的在隧洞进口段引水与泄水合用一洞,出口段则引水(灌溉、发电等)与泄水分开;有的引水与泄水分别建造隧洞。各种形式互有优缺点,这要根据具体条件确定。

隧洞和涵管的工作特点如下:

(1)为控制流量和便于工程维修,隧洞和涵管必须设置控制建筑物,如工作闸门、检修闸门和启闭设备等。为防止工作闸门启闭时高速水流造成的破坏,还需要设置平压管、通气孔等。除发电隧洞外,在出口处还必须设置消能和防冲措施,以保证工程安全。

(2)隧洞和涵管位于深水中,除承受较大的山岩压力、土压力外,还要承受高压水头及高速水流的作用。对承受高压水头作用的压力隧洞和涵管,其洞身或管身要有合理的布置、足够的强度及良好的防渗消能,以保证建筑物的安全。对通过高速水流的隧洞和涵管,为避免产生气蚀和振动,过水断面应尽量做得平顺和光滑。

(3)隧洞是在岩层中开凿的,开凿后破坏了岩体的自然平衡状态,岩体有可能发生变形和崩塌,因而一般需要加以衬护。

(4)涵管管壁和填土如果结合不紧密,就会产生沿管壁的集中渗流。管道接缝若处理不好或有断裂,则管内水流向坝体渗透,会导致坝体浸润线上升,从而使坝体发生沉陷、塌坑和滑坡等。根据国内外土坝失事的分析资料,管道漏水是土坝失事的重要原因之一。因此,在进行涵管设计时,必须采取相应措施,保证管身和土坝的安全。

一、水工隧洞

水工隧洞由进口建筑物、洞身和出口建筑物三部分组成。

(一)进口建筑物

1.进口建筑物的形式

常用的隧洞进口建筑物形式有竖井式、塔式、岸塔式和斜坡式。

1)竖井式进口

塔式进水口

在隧洞进口附近的岩体中开挖竖井,井下设闸门,井上设启闭机室,如图3-45所示。其优点是结构简单,抗震性好,稳定性高,不受风浪影响,工程量小,造价较低;缺点是施工开挖困难,闸门前隧洞段检修不方便。一般适用于隧洞进口段岩石坚硬完整的情况。

2)塔式进口

在隧洞进口处的水库中修建一座钢筋混凝土塔。塔内设闸门,塔上设启闭机,用工作桥与岸边连接,如图3-46所示。其优点是布置紧凑,闸门启闭较为方便可靠;缺点是塔身受风、浪、冰、地震的影响大,稳定性相对较差,工程造价高。

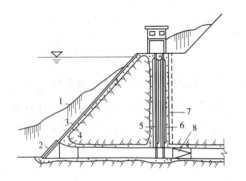

1—原地面线;2—拦污栅;3—拦污栅轨道;4—喇叭口;
5—检修门槽;6—工作闸门槽;7—通气孔;8—渐变段

图3-45 竖井式进口

1—原地面线;2—弱风化岩石线;
3—通气孔;4—工作桥

图3-46 塔式进口

3)岸塔式进口

岸塔式进口的塔身依靠在开挖后的岸坡上,如图3-47所示。其塔身稳定性较好,施工、安装较为方便,无须设工作桥,较为经济。它适用于岸坡较陡、岩石比较坚固稳定的情况。

4)斜坡式进口

斜坡式进口在较为完整的岩坡上进行平整开挖、衬砌而成,闸门轨道直接安装在斜坡衬砌上,如图3-48所示。其优点是结构简单,施工方便,稳定性好,造价较低;缺点是闸门面积要加大,且不易靠自重下降,检修困难。它一般只用于中小型工程或进口仅设检修闸门的情况。

2.进口建筑物的组成、作用与构造

进口建筑物主要由进水口、闸室段及渐变段组成,其主要包括拦污栅、进水喇叭口、闸门、渐变段、平压管、通气孔。

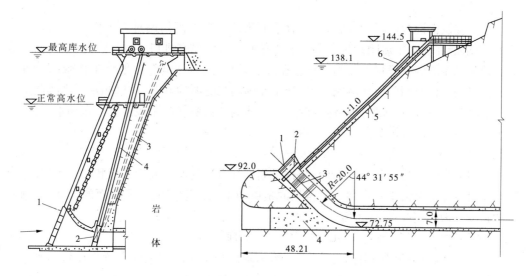

1—拦污栅;2—闸门;3—通气孔;4—闸门槽

图 3-47　岸塔式进口

1—喇叭口式进口;2—检修闸门;3—渐变段;
4—堵头;5—通气孔;6—贮门罩

图 3-48　斜坡式进口　（单位:m）

1) 拦污栅

拦污栅是由纵、横向金属栅条组成的网状结构,布置在隧洞的进口(见图 3-45、图 3-47),其作用是防止漂浮物进入隧洞。为了便于维修、更换等,拦污栅通常做成活动式的。

2) 进水喇叭口

喇叭口段是隧洞的首部,其作用是保证水流能平顺地进入隧洞,避免不利的负压和空蚀破坏,减少局部水头损失,提高隧洞的过水能力。喇叭口的横断面一般为矩形,顺水流方向呈收缩状,顶部常采用 1/4 的椭圆曲线(见图 3-49(a))。当隧洞流速不大时,顶部也可采用圆弧曲线,其半径要求 $R \geqslant 2D$(D 为洞径),如图 3-49(b)所示。

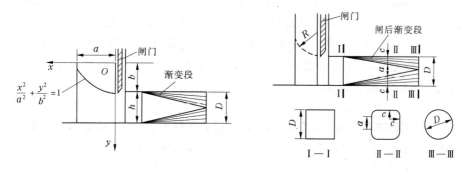

(a)喇叭口为椭圆曲线

(b)喇叭口为圆弧曲线

图 3-49　进水喇叭口示意图

3) 闸门

泄水隧洞常设两道闸门,闸门形式有平面闸门和弧形闸门两种。工作闸门用以控制流量,要求能在动水中启闭。水工隧洞的工作闸门可以设在进口、出口或隧洞中的任一适宜位置。无压隧洞一般将工作闸门设置在隧洞进口处,有压隧洞一般将工作闸门设置在隧洞出口处。检修闸门设在隧洞进口,当工作闸门或隧洞检修时,用以挡水。当隧洞出口低于下游水位时,出口也要设检修闸门。深水隧洞的检修闸门一般需要能在动水中关闭、静水中开启,也称事故门。

4) 渐变段

闸门处的孔口通常是矩形断面,当这个断面与其后的洞身断面的形状尺寸不同时,应设渐变段以保证水流平顺衔接。最常见的是由矩形断面渐变成圆形断面的渐变段,渐变段的长度一般为洞径的 2~3 倍。

5) 平压管

为了减小检修闸门的启门力,通常在检修闸门与工作闸门之间设置平压管与水库相通。检修完毕后,首先在两道闸门中间充水,使检修闸门前后的水压相同,保证检修闸门在静水中开启。平压管直径主要根据充水时间、充水体积等确定。当充水量不大时,也可以采用布置在检修门上的短管,充水时先提起门上的充水阀,待充满后再继续提升闸门。

6) 通气孔

通气孔是向闸门后通气的一种孔道。当闸门部分开启时,闸门后空气逐渐被水流带走,形成负压区。设通气孔用于补气,可降低门后负压,稳定流态,防止气蚀破坏和闸门振动。同时,在工作闸门和检修闸门之间充水时,通气孔又兼作排气孔。因此,通气孔通常担负着补气、排气的双重任务。通气孔管道应引至进水塔顶最高库水位以上。

(二) 洞身

1. 洞身断面

洞身断面的形状和尺寸取决于水流状态、地质条件、施工方法、运行要求及作用水头、泄流量等因素。

1) 无压隧洞

无压隧洞的荷载主要是山岩压力。当垂直山岩压力较大而无侧向山岩压力或侧向山岩压力很小时,多采用圆拱直墙形(城门洞形)断面,见图 3-50(a),断面的宽高比一般为 1:1~1:1.5。这种断面结构简单,便于施工和衬砌。当地质条件较差、侧向山岩压力较大时,宜采用马蹄形或卵形断面,见图 3-50(b)、(c)。当地质条件差或地下水压力很大时,也可采用圆形断面,见图 3-50(d)。

2) 有压隧洞

有压隧洞的断面多为圆形,见图 3-50(d),其水力条件好,适用于承受均匀内水压力。当围岩坚硬且内水压力不大时,为方便施工,也采用非圆形断面。其最小断面尺寸应同时满足施工和检修要求。

2. 隧洞衬砌

为了保证水工隧洞安全有效地运行,隧洞一般都要衬砌。衬砌的作用是承受山岩压力、水压力等荷载,加固和保护围岩,防止渗漏,减小隧洞表面糙率和水头损失等。衬砌的

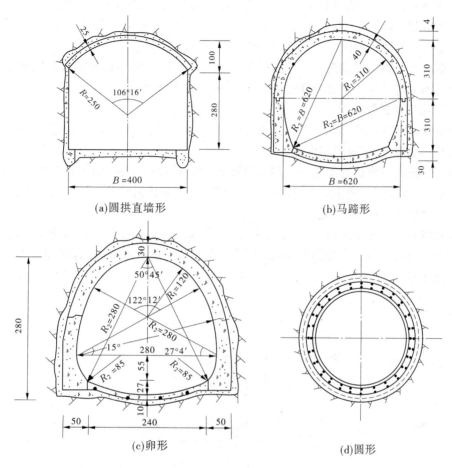

图 3-50　洞身的断面形状　（单位:cm）

方法是在开挖后的洞壁做一层人工护面。常见的衬砌形式有平整衬砌、单层衬砌、预应力衬砌及喷锚衬砌等。

1）平整衬砌

平整衬砌也称抹面衬砌,是用混凝土、喷浆、砌石等做成平整的护面。它不承受荷载,只起减小糙率、防止渗水、抵抗冲蚀、防止风化等作用。

2）单层衬砌

单层衬砌是指由混凝土、钢筋混凝土、喷混凝土及浆砌石等做成的衬砌。这种衬砌适用于中等地质条件、高水头、高流速、大跨度的情况。

3）预应力衬砌

预应力衬砌是对混凝土或钢筋混凝土衬砌施加预压应力,以抵消内水压力产生的拉应力。由于衬砌预加了压应力,可以抵消运行时产生的拉应力。因此,可使隧洞衬砌厚度减薄,节省材料和开挖量。

4）喷锚衬砌

喷锚衬砌是指利用锚杆和喷混凝土进行围岩加固的总称。锚杆支护是用特定形式的锚杆锚定于岩石内部,把原来不够完整的围岩固结起来,从而增加围岩的整体性和稳定性。喷射混凝土能紧跟掘进工作面施工,缩短了围岩的暴露时间,使围岩的风化、潮解和应力松弛等不致有大的发展,给围岩的稳定创造了有利条件。

在混凝土及钢筋混凝土衬砌中,每隔 6～12 m 应设一条温度伸缩横缝,缝中应设止水。当隧洞穿过断层破碎带或软弱带时,应加密横缝兼作沉陷缝。

(三)出口建筑物

隧洞出口建筑物的形式与布置主要取决于隧洞的功用及出口附近的地形、地质条件,主要包括渐变段、闸室及消能设施。

有压隧洞出口常设有工作闸门和启闭设施(见图 3-51),闸门前设渐变段,出口之后为消能设施;无压隧洞的出口仅设门框而不设闸门,以防止洞脸及上部岩石崩塌,洞身直接与下游消能设施相连接(见图 3-52)。

泄水隧洞出口水流比较集中,流速大、冲刷力强。为了保证隧洞出口下游的安全,必须在隧洞出口处布置消能设施。泄水隧洞常用的消能方式有挑流消能和底流消能。当出口高程高于或接近于下游水位,并且下游水深和地质条件适宜时,应优先选用挑流消能。

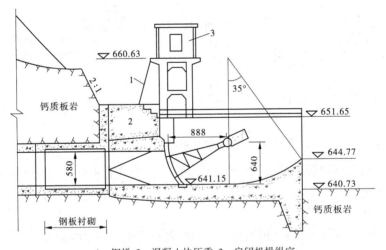

1—钢梯;2—混凝土块压重;3—启闭机操纵室

图 3-51　有压隧洞出口构造　(单位:高程,m;尺寸,cm)

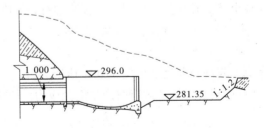

图 3-52　无压隧洞的出口建筑物　(单位:高程,m;尺寸,cm)

二、坝下涵管

(一) 坝下涵管的进口建筑物

用于引水灌溉的坝下涵管,常用的进口形式有分级卧管式、斜拉闸门式及塔式等。

1. 分级卧管式进水口

分级卧管式进水口是沿山坡修筑台阶式斜卧管,在每个台阶上设进水孔,孔径一般为20~50 cm,相邻台阶高差为30~50 cm。平时用木塞或平板门封闭,用水时随水位降落逐级打开。卧管最高处应高出最高蓄水位,并设通气孔,下部与消力池或消能井相连,使水流在消力池或消能井内充分消能后,平稳地进入坝下涵管放到下游渠道,如图3-53 所示。

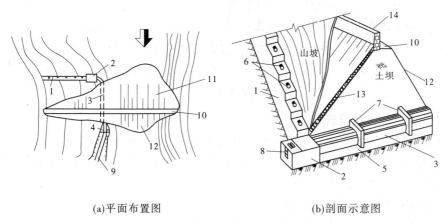

(a)平面布置图　　　　　　　(b)剖面示意图

1—卧管;2—消能井;3—坝下涵管;4—消力池;5—座垫;6—进水孔;7—截水环;
8—闸门;9—渠道;10—坝顶;11—上游坝坡;12—下游坝坡;13—护坡;14—防浪墙

图 3-53　分级卧管式涵管进水口

2. 斜拉闸门式进水口

斜拉闸门式进水口位于上游坝坡的坡脚处,在孔口顶部设有转动门盖或斜拉平板闸门,用钢丝绳或拉杆与坝顶启闭机连接,进口下面设有消力井,如图3-54 所示。

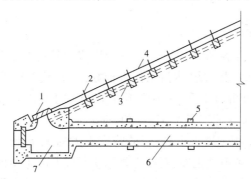

1—斜拉闸门;2—支柱;3—通气孔;4—拉杆;5—截渗环;6—涵管;7—消能井

图 3-54　斜拉闸门式进水口

3. 塔式进水口

塔式进水口的布置形式有岸边竖井式和坝内竖井式两种。前者是在大坝一侧岩体中开凿竖井形成的,多与岸边隧洞结合使用;后者是将进水塔布置在上游坝体内,与坝下涵管结合使用,如图 3-55 所示。中小型水库多采用后者,但斜墙坝不宜采用这种形式。

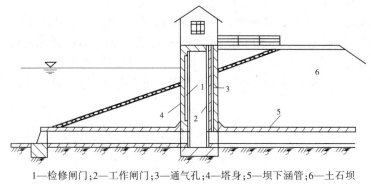

1—检修闸门;2—工作闸门;3—通气孔;4—塔身;5—坝下涵管;6—土石坝

图 3-55　塔式进水口

(二)坝下涵管的出口建筑物

坝下涵管出口建筑物的形式及构造主要取决于出口地形、地质条件、涵管的用途等。它主要包括出口渐变段和消能设施,因其流量不大、水头较低,多采用底流式消能。底流式消能设计详见水闸消能。

(三)坝下涵管的管身形式和布置

坝下涵管的管身应有足够的强度和过流能力,管身形式、材料及结构尺寸应考虑其用途、水力条件及材料特性等因素,经计算和技术经济比较确定。

涵管按其过流形态可分为管内具有自由水面的无压涵管和管内满水的有压涵管。为避免管身渗漏、影响土坝安全,宜将涵管设计成无压流。对于无压流坝下涵管,应尽量采用混凝土或钢筋混凝土结构,当采用浆砌石时,必须做好防渗处理;对于有压流坝下涵管,宜采用圆形钢管或钢筋混凝土管。涵管不得在无压与有压交替状态下工作,且严禁采用缸瓦管。

常用的管身横断面形式有以下 4 种:

(1)圆形涵管。是坝下涵管使用较多的一种形式。其特点是受力条件较好,可以承受较大的内、外水压力及填土压力;水流条件也较好,过水流量大,且施工简单,工程量小。圆形管大多为现浇的钢筋混凝土管,在小型工程中也常用预制钢筋混凝土管。预制管道施工快、工期短,但其接头处理难度大,止水较困难。

(2)盖板式方涵管。用于填土不高、管的跨度不大的无压涵管。盖板多为预制钢筋混凝土板,侧墙采用浆砌条石挡土墙,底板为浆砌块石或混凝土结构。

(3)圆拱直墙式涵管。对于小型的无压涵管,管身承受的主要荷载是填土压力和外水压力,管壁受压,为节省钢筋、水泥,并充分发挥浆砌石结构的抗压性能,常用圆拱直墙式涵管。当圆拱材料为混凝土时,拱厚不小于 20 cm,为浆砌石时不小于 30 cm。侧墙多为浆砌条石重力式的挡土墙。底板为浆砌块石或混凝土结构。

（4）矩形箱式涵管。是四边封闭的钢筋混凝土箱式结构,在大型埋管中使用较多。它具有结构简单、施工方便、整体性好等特点。当过水断面尺寸较大时,为了提高管身的刚度,可以做成双箱甚至多箱的结构形式。

任务四　专门建筑物

水库枢纽的附属建筑物是指电站厂房、灌溉渠首工程、过坝建筑物等。电站厂房、灌溉渠首工程将在后续章节中详细介绍,本任务主要学习过坝建筑物,包括通航、过木、过鱼等专门水工建筑物。

一、通航建筑物

为使船舶顺利通过修建于河道上的闸、坝和在渠化工程中形成的集中落差,需要修建通航建筑物。

建筑物分为船闸和升船机两大类。船闸是利用水力将船舶浮送过坝,通过能力大,应用最广;升船机是利用机械力将船舶升送过坝,耗水量少,一次提升高度大。

(一)船闸

船闸由闸室、闸首、输水系统和引航道等几个基本部分组成,如图 3-56 所示。

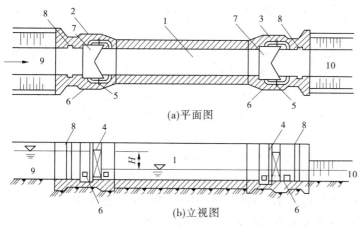

1—闸室；2—上闸首；3—下闸首；4—闸门；5—阀门；6—输水廊道；
7—门龛；8—检修门槽；9—上游引航道；10—下游引航道

图 3-56　船闸示意图

船闸

1. 船闸的结构

1)闸室

闸室是介于船闸上、下闸首及两侧边墙间,供过坝船舶临时停泊的场所。闸室由闸墙与闸底板构成,并以闸首内的闸门与上、下游引航道隔开。闸墙和闸底板可以是浆砌石、混凝土或钢筋混凝土,二者可以是整体式结构或分离式结构。为保证闸室充水或泄水时船舶的稳定,在闸墙上设有系船柱和系船环。

2) 闸首

闸首的作用是将闸室与上、下游引航道隔开,使闸室内维持上游水位或下游水位,以便船舶通过。位于上游端的称为上闸首,位于下游端的称为下闸首。在闸首内设有工作闸门、检修闸门、输水系统、阀门及启闭机系统。此外,在闸首内还设有交通桥及其他辅助设备。闸首由钢筋混凝土、混凝土或浆砌石做成,边墩和底板通常做成整体式结构。

3) 输水系统

输水系统是供闸室灌水和泄水的设备,使闸室内的水位能上升或下降。设计输水系统的基本要求是:灌、泄水时间应尽量缩短;船队(舶)在闸室和上、下游引航道内有良好的泊稳条件;船闸各部位在输水过程中不产生冲刷、空蚀和振动等造成的破坏。船闸的灌、泄水时间一般为 6~15 min。过闸船队(舶)在闸室内的平稳条件,以过闸船队(舶)的系船缆绳所受力大小作为衡量指标。输水系统分为集中(闸首)输水系统和分散输水系统两大类型。集中输水系统布置在闸首及靠近闸首的闸室范围内,利用短廊道输水,或直接利用闸门输水;分散输水系统的纵向廊道沿闸室分布于闸墙内,并经许多支廊道向闸室输水。

4) 引航道

引航道是连接船闸闸首与主航道的一段航道,设有导航及靠船建筑。其作用是保证船队(舶)顺利地进、出船闸,并为等待过闸的船队(舶)提供临时的停泊场所。与上闸首相接的称为上游引航道,与下闸首相接的称为下游引航道。

2. 船闸的分类

按船闸的级数可分为单级船闸和多级船闸,按船闸的线数可分为单线船闸和多线船闸,按闸室的形式可分为井式船闸、广厢船闸和具有中间闸首的船闸。

1) 按船闸的级数分类

(1)单级船闸。只有一级闸室的船闸,如图 3-56 所示。这种形式的船闸的过闸时间短、船舶周转快、通过能力较大,建筑物及设备集中、管理方便。

(2)多级船闸。当水头较高时,若仍采用单级船闸,不仅过闸用水量大,灌、泄水时进入闸室或引航道的水流流速较高,对船舶停泊及输水系统的工作条件不利,还会使闸室及闸门的结构复杂化。为此,可沿船闸轴线将水头分为若干级,建造多级船闸。三峡水利枢纽就是采用双线五级船闸,是世界上规模最大和水头最高的船闸。

2) 按船闸的线数分类

(1)单线船闸。在一个枢纽内只有一条通航线路的船闸称为单线船闸,实际工程中大多采用这种形式。

(2)多线船闸。在一个枢纽内建有两条或两条以上通航线路的船闸称为多线船闸。船闸的线数取决于货运量和船闸的通过能力,当货运量较大而单线船闸的通过能力无法满足要求,或船闸所处河段的航运对国民经济具有特殊重要的意义,不允许因船闸检修而停航时,需要修建多线船闸。我国三峡和葛洲坝水利枢纽分别采用的是双线船闸和三线船闸。

3) 按闸室的形式分类

(1)井式船闸。当水头较高,且地基良好时,为减小下游闸门的高度,可选用井式船闸。如图 3-57(a)所示,在下闸首建胸墙,胸墙下留有过闸船队(舶)所必需的通航净空,采用平面提升闸门。当前世界上最大的单级船闸——俄罗斯的乌斯季卡缅诺戈尔斯克船闸就是采用的井式船闸,水头达 42 m。

(2)广厢船闸。通过以小型船队(舶)为主的小型船闸,可采用如图 3-57(b)所示的广厢船闸。其特点是闸首口门的宽度小于闸室宽度,闸门尺寸缩窄,可降低造价;但船队(舶)进出闸室需要横向移动,使操作复杂化,延长过闸时间。

(3)有中间闸首的船闸。当过闸船舶不均一,为了节省单船过闸时的用水量及过闸时间,有时在上、下闸首之间增设一个中间闸首,将闸室分为前后两部分。当通过单船时,只用前闸室(用上、中闸首),而将下闸首的闸门打开,这时,后闸室就成为下游引航道的一部分;当通过船队时,不用中闸首,将前后两个闸室作为一个闸室使用。这样既可以节省过闸用水量,又可缩短过闸时间,如图 3-57(c)所示。

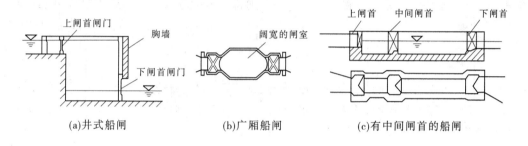

(a)井式船闸　　　(b)广厢船闸　　　(c)有中间闸首的船闸

图 3-57　按闸室形式分类的三种船闸

(二)升船机

1.升船机的组成

升船机由以下几个主要部分(见图 3-58)组成:

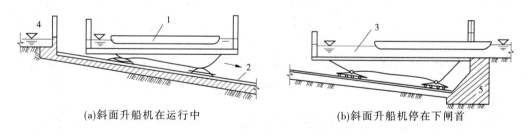

(a)斜面升船机在运行中　　　(b)斜面升船机停在下闸首

1—船舶;2—轨道;3—承船厢;4—上闸首;5—下闸首
图 3-58　斜面升船机示意图

(1)承船厢。用于转载船舶,其上、下游端部均设有厢门。

(2)垂直支架或斜坡道。前者用于垂直升船机的支撑并起导向作用,后者用作斜面升船机的运行轨道。

(3)闸首。用于衔接承船厢与上、下游引航道,闸首内设有工作闸门和拉紧(将承船厢与闸首锁紧)、密封等装置。

(4)机械传动机构。用于驱动承船厢升降和启动承船厢的厢门。

(5)事故装置。当发生事故时,用于制动并固定承船厢。

(6)电气控制系统。用于操纵升船机的运行。

2.升船机的类型

按承船厢载运船舶的方式可分为湿运和干运。湿运,船舶浮在充水的承船厢内;干运,船舶搁置在无水的承船厢承台上。干运时船舶易受碰损,很少采用。按承船厢的运行路线可分为垂直升船机和斜面升船机。

1)垂直升船机

垂直升船机有提升式、平衡重式和浮筒式等,见图3-59。

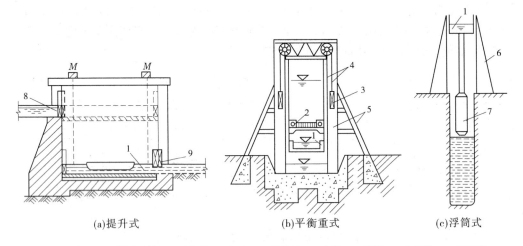

(a)提升式   (b)平衡重式   (c)浮筒式

1—承船厢;2—传动机械;3—平衡砣;4—钢索;5—钢排架;6—支架;7—浮筒;8—上闸首;9—下闸首

图3-59　垂直升船机示意图

(1)提升式升船机。类似于桥式起重机,船舶进入承船厢后,用起重机提升过坝。由于提升动力大,只适用于提升中、小型船舶,我国丹江口水利枢纽的升船机即属于此种类型,最大提升力为450 t,提升高度为83.5 m。

(2)平衡重式升船机。利用平衡重来平衡承船厢的重量,运行原理与电梯相似。目前世界上最大的平衡重式升船机是三峡工程升船机,最大垂直行程113 m,承船厢尺寸为120 m×18 m×3.5 m(水深),可通过3 000 t级的客货轮,通过时间约为40 min,提升总重量为11 800 t。

(3)浮筒式升船机。将金属浮筒浸在充满水的竖井中,利用浮筒的浮力来平衡升船机活动部分的重量,电动机仅用来克服运动系统的阻力和惯性力。目前世界上最大的浮筒式升船机是德国的新亨利兴堡升船机,提升高度为14.5 m,承船厢尺寸为90 m×12 m,厢内水深为350 m,载船吨位为1 350 t。

2)斜面升船机

斜面升船机是将船舶置于承船厢内,沿着铺在斜面上的轨道升降,运送船舶过坝。斜面升船机由承船厢、斜坡轨道及卷扬机设备等部分组成,见图3-58。我国已建成最大提升高度为80 m的湖南柘溪水电站的斜面升船机,载船吨位50 t。

二、过木建筑物

在有运送木材任务的河道上兴建水利枢纽,一方面为枢纽上游的木材浮运创造了条件,而另一方面切断了木材下放的通道。为解决木材过坝问题,需要在枢纽中修建过木建筑物。常用的过木建筑物有筏道、漂木道和过木机。

(一)筏道

筏道是一种用于浮运木排(筏)的过木建筑物,主要由进口段、槽身段和出口段组成。它适用于中、低水头且上游水位变幅不大的水利枢纽。

为使筏道的进口段能适应水库的水位变化,进口段可做成固定式进口、活动式进口和闸室式进口,如图 3-60 所示。进口应远离水电站、溢流坝,以免相互干扰。进口前应布置引筏道并有浮排等导向设施。槽身是一个宽浅顺直的陡槽,槽宽稍大于木排的宽度,槽内最小水深约为木排厚度的 2/3,纵坡(i)取决于设计水深和流速,一般选用 $i = 3\% \sim 6\%$。为顺利流放木排,出口宜靠近河道主流,槽身斜坡末端后做成消力池。使出口水流呈波状水跃或面流衔接。

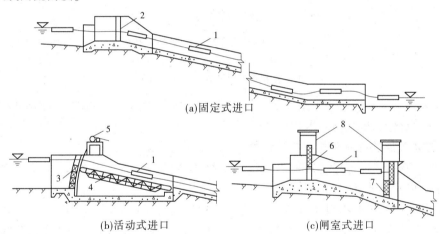

(a)固定式进口

(b)活动式进口　　　　　　　　　(c)闸室式进口

1—木筏;2—闸门槽;3—叠梁闸门;4—活动筏槽;5—卷扬机;6—上闸门(开);7—下闸门(关);8—启闭机室

图 3-60　筏道进口形式

(二)漂木道

漂木道也称为放木道,是一种用于浮运散漂原木的过木建筑物,多用于中、低水头且上游水位变幅不大的水利枢纽。与筏道类似,漂木道由进口段、槽身段和出口段组成。进口在平面上呈喇叭口,设有导漂设施,有时还可安装加速装置,以防原木滞塞和提高通过能力,但进口处的流速不宜大于 1 m/s。在水库水位变幅较大的情况下,常用活动式进口,安装下降式平板门、扇形门或下沉式弧形闸门等,见图 3-61。槽身是一个顺直的陡槽。槽宽略大于最大的原木长度。按原木在槽内的浮运状态,分为全浮式、半浮式和湿润式,实际工程中多用全浮式。槽内水深稍大于原木直径的 75%,纵坡多在 10% 以下。出口宜选在河道顺直处的岸边,避开回流区,水流呈波状水跃和面流式衔接。

(三)过木机

过木机是一种运送木材过坝的机械设施。由于这种运送方式无须耗水,且不受水头

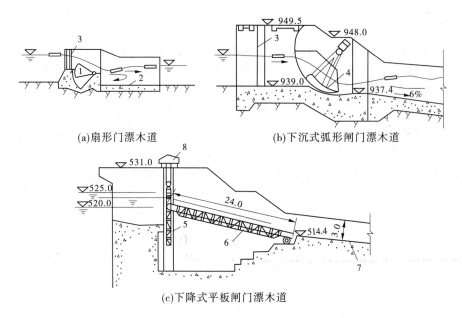

(a)扇形门漂木道   (b)下沉式弧形闸门漂木道

(c)下降式平板闸门漂木道

1—扇形门;2—护坦;3—检修门槽;4—下降式弧形闸门;
5—平板门;6—活动槽;7—固定槽身;8—启闭机室

图3-61 漂木道进口形式 （单位:m）

限制,常在大中型水利枢纽中应用。木材传送机是一种较常采用的过木机,按木材传送方向分为纵向木材传送机和横向木材传送机。

(四)过木建筑物在水利枢纽中的位置

过木建筑物形式的选择主要取决于浮运木材的数量、方式、作用水头、水位变幅、地形、地质条件以及林业部门的要求等。

在水利枢纽中,最好将过木建筑物布置在靠近岸边处,并与船闸、水电站厂房分开。进口前设导漂装置,以便引导原木或木排进入过木通道。筏道和漂木道应布置成直线形,上、下游引筏道可根据地形条件布置成直线形或曲线形。下游出口力求水流顺直,以便木材顺河下行,不因回流停滞。

三、过鱼建筑物

在河流中修建闸坝后,在闸坝上游形成水库,为库区养鱼提供了有利条件,但同时也截断了江河中鱼类洄游的通道,有洄游特性的鱼类难以上溯产卵,且有时阻碍了库区亲鱼和幼鱼回归大海,影响渔业生产。为此在水利枢纽中要修建过鱼建筑物,以连通鱼类的洄游路线。但同时,近年来国内外有些工程已放弃鱼类过坝自然繁殖方案,采用人工繁殖、放养等方案取得了较好的效果,如我国长江上的葛洲坝水利枢纽就是采用人工繁殖的方法解决了中华鲟过坝问题。

水利枢纽中的过鱼建筑物或过鱼设施主要有鱼道、鱼闸、升鱼机和集运鱼船等类型。

鱼道是最早采用的一种过鱼建筑物,适用于低水头水利枢纽,目前世界上已建成的数百座过鱼建筑物中以鱼道居多。鱼闸和升鱼机可以适用于较高的水头,它是依靠水力或机械的办法将鱼类运送过坝,鱼类过坝时体力消耗小,一般工程投资比鱼道经济,但不能连续过鱼,运行也不如鱼道方便。集运鱼船分集鱼船和运鱼船两部分。集鱼船驶至鱼类集群处,利用水流通过船身以诱鱼进入船内,再通过驱鱼装置将鱼驱入运鱼船,经船闸过坝后,将鱼投入上游水库,机动性好,与枢纽布置无干扰,造价较低,但运行管理费用较大。

(一) 鱼道

鱼道由进口、槽身、出口及诱鱼补水系统等几部分组成。其中,诱鱼补水系统的作用是利用鱼类逆水而游的习性,用水流来引诱鱼类进入鱼道;也可根据不同鱼类特性,利用光线、电流及压力等对鱼类施加刺激,诱鱼进入鱼道,提高过鱼效果。鱼道按其结构形式可分为以下几类。

1. 斜槽式鱼道

斜槽式鱼道为一矩形断面的倾斜水槽。按其是否有消能设施分为简单槽式鱼道和加糙槽式鱼道两种。前者槽中没有消能设施,仅利用延长水流途径和槽壁自然糙率来降低流速,因此槽底坡度很缓,只能用于水头小且通过的鱼类逆水游动能力强的情况,否则鱼道会很长。后者为一条加糙的水槽,在槽壁和槽底设有间距很密的阻板和砥坎,水流通过时,形成反向水柱冲击主流,消减能量,降低流速,这样可能采用较大的底坡(国外的鱼道陡坡达 1/4～1/6),以缩短鱼道的长度,节省造价;但槽中水流紊动剧烈,对鱼类通行不利,一般适用于水位差不大和鱼类活力强劲的情况。加糙式鱼道为比利时工程师丹尼尔首创,故又称丹尼尔鱼道,20 世纪 50 年代在西欧一些国家得到应用,目前国内外已很少采用。

2. 水池式鱼道

水池式鱼道由一连串连接上、下游的水池组成,水池之间用底坡较陡的短渠道连接,如图 3-62 所示。串联水池一般是绕岸开挖而成,鱼道总水头可达 10～22 m,水池间的水位差为 0.4～1.6 m。这种鱼道较接近天然河道的情况,鱼类在池中的休息条件良好。但其平面上所占的位置较大,必须有合适的地形和地质条件,以免土方工程量过大而造成不经济。

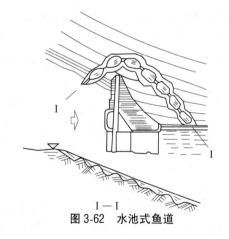

图 3-62　水池式鱼道

3. 隔板式鱼道

隔板式鱼道是在水池式鱼道的基础上发展起来的。利用横隔板将鱼道上、下游总水位差分成若干级,形成梯级水而跌落,故又称梯级鱼道(见图 3-63)。鱼是通过隔板上的过鱼孔从这一级游往另一级的。利用隔板之间的水垫、沿程摩阻及水流对冲、扩散来消能,达到改善流态、降低过鱼孔流速的要求。这种鱼道水流条件较好,适应水头较大,结构简单,施工方便,故应用较多,按过鱼孔的形状和位置不同,隔板式鱼道可分为溢流堰式、淹没孔口式、竖缝式和组合式等 4 种。

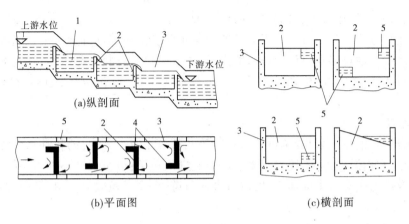

(a)纵剖面

(b)平面图　　　　　　　　　　　　(c)横剖面

1—水池;2—横隔墙;3—纵向墙;4—防护门;5—游入孔

图 3-63　隔板式鱼道示意图

(二) 鱼闸

鱼闸的工作原理类似于船闸,采用控制水位升降的方法来输送鱼类通过拦河闸坝。它主要有竖井式和斜井式两种类型,能在较大水位差条件下工作。其组成部分包括上、下游闸室和闸门,充水管道及其阀门,竖(或斜)井等。

图 3-64 所示为竖井式鱼闸,其结构为两个闸室,当其中一个闸室开放进鱼时,另一个闸室关闭。从下游送鱼向上游的过程是:在下游处有一进闸水渠与闸室相接,水经过底板的孔口不停地进入渠道中,并经过渠道壁上的孔口流到下游,鱼逆流穿过孔口进入渠道和闸室;待闸室中进鱼达到足够数量后,关闭闸室下游闸门,从上游通过专门管道向闸室充水;随着闸室中水位上升,可提升设在闸室底板上的格栅,迫使鱼随水一起上升;当闸室中水位与上游水位齐平后,打开上游闸门,把鱼放入上游;最后关闭闸门,将闸室的水沿输水管放入下游;如此轮流不断地将鱼送到上游水库。

图 3-65 所示为斜井式鱼闸,其工作方式与竖井式基本相同,过鱼时先打开下游闸门,并利用上游闸门顶溢流供水,使水流从上游经斜井和下游闸室流到下游,就可诱鱼进入下游闸室;待鱼类诱集一定数量后,关闭下游闸门,使上游水流充满斜井及上游闸室,当水位与库水位齐平时,开启上游闸门,就可将鱼送入上游水库。

(三) 升鱼机

升鱼机是利用机械设施将鱼输送过坝。它既适用于高水头的水利枢纽过鱼,又能适应库水位的较大变幅;但机械设备易发生故障,可能耽误亲鱼过坝,不便于大量过鱼。升鱼机有湿式和干式两种。前者是一个利用缆车起吊的水厢,水厢可上下移动,当厢中水面与下游水位齐平时,开启与下游连通的厢门,诱鱼进入鱼厢,然后关闭厢门,把水厢提升到水面与上游水位齐平后,打开与上游连通的厢门,鱼即可进入上游水库。干式升鱼机是一个上下移动的渔网,工作原理与湿式相似。升鱼机的使用关键在于下游的集鱼效果,一般常在下游修建拦鱼堰,以便诱导鱼类游进集鱼设备。国外有名的如美国朗德布特坝的升鱼机,提升高度达 132 m。

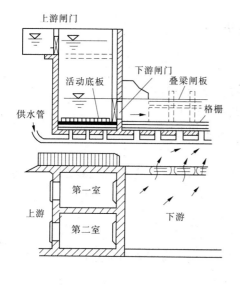

图 3-64　竖井式鱼闸

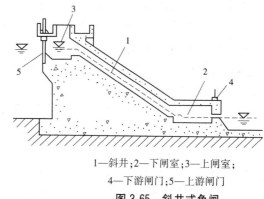

1—斜井;2—下闸室;3—上闸室;
4—下游闸门;5—上游闸门

图 3-65　斜井式鱼闸

(四) 过鱼建筑物在水利枢纽中的位置

过鱼建筑物在水利枢纽中的位置及其进出口布置,应保证鱼类能顺利地由下游进入上游。

过鱼建筑物下游进口位置的选择和布置应使鱼类能迅速发现并易进入,这是关系到过鱼建筑物能否有效运行的一个关键问题。进口处要有不断的新鲜水流出,造成一个诱鱼流速,但又不大于鱼类所能克服的流速,以便利用鱼类逆水上溯的习性诱集鱼群。同时要求水流平顺,没有漩涡、水跃等水力现象。为了适应下游水位的变化,保证在过鱼季节中进口有一定水深,进口高程应在水面以下 1.0~1.5 m,如水位变幅较大,则可设不同高程的几个进口。此外,进口处还应有良好的光线,使与原河道天然情况接近,有时还设专门的补给水系统、格栅或电拦网等诱鱼和导鱼装置。

过鱼建筑物的上游出口应能适应水库水位的变化,确保在鱼道过鱼季节中有足够的水深,一般出口高程在水面以下 1.0~1.5 m。出口的一定范围内不应有妨碍鱼类继续上溯的不利环境(如严重污染区、嘈杂的码头和船闸上游引航道出口等),要求水流平顺、流向明确、没有漩涡,以便鱼类沿着水流顺利上溯。出口的位置也应与溢流坝、泄水闸、泄水孔及水电站进口保持一定的距离,以防已经进入上游的鱼类又被水流冲到下游。

根据上述的布置原则,对于低水头的闸坝枢纽,常把鱼道布置在水闸一侧的边墙内或岸边上,进口则设在边孔的闸门下游,可以诱引鱼群聚集在闸门后面,过鱼效果较好。如果枢纽中有水电站,从电站尾水管出来的水流流速较均匀,诱鱼条件较好,可把鱼道布置在闸坝和电站之间的导墙内或电站靠岸一侧,进口则分散布置在厂房尾水管顶部。对于水头较高的水利枢纽,也常把鱼道、鱼闸或升鱼机分别布置在水电站和溢流坝两侧或导墙内。

练习题

一、简答题

1. 为什么要对重力坝分缝？分缝的类型有哪些？横缝如何处理？

2. 重力坝设置廊道的目的是什么？主要有哪几种廊道？

3. 扬压力对重力坝有何影响？降低扬压力的措施有哪些？

4. 简述土石坝的防渗、排水措施。

5. 反滤层的作用是什么？其构造如何？在哪些部位需设置反滤层？反滤层的布置要求有哪些？

6. 什么叫渗透变形？防止渗透变形的工程措施有哪些？

7. 双曲拱坝体型有何特点？

8. 什么是泄水建筑物？常见的泄水建筑物有哪些类型？分别有何特点？

9. 简述正槽溢洪道的组成部分及其作用。

10. 溢流坝应满足的泄洪要求有哪些？

11. 隧洞衬砌的作用是什么？有哪几种衬砌的形式？

12. 简述船闸的结构。

二、单选题

1. 重力坝对地形、地质条件的适应性好，是因为(　　　)。

    A. 筑坝材料的抗压性能好　　　　　　B. 受扬压力的作用

    C. 横缝将坝体分为若干个独立坝段　　D. 筑坝材料的抗冲能力较强

2. 下列各项中属于高坝的是(　　　)。

    A. 坝高大于 70 m　　　　　　　　　B. 坝顶高程大于 70 m

    C. 坝高大于 50 m　　　　　　　　　D. 坝顶高程大于 50 m

3. 大、中型重力坝工程的筑坝材料多数用(　　　)。

    A. 干砌石　　　　B. 浆砌石　　　　C. 混凝土　　　　D. 土石混合料

4. 相对宽缝重力坝和空腹重力坝而言，实体重力坝的不足之处是(　　　)。

    A. 扬压力大、材料的抗压强度不能充分利用

    B. 对地形、地质条件的适应性差

    C. 不便于泄洪和施工导流

    D. 温控散热性能好

5. 均质坝的防渗体形式是(　　　)。

    A. 黏土斜心墙　　　B. 坝体本身　　　C. 黏土斜墙　　　D. 沥青混凝土斜墙

6. 当坝址附近黏性土料少而砂、石料较多时，宜采用(　　　)坝型。

    A. 非土质防渗坝　　　　　　　　　　B. 水力冲填坝

    C. 均质坝　　　　　　　　　　　　　D. 土质防渗体分区坝

7. 土石坝的上游坝坡比下游坝坡(　　　)，沿剖面高度方向上部较(　　　)、向下逐级变(　　　)。

A. 缓、缓、陡　　　B. 缓、陡、缓　　　C. 陡、缓、陡　　　D. 陡、陡、缓

8. 修建拱坝的适宜河谷形状应是(　　　)。

A. 窄而深的河谷　　B. 宽浅型河谷　　C. 河谷宽度小　　D. 河谷高度大

9. 在混凝土坝或浆砌石重力坝枢纽中,常用的主要泄水建筑物是(　　　)。

A. 水工隧洞　　　　B. 坝下涵管　　　C. 河岸式溢洪道　D. 河床式溢洪道

10. 关于深式泄水孔,下列说法错误的是(　　　)。

A. 可预泄洪水　　　　　　　　　　B. 是重力坝的主要泄水建筑物

C. 可排沙清淤　　　　　　　　　　D. 应有足够的泄水能力

11. 当坝肩山头较高、岸坡较陡时,宜采用的河岸溢洪道形式是(　　　)。

A. 正槽式溢洪道　　　　　　　　　B. 侧槽式溢洪道

C. 封闭式溢洪道　　　　　　　　　D. 前述三者都不是

12. 下列隧洞中属于有压隧洞的是(　　　)。

A. 泄洪隧洞　　　　B. 发电引水隧洞　C. 排沙洞　　　　D. 导流隧洞

13. 关于隧洞检修闸门,下列说法正确的是(　　　)。

A. 在动水中关闭,动水中开启　　　B. 在动水中关闭,静水中开启

C. 在静水中关闭,静水中开启　　　D. 在静水中关闭,动水中开启

14. 关于隧洞通气孔的作用,下列说法正确的是(　　　)。

A. 充水时补气、放水时排气　　　　B. 充水时排气、放水时补气

C. 充水时补气、放水时补气　　　　D. 充水时排气、放水时排气

15. 大型埋管的管身横断面形式多采用(　　　)。

A. 圆形涵管　　　　B. 盖板式方涵管　C. 圆拱直墙式涵管D. 矩形箱式涵管

16. 坝下涵管管身衬砌的作用是(　　　)。

A. 适应地基变形　　　　　　　　　B. 改善管身受力条件

C. 延长渗径、改变渗流方向　　　　D. 防止集中渗流

三、多选题

1. 重力坝地基处理的方法有(　　　)。

A. 坝基开挖清理　　　　　　　　　B. 基岩固结灌浆

C. 基岩帷幕灌浆　　　　　　　　　D. 换土垫层

2. 为使土石坝安全有效地工作,在设计、施工和运行中必须考虑(　　　)对坝体的影响。

A. 坝体滑动　　　　B. 沉陷　　　　　C. 渗流　　　　　D. 冲刷

3. 设置在土石坝坝坡上的马道的作用是(　　　)。

A. 便于检查坝体　　B. 观测坝体渗水　C. 拦截和排除　　D. 排除坝体渗水

4. 关于拱坝,下列说法正确的是(　　　)。

A. 依靠两岸坝肩岩体来维持

B. 主要靠拱的作用承受并传递荷载

C. 对地质条件的要求比其他任何坝型都低

D. 超载能力大,抗震性能好

5. 深式泄水建筑物除汛期泄洪外,还能发挥的作用有(　　　)。

　　A. 排沙　　　　　　　　B. 放空水库　　　　　C. 汛前预泄洪水　　D. 施工导流

6. 正槽式溢洪道一般由引水渠、(　　　)、尾水渠等组成。

　　A. 侧槽　　　　　　　　B. 溢流堰　　　　　　C. 泄槽　　　　　　　D. 消能防冲设施

7. 常见的非常溢洪道形式有(　　　)。

　　A. 漫流式　　　　　　　B. 引冲式　　　　　　C. 自溃式　　　　　　D. 前述三者都不是

8. 隧洞进口建筑物形式有(　　　)。

　　A. 竖井式　　　　　　　B. 塔式　　　　　　　C. 岸塔式　　　　　　D. 斜坡式

9. 对隧洞衬砌进行回填灌浆的目的是(　　　)。

　　A. 充填衬砌与围岩之间的缝隙,减少渗漏

　　B. 保护围岩,防止风化

　　C. 固结围岩,提高其整体性

　　D. 改善衬砌结构传力条件

10. 泄水隧洞常用的消能方式是(　　　)。

　　A. 挑流消能　　　　　　B. 底流消能　　　　　C. 消力床消能　　　　D. 面流消能

11. 关于坝下涵管,下列说法正确的是(　　　)。

　　A. 在高坝和地震区常埋设坝下涵管

　　B. 施工时与土石坝相互干扰大

　　C. 承受较大的填土压力和外水压力作用

　　D. 坝下涵管一般是有压涵管

项目四　闸坝工程

【学习目标】

　　1. 了解闸坝工程的典型水工建筑物。

　　2. 熟悉水闸的特点、适用条件。

　　3. 熟悉橡胶坝、壅水坝和浮体闸的特点。

　　4. 掌握闸坝工程典型水工建筑物的适用范围。

【技能目标】

　　能认识不同类型的闸坝工程及其组成建筑物。

任务一　概　述

　　低水头的闸坝工程中,水闸是最常见的水工建筑物,其他闸坝建筑物还有橡胶坝、壅水坝、浮体闸等。这些低水头闸坝多用来改善河道的通航条件,有时也用以引水与发电。

　　在河流渠道中,为了控制其流量、调节其水位,可以在其上修建水闸。由于河渠水深一般不太大,所以水闸是低水头水工建筑物。水闸通过闸门的启闭来控制流量和水位,既可挡水又可泄水。水闸在防洪、灌溉、排水、航运、发电等方面应用广泛,尤其是在平原地区应用更多。

水闸工程　　　橡胶坝工程

　　橡胶坝也是一种低水头水工建筑物,和一般形态的水闸相比,具有结构简单、施工期短、造价低廉、节约三材、运用和操作简便、阻水影响小、止水效果好、对地基要求较低以及目标隐蔽等许多优点;其缺点是若河道常年有水,检修不便。在有泥沙的河道上,尤其是有推移质泥沙情况下,橡胶坝易损坏。橡胶坝既可挡水也可溢流,可用于防洪、灌溉、发电、供水、航运、挡潮以及城市园林美化等。

　　壅水坝主要是壅高河水位保证上游用水,具有壅水和泄水双重作用。其造价低,管理方便,常建在中小型取水工程中。

　　浮体闸是利用水的浮力开启和关闭闸门的一种闸,通过闸门的启闭可以挡水和泄水,具有投资少、管理方便等特点,适用于含沙量小的河道、灌溉渠道和中小型水库的溢洪道。

壅水坝工程　　　浮体闸工程

任务二　水　闸

在一条河流或渠道中,在不同的河段,根据水流调节的要求,需要修建多座作用不同的水闸。

一、水闸的类型

每座水闸都承担了多重任务,水闸的分类没有严格的界限。根据其承担的主要任务可以将其分为节制闸(或拦河闸)、进水闸、分洪闸、排水闸、挡潮闸、冲沙闸、排冰闸、排污闸等,见图4-1。

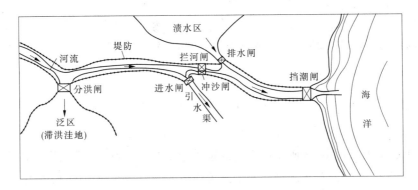

图4-1　一条河流上修建的水闸

(1)节制闸(或拦河闸):横跨在河流或渠道上。枯水期用以拦截河道水流,抬高水位,以利上游取水或航运要求;洪水期则开闸泄洪,控制下泄流量。位于河道上的节制闸称为拦河闸。

(2)进水闸:建在河道、水库或湖泊的岸边,用来控制引水流量,以满足灌溉、发电或供水的需要。进水闸又称取水闸或渠首闸。

(3)分洪闸:常建于河道的一侧,用来将超过下游河道安全泄量的洪水泄入预定的湖泊、洼地,及时削减洪峰,保证下游河道的安全。

(4)排水闸:常建于江河沿岸,外河水位上涨时关闸以防外水倒灌,外河水位下降时开闸排水,排除两岸低洼地区的涝渍。该闸具有双向挡水、双向过流的特点。

(5)挡潮闸:建在入海河口附近,涨潮时关闸不使海水沿河上溯,退潮时开闸泄水。挡潮闸具有双向挡水的特点。

(6)其他:如冲沙闸、排冰闸、排污闸、船闸,分别是为排除泥沙、排除冰块、排除漂浮物、保证船只通航等而设置的。

上述建在河渠上的水闸一般为开敞式水闸,即水闸上面不填土封闭。另外,还有一些水闸建在堤防、道路下面,水闸上面需填土封闭,这类水闸称为封闭式水闸。

开敞式和封闭式
水闸

二、水闸的工作特点

水闸的工作方式与其所承担的任务有关,但所有类型的水闸运用都是为了控制流量、调节河渠中的水位,这两种功能的实现靠水闸的挡水和泄水实现。当需要壅高闸前水位时,由闸门上的启闭机关闭部分乃至全部闸门,减小过闸流量来达到目的。当需要降低闸前水位时,由启闭机开启闸门,加大过闸流量来实现。

水闸一般建在平原地区,其建设地质条件大多为软土地基。与其他水工建筑物相比,水闸具有以下特点:

(1)稳定方面:关闭闸门挡水时,水闸上、下游水头差较大,造成较大的水平推力,使水闸有可能沿基面产生向下游的滑动。为此,必须采取措施,保证水闸自身的稳定。

(2)防渗方面:由于上、下游水位差的作用,水将通过地基和两岸向下游渗流。渗流会引起水量损失,同时地基土在渗流作用下容易产生渗透变形破坏。严重时闸基和两岸的土壤会被淘空,危及水闸安全。渗流对闸室和两岸连接建筑物的稳定不利,因此应妥善进行防渗设计。

(3)消能防冲方面:水闸开闸泄水时,在上、下游水位差的作用下,过闸水流往往具有较大的动能,流态也较复杂,而土质河床的抗冲能力较低,可能引起冲刷。此外,水闸下游常出现波状水跃和折冲水流,会进一步加剧对河床和两岸的淘刷。因此,设计水闸除应保证闸室具有足够的过水能力外,还必须采取有效的消能防冲措施,以防止对河道产生有害的冲刷。

(4)沉降方面:在土基上建闸,由于土基的压缩性大、抗剪强度低,在闸室的重力和外部荷载作用下,可能产生较大的沉降,影响正常使用,尤其是不均匀沉降会导致水闸倾斜,甚至断裂。在水闸设计时,必须合理地选择闸型、构造,安排好施工程序,采取必要的地基处理等措施,以减少过大的地基沉降和不均匀沉降。

三、水闸的组成

水闸主要由上游连接段、闸室段和下游连接段三部分组成,见图4-2。

(一)上游连接段

上游连接段的主要作用是引导水流平稳地进入闸室,同时起防冲、防渗、挡土等作用。一般包括上游翼墙、铺盖、护底、两岸护坡及上游防冲槽(齿墙)等。上游翼墙的作用是引导水流平顺地进入闸孔,并起侧向防渗作用。铺盖主要起防渗作用,其表面应满足抗冲要求。护坡、护底和上游防冲槽(齿墙)保护两岸土质、河床及铺盖头部不受冲刷。

水闸三维模型

(二)闸室段

闸室段是水闸的主体部分,通常包括底板、闸墩、闸门、胸墙、工作桥及交通桥等。底板是闸室的基础,承受闸室全部荷载,并较均匀地传给地基,此外还有防冲、防渗等作用。闸墩的作用是分隔闸孔并支承闸门、工作桥等上部结构。闸门的作用是挡水和控制下泄水流。工作桥供设置启闭机和工作人员操作之用。交通桥的作用是连接两岸交通。

除部分小型水闸外,大部分水闸都需要用闸墩将闸室分为多个闸孔,每个闸孔分别设

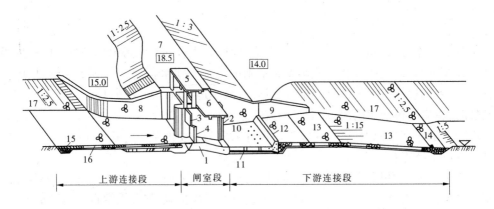

1—闸室底板;2—闸墩;3—胸墙;4—闸门;5—工作桥;6—交通桥;7—堤顶;
8—上游翼墙;9—下游翼墙;10—护坦;11—排水孔;12—消力坎;13—海漫;
14—下游防冲槽;15—上游防冲槽;16—上游护底;17—上、下游护坡

图 4-2　水闸组成　（单位:m）

置闸门及其启闭设备。

(三)下游连接段

下游连接段具有消能和扩散水流的作用。一般包括护坦、海漫、下游防冲槽、下游翼墙及护坡等。下游翼墙引导水流均匀扩散,兼有防冲及侧向防渗等作用。护坦具有消能防冲作用。海漫的作用是进一步消除护坦出流的剩余动能、扩散水流、调整流速分布、防止河床受冲。下游防冲槽是海漫末端的防护设施,避免冲刷向上游扩展。

四、闸室结构

闸室是水闸的主体部分。开敞式水闸闸室由底板、闸墩、闸门、工作桥和交通桥等组成,有的还设有胸墙。

(一)底板

闸底板的形式与闸孔形式有关,常见的有平底板、钻孔灌注桩底板、低堰底板、箱式底板、斜底板、反拱底板等。

平底板按照底板与闸墩的连接方式可以分为整体式和分离式两种,如图 4-3 所示。

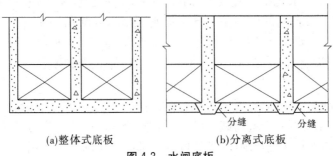

(a)整体式底板　　　　　(b)分离式底板

图 4-3　水闸底板

1. 整体式底板

将闸墩与底板浇筑成为一体即为整体式底板。底板顺水流方向长度可根据闸身稳定和地基应力分布较均匀的要求来确定,同时应满足闸室上部结构布置的要求。

对于底板的厚度,大中型水闸一般为 1.0~2.0 m。底板内配置钢筋。底板混凝土还应满足强度、抗渗、抗冲等要求,一般用 C15 或者 C20 混凝土。闸孔数目较多时,为了适应温度变形和地基不均匀沉降,常设沉陷缝。一般 1~3 个闸孔设一道沉降缝,形成数孔一联。

2. 分离式底板

分离式底板是在闸室底板上设顺水流向永久缝,将多孔水闸分为若干闸段,每个闸段呈倒 T 形。闸室上部结构的重量和水压力等其他荷载直接由闸墩传给地基,底板仅有防冲、防渗和稳定的要求,其厚度可根据自身稳定的要求来确定。分离式底板一般适用于地基条件较好、承载能力较大的砂土或者岩石地基。

(二)闸墩

闸墩的作用是分隔闸孔,支承闸门和闸室的上部结构。闸墩结构形式一般宜采用实体式,材料常用混凝土、少筋混凝土或浆砌块石。

闸墩的外形轮廓应满足过闸水流平顺、侧向收缩小、过流能力大的要求。上游墩头可采用半圆形或尖角形,下游墩尾宜采用流线形,见图 4-4。小型水闸墩尾也有做成矩形的。

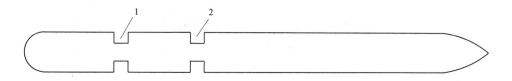

1—检修闸门槽;2—工作闸门槽
图 4-4 闸墩的外形轮廓

闸墩长度取决于上部结构布置和闸门的形式,一般与底板等长或稍短于底板。如果闸墩上部结构布置有剩余,可将闸墩高度做成斜坡,减少部分闸墩重量,如图 4-5(a)所示;如果闸墩上部长度不能满足结构布置,可将闸墩上部做成外挑的牛腿,以增加顶部长度,如图 4-5(b)所示。

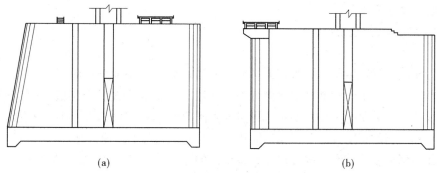

(a)　　　　　　　　　　　　　(b)
图 4-5 闸墩长度与上部结构布置

　　闸墩厚度应根据闸孔净宽、闸门形式、受力条件、结构构造要求和施工方法确定。根据经验,一般浆砌石闸墩厚0.8~1.5 m,混凝土闸墩厚1~1.6 m,少筋混凝土墩厚0.9~1.4 m,钢筋混凝土墩厚0.7~1.2 m。闸墩在门槽处厚度不宜小于0.4 m,渠系小闸可取0.2 m。

　　平面闸门的门槽尺寸应根据闸门的尺寸确定。一般检修门槽深0.15~0.25 m,宽0.15~0.30 m;工作门槽深一般不小于0.3 m,宽0.5~1.0 m。检修门槽与工作门槽之间应留1.5~2.0 m的净距,以便工作人员检修。门槽位置一般在闸墩的中部偏高水位一侧,有时为利用水重增加闸室稳定,也可把门槽设在闸墩中部偏低水位一侧。弧形闸门的闸墩不需设工作门槽,但需要设置牛腿以支承闸门。

(三)胸墙

　　胸墙是闸室孔口上部的挡水结构,其顶部高程与闸墩顶部高程齐平。胸墙结构形式可根据闸孔净宽和泄水要求选用。当闸孔净宽小于或等于6.0 m时可采用板式,见图4-6(a);当闸孔净宽大于6.0 m时宜采用板梁式,见图4-6(b);当胸墙高度大于5.0 m,且跨度较大时,可增设中梁及竖梁构成肋形结构,见图4-6(c)。

水闸胸墙

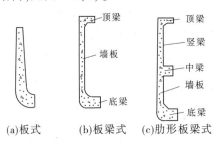

(a)板式　　(b)板梁式　　(c)肋形板梁式

图4-6　胸墙形式

　　胸墙与闸墩的连接方式可根据闸室地基、温度变化条件、闸室结构横向刚度和构造要求等采用简支式或固接式。简支式胸墙与闸墩分开浇筑,可避免在闸墩附近迎水面出现裂缝,但截面尺寸较大。固接式胸墙与闸墩浇筑在一起,胸墙钢筋伸入闸墩内,形成刚性连接,截面尺寸较小,但易在胸墙支点附近的迎水面产生裂缝。整体式底板可用固接式,分离式底板多用简支式。

(四)工作桥、交通桥

1. 工作桥

　　工作桥是供设置启闭机和管理人员操作时使用的。当桥面很高时,可在闸墩上部设排架支承工作桥。工作桥的高度要保证闸门开启后不影响泄放最大流量,并考虑闸门的安装及检修吊出需要。工作桥的位置尽量靠近闸门上游侧,为了安装、启闭、检修方便,应设置在工作闸门的正上方。可根据启闭机的型号确定相应的基座尺寸。

　　工作桥面宽度除应满足安置启闭设备所需的宽度外,还应在两侧各留0.6~1.2 m的通道,以供操作及设置栏杆之用。采用卷扬式启闭机时,桥面宽可取2.0~3.0 m;采用螺杆式启闭机时,桥面宽可取1.5~2.5 m。

2.交通桥

交通桥的位置应根据闸室稳定及两岸交通连接等条件确定,通常布置在闸室顶部工作桥下游侧。其宽度根据交通要求确定。交通桥的形式有板式、板梁式、拱式。

（五）闸门

典型闸门

闸门按其工作性质的不同,可分为工作闸门和检修闸门等。工作闸门又称主闸门,是水工建筑物正常运行情况下使用的闸门,要求能在动水中启闭。当工作闸门、门槽、水闸底板需要检修时,检修闸门用以临时挡水。检修闸门一般在静水中启闭。

闸门按其结构形式可分为平面闸门、弧形闸门等。

平面闸门由活动部分(门叶)、埋固部分和启闭设备三部分组成。其中,门叶由承重结构(包括面板、梁格、竖向连接系或隔板、门背(纵向)连接系和支承边梁等)、支承行走部件、止水装置和吊耳等组成。埋固部分一般包括行走埋固件和止水埋固体等。启闭设备一般由动力装置、传动和制动装置以及连接装置等组成。

弧形闸门的挡水面是圆弧形的,闸门面板后面有梁系和支臂,支臂的末端支撑在闸墩的铰座上(铰座固定在闸墩的牛腿上),启闭时闸门绕铰轴旋转。弧形闸门与平面闸门比较,其主要优点是启门力小,可以封闭相当大面积的孔口;无影响水流态的门槽,闸墩厚度较薄,机架桥的高度较低,埋件少。其缺点是需要的闸墩较长;不能提出孔口以外进行检修维护,也不能在孔口之间互换;总水压力集中于支铰处,闸墩受力复杂。

（六）启闭机

典型启闭机

闸门的启闭(升降)由闸门启闭机操作,启闭机可分为固定式和移动式两种。当多孔闸门启闭频繁或要求短时间内全部均匀开启时,每孔应设一台固定式启闭机。常用的固定式启闭机有卷扬式、螺杆式、油压式。

1.卷扬式启闭机

卷扬式启闭机主要由电动机、减速箱、传动轴和绳鼓所组成。绳鼓固定在传动轴上,围绕钢丝绳,钢丝绳连接在闸门吊耳上。启闭闸门时,通过电动机、减速箱和传动轴使绳鼓转动,带动闸门升降。为了防备停电或电器设备发生故障,可同时使用人工操作,通过手摇箱进行人力启闭。卷扬式启闭机启闭能力较大,操作灵便,启闭速度快,但造价较高,适用于弧形闸门。某些平面闸门能靠自重(或加重)关闭,且启闭力较大时,也可采用卷扬式启闭机。

2.螺杆式启闭机

当闸门尺寸和启闭力都很小时,常用简便、廉价的单吊点螺杆式启闭机。螺杆与闸门连接,用机械或人力转动主机,迫使螺杆连同闸门上下移动。当水压力较大、门重不足时,为使闸门关闭到底,可通过螺杆对闸门施加压力。当螺杆长度较大(如大于3 m)时,可在胸墙上每隔一定距离设支撑套环,以防止螺杆受压失稳。其启闭重量一般为3~100 kN。

3.油压式启闭机

油压式启闭机的主体为油缸和活塞。活塞经活塞杆或连杆和闸门连接。改变油管中的压力即可使活塞带动闸门升降。其优点是利用油泵产生的液压传动,可用较小的动力获得很大的启重力;液压传动比较平稳和安全;较易实行遥控和自动化等。其主要缺点是缸体内圆镗的加工受到各地条件的限制,质量不易保证,造价也较高。

五、水闸的消能防冲

水流通过水闸以后,其流速仍然很大,携带了很大的能量,具有较强的冲刷力。对于土基河(渠)床,其抗冲能力较低,必须将这些能量消除,否则将对工程设施造成破坏。

对于水闸来说,其水头一般较小,一般采用底流式消能方式。其原理是在闸室下游设置消力池、海漫和防冲槽等消能设施,使下泄水流在消力池尾部产生淹没式水跃,使高速水流通过内部旋滚、摩擦、掺气和撞击等作用消耗水流携带的能量,以减轻对下游河床的冲刷。

(一) 消力池

1. 消力池的形式

消力池有三种形式:下挖式、突槛式和综合式,见图4-7。

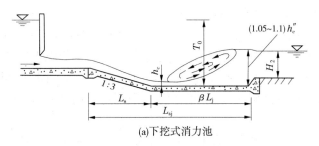

(a)下挖式消力池

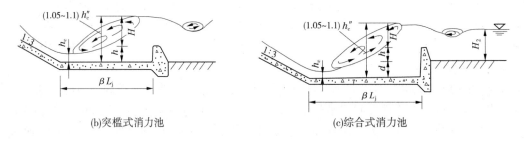

(b)突槛式消力池   (c)综合式消力池

图 4-7　消力池形式示意图

1) 下挖式消力池

当闸下尾水深度小于跃后水深时,可采用下挖式消力池消能。消力池与水闸底板(也称为护坦)采用斜坡面连接,斜坡面的坡度不宜陡于1:4。

2) 突槛式消力池

当闸下尾水深度略小于跃后水深时,可采用突槛式消力池消能。

3) 综合式消力池

当闸下尾水深度远小于跃后水深,且计算消力池深度又较深时,可采用下挖消力池与突槛式消力池相结合的综合式消力池消能。

2. 消力池的结构

消力池底板(护坦)承受水流的冲击力、水流脉动压力和底部扬压力等作用,应具有足够的重量、强度和抗冲耐磨的能力。护坦一般是等厚的,但也可采用不同的厚度,始端厚度大,向下游逐渐减小。大中型水闸的护坦厚度一般为 0.5~1.0 m,小型水闸也不宜小于 0.5 m。护坦一般用 C15 或 C20 混凝土浇筑而成,并配直径 10~12 mm 的纵横向构造钢筋,间距 250~300 mm。大型水闸护坦的顶、底面都需配筋,中小型水闸的护坦只需在顶部配筋。小型水闸的底板也可用 M7.5 水泥砂浆砌筑块石而成。

为了降低护坦底部的渗透压力,可在水平护坦的后半部设置排水孔,孔下铺设反滤层,反滤层的每层厚度可采用 20~30 cm,也可采用土工织物代替传统砂石料作为滤层。帷幕灌浆孔后排水孔宜设单排,其与帷幕灌浆孔的间距不宜小于 2 m。排水孔间距宜取 1.5~3.0 m,孔深宜取帷幕灌浆孔孔深的 40%~60%,且不宜小于固结灌浆孔孔深。

位于防渗范围内的永久缝应设一道止水。大中型水闸应设两道止水。止水与基础防渗体应构成密封系统。

护坦与闸室、岸墙及翼墙之间,以及其本身沿水流方向均应用缝分开,以适应不均匀沉陷和温度变形。护坦自身的缝距可取 10~20 m,靠近翼墙的消力池缝距应取得小一些。护坦在垂直水流方向通常不设缝,以保证其稳定性,缝宽 2.0~2.5 cm。缝的位置如在闸基防渗范围内,缝中应设止水设备,但一般都铺贴沥青油毛毡。

为增强护坦的抗滑稳定性,常在消力池的末端设置齿墙,墙深一般为 0.8~1.5 m,宽 0.6~0.8 m。

(二)辅助消能工

在消力池末端要设置尾槛,其作用不仅可以调整流速分布、减小出池水流的底部流速,而且可在槛后产生小横轴旋滚,防止在尾槛后发生冲刷,并有利于平面扩散和消减边侧下游回流。

为了提高消力池的消能效果,除尾槛外,还可设置消力墩、趾墩等辅助消能工,见图 4-8,以加强紊动扩散,减小跃后水深,缩短水跃长度,稳定水跃和达到提高水跃消能效果的目的。

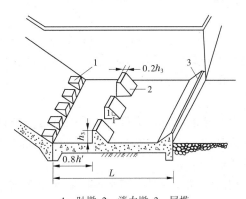

1—趾墩;2—消力墩;3—尾槛

图 4-8　消力池的辅助消能工

(三)海漫

水流经过消力池,虽已消除了大部分多余能量,但仍留有一定的剩余动能,特别是流速分布不均,脉动仍较剧烈,具有一定的冲刷能力。因此,护坦后仍需设置海漫等防冲加

固设施,以使水流均匀扩散,并将流速分布逐步调整到接近天然河道的水流形态。海漫的
布置见图4-9。

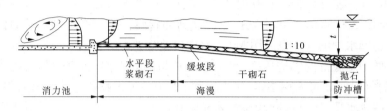

图4-9　海漫布置示意图

一般在海漫起始段做5~10 m长的水平段,其顶面高程可与护坦齐平或在消力池尾
坎顶以下0.5 m左右,水平段后做成不陡于1:10的斜坡,以使水流均匀扩散,调整流速分
布,保护河床不受冲刷。

对海漫的要求:表面有一定的粗糙度,以利进一步消除余能;具有一定的透水性,以便
使渗水自由排出,降低扬压力;具有一定的柔性,以适应下游河床可能的冲刷变形。常用
的海漫结构有以下几种:

(1)干砌石海漫:一般由粒径大于30 cm的块石砌成,厚度为0.4~0.6 m,下面铺设碎
石、粗砂垫层,厚10~15 cm。干砌石海漫的抗冲流速为2.5~4.0 m/s。为了加大其抗冲
能力,可每隔6~10 m设一浆砌石埂。干砌石常用在海漫后段。

(2)浆砌石海漫:采用强度等级为M5或M8的水泥砂浆,砌石粒径大于30 cm,厚度
为0.4~0.6 m,砌石内设排水孔,下面铺设反滤层或垫层。浆砌石海漫的抗冲流速可达
3~6 m/s,但柔性和透水性较差,一般用于海漫的前部约10 m范围内。

(3)混凝土板海漫:整个海漫由板块拼铺而成;每块板的边长为2~5 m,厚度为
0.1~0.3 m,板中有排水孔,下面铺设垫层。混凝土板海漫的抗冲流速可达6~10 m/s,但
造价较高。有时为增加表面糙率,可采用斜面式或城垛式混凝土块体。铺设时应注意顺
水流流向不宜有通缝。

(4)钢筋混凝土板海漫:当出池水流的剩余能量较大时,可在尾槛下游5~10 m范围
内采用钢筋混凝土板海漫,板中有排水孔,下面铺设反滤层或垫层。

(5)其他形式海漫:如铅丝石笼海漫。

(四)防冲槽

水流经过海漫后,尽管多余能量得到了进一步消除,流速分布接近河床水流的正常状
态,但在海漫末端仍有冲刷现象。为保证安全和节省工程量,常在海漫末端设置防冲槽或
采取其他加固措施,见图4-9。

在海漫末端挖槽抛石预留足够的石块,当水流冲刷河床形成冲坑时,预留在槽内的石
块沿斜坡陆续滚下,铺在冲坑的上游斜坡上,防止冲刷坑向上游扩展,保护海漫安全。

参照已建水闸工程的实践经验,防冲槽大多采用宽浅式的,其深度一般取1.5~2.5
m,底宽b取2~3倍的深度,上游坡率$m_1=2$~3,下游坡率$m_2=3$。防冲槽的单宽抛石量V
应按满足护盖冲坑上游坡面的需要估算。

(五)护底与护坡

修建水闸以后改变了原河道的天然流态,为了保证河床与河岸不被冲刷,应对水闸上、下游河道进行必要的整治和防护。

与闸室底板相连接的铺盖,其表层必须是防冲材料,若采用黏土铺盖,则必须加混凝土或浆砌块石作为护面。上游翼墙通常设于铺盖段,紧接铺盖段的河床和岸坡常用浆砌块石做护面,然后砌护一段干砌石。

水闸下游河床和岸坡除设置消力池、海漫、防冲槽和下游翼墙外,还需在防冲槽上游两岸设置护坡,其材料一般为干砌石。

砌石护坡、护底的厚度一般为0.3~0.5 m。若采用现浇混凝土护坡、护底,其厚度一般为0.2~0.3 m,寒冷地区宜加厚至0.3~0.5 m。若用预制混凝土板铺砌,其厚度一般为0.1~0.2 m。

此外,对水闸工程上、下游河道两岸边坡影响水闸进、出水流的凸出岸坡应予以挖除,使水流顺畅,并应做好开挖边坡的防护。下游河道中的堆积物等应清除到原河床高程。

六、水闸的防渗与排水

水闸建成后,在上、下游水位差的作用下,水由高水位一侧经过闸基和两岸流向低水位一侧从而形成渗流。渗流对水产生的危害有:闸基渗流压力将降低闸室抗滑稳定性,两岸的绕渗不利于翼墙和边墩的侧向稳定;渗流可能引起土体渗透变形,从而可能导致闸基破坏,甚至造成水闸失事;渗流还会引起水量损失。通过在水闸上游布置防渗措施,消耗水头,在下游侧布置排水设施,将渗透入闸基的水尽快排出,可减小或者消除渗流的不利影响,保证水闸安全。

水闸的防渗排水设施主要是指在水闸中起防渗作用的水平防渗体,常见的设施为水平铺盖,垂直防渗体常见的设施为板桩、防渗墙和齿墙;排水设施主要是指铺设在下游护坦、浆砌石海漫底部或闸底板下游段起导渗作用的砂砾石层。排水体常和反滤层结合使用。

(一)防渗措施

1.水平防渗

水闸水平防渗设施以铺盖为主,铺盖一般布置在紧靠闸室的河床上,主要作用是延长渗径,降低渗透压力和渗透坡降。铺盖应有可靠的不透水性和一定的柔性,以适应地基的变形,同时具有防冲作用。

按材料分有黏土铺盖、黏壤土铺盖、混凝土铺盖、沥青混凝土铺盖、钢筋混凝土铺盖,以及水平防渗土工膜等。

1)黏土铺盖和黏壤土铺盖

黏土铺盖的结构如图4-10所示。黏土铺盖的渗透系数应比地基土的渗透系数小100倍以上,最好达1 000倍。铺盖的长度应由闸基防渗需要确定,一般采用上、下游最大水位差的3~5倍。铺盖的厚度δ应根据铺盖土料的允许水力坡降值计算确定,即$\delta = \Delta H / J$。其中,ΔH为铺盖顶、底面的水头差;J为材料的容许坡降,黏土为4~8,壤土为3~5。铺盖上游端的最小厚度由施工条件确定,一般为0.6~0.8 m,逐渐向闸室方向加厚至1.0~1.5 m。

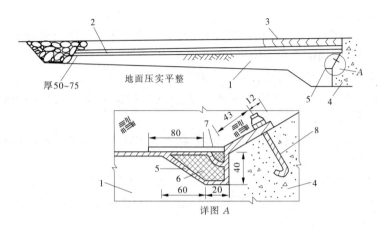

1—黏土铺盖;2—垫层;3—浆砌块石保护层(或混凝土板);4—闸室底板;
5—沥青麻袋;6—沥青填料;7—木盖板;8—斜面上螺栓

图 4-10　黏土铺盖 （单位:cm）

黏土铺盖与底板连接处为一薄弱部位,通常将底板前端做成斜面,使黏土能借自重及其上的荷载与底板紧贴,在连接处铺设油毛毡等止水材料,一端用螺栓固定在斜面上,另一端埋入黏土铺盖中。为了防止铺盖在施工期遭受破坏和运行期间被水流冲刷,应在其表面先铺设砂垫层,然后铺设单层或双层块石护面。

2) 混凝土铺盖、钢筋混凝土铺盖

当地缺乏黏性土料,或以铺盖兼作阻滑板增加闸室稳定时,可采用混凝土或钢筋混凝土铺盖,见图 4-11。其厚度一般根据构造要求确定,最小厚度不宜小于 0.4 m,一般做成等厚度形式。为了减少地基不均匀沉降和温度变化影响,其顺水流方向应设永久缝,缝距可采用 8~20 m,地质条件好的取大值,靠近翼墙的铺盖取小值。铺盖与底板、翼墙之间用沉降缝分开,缝中均应设止水。混凝土强度等级为 C15,配置钢筋。

3) 土工膜防渗铺盖

水闸防渗铺盖也可以采用土工膜代替传统的弱透水土料。用于防渗的土工合成材料主要有土工膜或者复合土工膜,其厚度应根据作用水头、膜下土体可能产生的裂隙宽度、膜的应变和强度等因素确定,不宜小于 0.5 mm。土工膜上可采用水泥砂浆、砌石或预制混凝土块进行防护。

2. 垂直防渗

水闸的垂直防渗设施包括板桩、高压喷射灌浆帷幕、地下连续墙、垂直土工膜等。

1) 板桩

板桩为垂直防渗措施,适用于砂性土地基,一般设在闸底板上游端或铺盖前端,用于降低渗透压力,防止闸基土液化。

2) 高压喷射灌浆帷幕

高压喷射灌浆帷幕是利用钻机把带有喷嘴的注浆管钻至土层预定深度以后,利用高压使浆液或水从喷嘴中喷射出来,冲击破坏土层。使土颗粒从土层中剥落下来,其中的一部分细颗粒随浆液或水冒出地面,其余的土颗粒与浆液搅拌混合,并按一定的浆土比例和

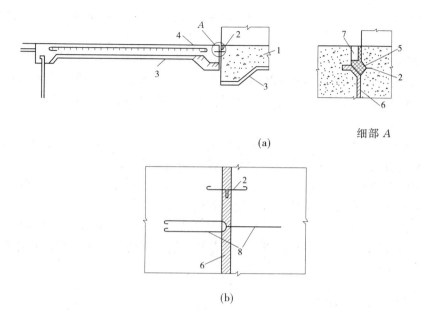

(a)

细部 A

(b)

1—闸底板;2—止水片;3—混凝土垫层;4—钢筋混凝土铺盖;

5—沥青玛琋脂;6—油毛毡两层;7—水泥砂浆;8—铰接钢筋

图 4-11 钢筋混凝土铺盖

质量要求有规律地重新排列,浆液凝固后便在土层中形成圆形、条形或扇形固结体。实践证明,高压喷射灌浆法对淤泥、淤泥质土、黏性土、粉土、黄土、砂土、碎石土以及人工填土等地基均有良好的处理效果。

3)地下连续墙

地下连续墙是一种不用模板而在地下建造的连续的混凝土墙体。其具有截水、防渗、承重、挡土等作用。

4)垂直土工膜

垂直土工膜一般适用于透水层小于 12 m;透水层中大于 5 cm 的颗粒含量不超过10%(以重量计),且少量大石头的最大粒径不超过 15 cm 或开槽设备允许的尺寸;透水层中的水位应能满足泥浆固壁的要求。材料可选用聚乙烯土工膜、复合土工膜、防水塑料板等,厚度不小于 0.5 mm。

3. 齿墙

齿墙一般设在闸底板的上、下游端,有利于抗滑稳定,并可延长渗径。一般深度为0.5~1.5 m,厚度为闸孔净宽的 1/5~1/8。

(二)排水设施

闸基设置排水设施的目的是将闸底渗流尽快排入下游,降低闸底板的渗透压力。排水设施要求透水性好、通畅。

1. 平铺式排水

土基水闸一般采用平铺式排水,即在护坦和浆砌石海漫的底部或伸入底板下游齿墙稍前方,平铺粒径为 1~2 cm 的砾石、碎石或卵石等透水材料而成,其厚为 0.2~0.3 m。

为防止地基土的细颗粒被渗流带入排水,应在排水和地基土的接触面处设置反滤层。

2. 垂直排水

常见的垂直排水设施是在消力池前端的出流平台上的减压井和护坦后部设置的排水孔。减压井周围设反滤层,防止溢出坡降大而产生管涌和流土。护坦中后部设排水孔,孔径一般为 5～10 cm,间距应不小于 3 m,按梅花形排列。排水孔下设反滤层,防止渗透变形。

在地基内有承压水层时,用垂直排水可有效地降低承压水头。垂直排水和土的接触面应设置反滤层,以防产生渗透变形。垂直排水的形式有排水沟和排水井。排水沟的宽度应随透水层的宽度增大而加宽,一般不宜小于 2.0 m。排水沟内应按反滤层结构要求铺设导渗层,排水沟的深度取决于导渗层需要的厚度。

排水井的井深和井距应根据透水层埋藏深度及厚度合理确定,井管内径不宜小于 0.2 m。一般采用 0.2～0.3 m 时,减压效果最佳。滤水管的开孔率应满足出水量要求,管外应设置反滤层。

七、水闸的地基处理

水闸应尽可能建在天然地基上,以节省工程投资。对于建在松软地基上的水闸,不满足沉降量和稳定要求的情况下,需要进行地基处理。水闸地基处理主要解决这方面的问题:提高地基承载力,保证水闸的稳定;提高水闸的抗滑能力,防止产生沿地基面或深层的滑动;消除或减少地基的有害沉降;防止地基渗透变形。

(一)换土垫层法

换土垫层法(见图 4-12)是将闸基下一定深度范围内的软弱土层挖除,用强度高、性能稳定的材料回填夯实,作为地基持力层的方法。垫层的主要作用有提高地基承载力、增强闸室抗滑稳定性以及减小沉降量。

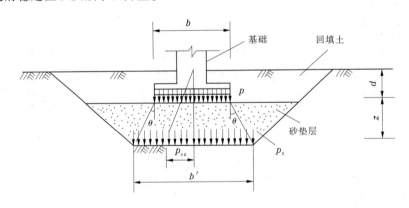

图 4-12　换土垫层法示意图

(二)排水固结法

排水固结法是使土体在一定荷载作用下排水固结,减小孔隙比,提高抗剪强度和地基承载力,减少沉降量。它适用于软弱性黏土,对略有砂性的或夹薄砂层的黏性土效果也较好。但是需要较长的预压时间,建闸后仍有一定的沉降量。排水固结法可以分为堆载预压法、真空预压法、砂井法。

1. 堆载预压法

堆载预压法是工程上常用的有效方法，堆载一般用填土、砂石等散粒材料使地基加固，等固结达到要求后，卸除预压荷载。当采用加载预压时必须控制加载速度，制订出分级加载计划，以防地基在预压过程中丧失稳定性，因而所需工期较长。

2. 真空预压法

真空预压法利用真空系统抽真空，使得在密封层下长期保持 80 kPa 的高度真空负压，在真空负压引起的巨大吸引力作用下，使软土中的大部分孔隙水通过竖向排水体和水平排水体排出，地基软土发生压缩固结，达到加固软土地基的作用。

3. 砂井法

砂井法是在地基中埋设排水砂井，使土中水既能沿铅直向流动，也能沿水平辐射向流动，土中水流入排水砂井然后排出，以达到加速预压地基的加固，缩短预压工期的目的。

(三) 灌入固化法

向土体中灌入或拌入水泥，或石灰，或其他化学固化浆料，在地基中形成增强体，以达到加固地基的目的。常利用深层搅拌法和高压喷射注浆法形成复合地基，提高地基承载力。

1. 深层搅拌法

深层搅拌法是利用水泥作为固化剂，必要时掺入粉煤灰等外加剂，也可适量掺加减水剂和速凝剂，通过深层搅拌法将软土和固化剂强制拌和，使固化剂和软土通过物理、化学反应凝结成为有一定强度的水泥土桩。

2. 高压喷射注浆法

高压喷射注浆法是以水泥为主要材料，利用高压泵等装置，使液流获得巨大能量，从喷嘴中喷出，直接冲击破坏土体，浆液与土料在紊流作用下自动拌混，经过一定的时间便在地层中固化出一定体形、体积和强度的凝结体，从而使地基得到加固。加固后的土体质量高，可靠性好，具有增加地基承载力的作用。

(四) 振密、挤密法

振密、挤密法是采用一定的手段，通过振动、挤压使地基土体孔隙比减小，强度提高，采用的方法有振冲法、重锤夯实法、强夯法。

1. 振冲法

采用振冲机具加密地基土或在地基中建造碎石桩柱并和周围土体组成复合地基，以提高地基的承载力和抗滑及抗震稳定性的地基处理技术称为振冲法。按照对地基土的加密效果振冲法分为振冲加密和振冲置换两大类。振冲加密是指经过振冲法处理后地基土强度有明显提高。振冲置换是指经过振冲法处理后地基土强度没有明显提高，主要依靠在地基中建造强度高的碎石桩柱与周围土体组成复合地基，从而明显提高地基强度。振冲法几乎适用于各类土层，用以提高地基的强度和抗滑稳定性，减少沉降量。振冲法是砂土抗震、防止液化的有效处理措施。

2. 重锤夯实法

重锤夯实法是利用起重机械提到一定高度，自由落下，以重锤自由下落的冲击能来夯实浅层地基。经过多次重复提起、落下,使地基表面形成一层较为均匀密实的硬壳层,从而提高地基的强度。

3. 强夯法

强夯法是将几十吨(一般为 80~250 kN)的重锤从一定高处(一般为 8~20 m)自由下落,对土体进行强力夯实的地基处理方法。对于非饱和土,作用与重锤夯实法相同,效果更明显,但对于饱和土两者有本质区别。强夯法利用夯击功在土中产生巨大冲击能量,转化为各种振动波向土中传播,破坏土的结构,使土中孔隙减少,并在夯实点周围产生裂隙,出现良好的排水通道,利于孔隙水外逸,使地基土迅速密实固结。

(五)桩基础

桩基础以地基下部坚实土层或岩层作为持力层的基础,其作用是把所承受的荷载相对集中地传递到地基的深层。桩基础按照施工方法可以分为预制桩和灌注桩。

1. 预制桩

预制桩是在工厂或施工现场制成的各种材料、各种形式的桩(如木桩、混凝土方桩、预应力混凝土管桩、钢桩等),用沉桩设备将桩打入、压入或振入土中。预制桩具有承载力大、施工速度快等特点,而且质量有保证,节省投资。

2. 灌注桩

灌注桩是先用机械或人工成孔,然后放入钢筋笼、灌注混凝土而成的桩。按其成孔方式的不同,可分为钻孔灌注桩、沉管灌注桩、人工挖孔灌注桩等。水闸工程中钻孔灌注桩使用较多。根据桩的受力情况,分为摩擦型桩和端承型桩。根据水闸工程的运用特点,再以水压力为主的水平向荷载作用下,闸室底板与地基土之间应有紧密的接触,以避免形成渗流通道。为保证闸基防渗安全,土质地基上的水闸桩基一般采用摩擦型桩。

(六)沉井

沉井是在预制好的钢筋混凝土井筒内挖土,依靠井筒自重克服井壁与地层的摩擦阻力而逐步沉入地下的工程技术。在沿江、沿海地区的水闸工程中,遇到开挖困难的淤泥、流沙地基时,常采用沉井基础,可以满足地基承载力要求和解决地基渗透变形问题。沉井和上部闸体结构连成一体,使闸身上部结构荷载直接由坚硬土层或岩层承担,提高抗滑稳定性。

地基处理方法很多,趋势是根据工程地基结构特点、施工条件等将多种方法综合应用,形成复合加固技术。其发展特点是:加固技术由单一向复合发展;复合地基加固体由单一材料向复合加固体发展;复合地基加固技术与非复合地基加固技术相结合。

八、水闸与两岸的连接建筑物

水闸与河岸或堤、坝等连接时,必须设置连接建筑物。水闸多建在软土地基上,由于基础压缩性大,承载力低,故沉陷量较大,轻则影响使用,重则危及水闸安全;且由于水闸水头变幅大,过闸水流往往消能不充分,加上土基抗冲能力低,所以下游冲刷较普遍;此外,闸基和两岸渗流对水闸的稳定不利,容易引起渗透变形。

(一)连接建筑物的作用

连接建筑物包括上、下游翼墙和边墩(或边墩和岸墙),有时设防渗刺墙,其作用如下：

（1）挡住两侧填土,维持土坝及两岸的稳定。

（2）当水闸泄水或引水时,上游翼墙主要用于引导水流平顺进闸,下游翼墙使出闸水流均匀扩散,减少冲刷。

（3）保持两岸或土坝边坡不受过闸水流的冲刷。

（4）控制通过闸身两侧的渗流,防止与其相连的岸坡或土坝产生渗透变形。

（5）在软弱地基上设有独立岸墙时,可以减少地基沉降对闸身应力的影响。

在水闸工程中,两岸连接建筑物在整个工程中所占比例较大,有时可达工程总造价的15%~40%,闸孔愈少,所占比例愈大。

（二）连接建筑物的形式和布置

1. 闸室与河岸的连接形式

水闸闸室与两岸（或堤、坝等）的连接形式（见图4-13）主要与地基及闸身高度有关。当地基较好、闸身高度不大时,可用边墩直接与河岸连接。

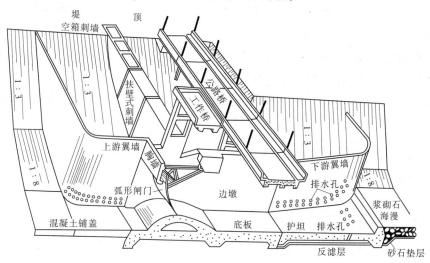

图4-13　水闸闸室与两岸的护坡连接形式

在闸身较高、地基软弱的条件下,可在边墩外侧设置轻型岸墙,边墩只起支承闸门及上部结构的作用,而土压力全由岸墙承担。这种连接形式可以减小边墩和底板的内力,同时可使作用在闸室上的荷载比较均衡,减少不均匀沉降。若地基承载力过低,可采用护坡岸墙的结构形式。

护坡岸墙的优点是边墩既不挡土,也不设岸墙挡土。因此,闸室边孔受力状态得到改善,适用于软弱地基。其缺点是防渗和抗冻性能较差。为了挡水和防渗需要,在岸坡段设刺墙,其上游设防渗铺盖。

2. 翼墙的布置

上游翼墙应与闸室两端平顺连接,其顺水流方向的投影长度应大于或等于铺盖长度。

下游翼墙的平均扩散角每侧宜采用7°~12°,其顺水流方向的投影长度大于或等于消力池长度。

上、下游翼墙的墙顶高程应分别高于上、下游最不利的运用水位。翼墙分段长度应根据结构和地基条件确定,可采用 15~20 m。建筑在软弱地基或回填土上的翼墙分段长度可适当缩短。

1)反翼墙

翼墙自闸室向上、下游延伸一段距离,然后转弯 90°插入堤岸,墙面铅直,转弯半径为 2~5 m,见图 4-14。这种布置形式的防渗效果和水流条件均较好,但工程量较大,一般适用于大中型水闸。对于渠系小型水闸,为节省工程量可采用一字形布置形式,即翼墙自闸室边墩上、下游端即垂直插入堤岸。这种布置形式进出水流条件较差。

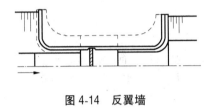

图 4-14　反翼墙

反翼墙水闸模型

2)圆弧翼墙

这种布置是从边墩开始,向上、下游用圆弧形的铅直翼墙与河岸连接,见图 4-15。上游圆弧半径为 15~30 m,下游圆弧半径为 30~40 m。其优点是水流条件好,但模板用量大,施工复杂。它适用于上、下游水位差及单宽流量较大、闸室较高、地基承载力较低的大中型水闸。

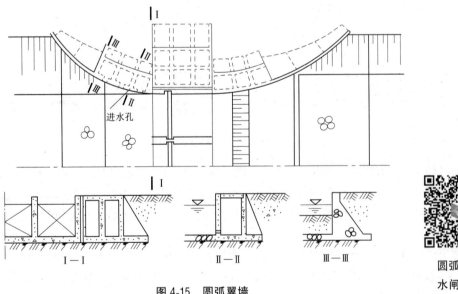

图 4-15　圆弧翼墙

3)扭曲面翼墙

翼墙迎水面是由与闸墩连接处的铅直面,向上、下游延伸而逐渐变为倾斜面,直至与其连接的河岸(或渠道)的坡度相同,见图 4-16。翼墙在闸室端为重力式挡土墙断面形式,另一端为护坡形式。这种布置形式的水流条件好,且工程量小,但施工较为复杂,应保证墙后填土的夯实质量,否则容易断裂。这种布置形式在渠系工程中应用较广。

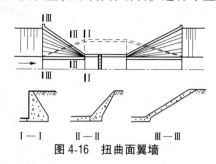

图 4-16　扭曲面翼墙

扭曲面翼墙水闸模型

4)斜降翼墙

斜降翼墙在平面上呈八字形,随着翼墙向上、下游延伸,其高度逐渐降低,至末端与河底齐平,见图 4-17。这种布置的优点是工程量少、施工简单,但防渗条件差,泄流时闸孔附近易产生立轴漩涡,冲刷河岸或坝坡。一般用于较小水头的小型水闸。

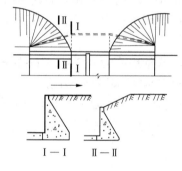

图 4-17　斜降翼墙

水闸斜降翼墙

(三)两岸连接建筑物的结构形式

两岸连接建筑物从结构观点分析,是挡土墙。常用的形式有重力式、悬臂式、扶壁式、空箱式及连拱空箱式等。

1.重力式挡土墙

重力式挡土墙主要依靠自身的重力维持稳定。常用混凝土和浆砌石建造,见图 4-18。由于挡土墙的断面尺寸大、材料用量多,建在土基上时,基墙高一般不宜超过 5~6 m。

重力式挡土墙顶宽一般为 0.4~0.8 m,边坡系数 m 为 0.25~0.5,混凝土底板厚 0.5~0.8 m,两端悬出 0.3~0.5 m,前趾常需配置钢筋。

为了提高挡土墙的稳定性,墙顶填土面应设防渗;墙内设排水设施,以减小墙背面的水压力。排水设施可采用排水孔或排水暗管。

2.悬臂式挡土墙

悬臂式挡土墙是由直墙和底板组成的一种钢筋混凝土轻型挡土结构,见图 4-19。其适宜高度为 6~10 m。它用作翼墙时,断面为倒 T 形;用作岸墙时,断面为 L 形,这种翼墙具有厚度小、自重轻等优点。它主要是利用底板上的填土维持稳定。

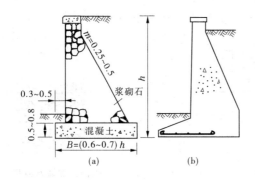

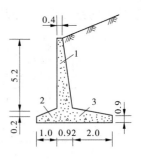

1—直墙；2—前趾；3—后踵

图 4-19 悬臂式挡土墙
剖面图 （单位:m）

图 4-18 重力式挡土墙 （单位:m）

3. 扶壁式挡土墙

当墙的高度超过 9~10 m 以后,采用钢筋混凝土扶壁式挡土墙较为经济。扶壁式挡土墙由直墙、底板及扶壁三部分组成,见图 4-20。利用扶壁和直墙共同挡土,并可利用底板上的填土维持稳定,当改变底板长度时,可以调整合力作用点位置,使地基反力趋于均匀。

钢筋混凝土扶壁间距一般为 3~4.5 m,扶壁厚度为 0.3~0.4 m;底板用钢筋混凝土建造,其厚度由计算确定,一般不小于 0.4 m;直墙顶端厚度不小于 0.2 m,下端由计算确定。悬臂段长度 b 为 (1/3~1/5)B。直墙高度在 6.5 m 以内时,直墙和扶壁可采用浆砌石结构,直墙顶厚 0.4~0.6 m,临土面可做成 1:0.1 的坡度;扶壁间距 2.5 m,厚 0.5~0.6 m。

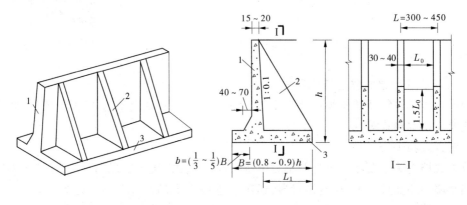

1—立墙；2—扶壁；3—底板

图 4-20 扶壁式挡土墙 （单位:cm）

4. 空箱式挡土墙

空箱式挡土墙由底板、前墙、后墙、扶壁、顶板和隔板等组成,见图 4-21。利用前后墙之间形成的空箱充水或填土可以调整地基应力。它具有重力小和地基应力分布均匀的优点,但其结构复杂,需用较多的钢筋和木材,施工麻烦,造价较高。因此,仅在某些地基松软的大中型水闸中使用,在上、下游翼墙中基本上不再采用。

5. 连拱空箱式挡土墙

连拱空箱式挡土墙也是空箱式挡土墙的一种形式,它由底板、前墙、隔墙和拱圈组成,见图 4-22。前墙和隔墙多采用浆砌石结构,底板和拱圈一般为混凝土结构。拱圈净跨一般为 2~3 m,矢跨比常为 0.2~0.3,厚度为 0.1~0.2 m。连拱空箱式挡土墙的优点是钢筋用量少、造价低、重力小,适用于软土地基;缺点是挡土墙在平面布置上需转弯时施工较为困难,整体性差。

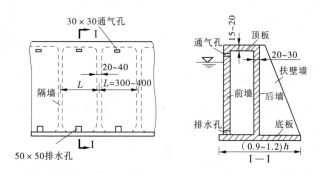

图 4-21　空箱式挡土墙　（单位:mm）

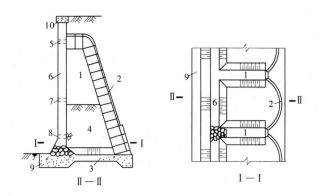

1—隔墙;2—预制混凝土拱圈;3—底板;4—填土;5—通气孔;6—前墙;7—进水孔;8—排水孔;
9—前趾;10—盖顶

图 4-22　连拱空箱式挡土墙

任务三　橡胶坝

橡胶坝是一种现代水利工程技术的产物,随着高分子合成材料的发展而出现,在景观河道中应用较为广泛。橡胶坝是由高强度的织物合成纤维受力骨架与合成橡胶构成,用螺栓锚固于基础底板上,形成密封袋形,坝袋内充入水或气体(见图 4-23),使之充胀形成坝体进行挡水。坝顶可以溢流,也可根据需要随时调节坝高,不需要挡水时,将坝袋内的水或气排空,坝袋就平铺于河床基础上,恢复原有的河床断面,使河水下泄无阻。

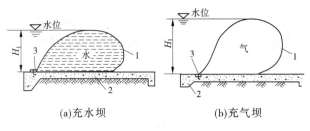

　　(a)充水坝　　　　　　　　　(b)充气坝

1—坝袋;2—混凝土底板;3—锚固

图 4-23　橡胶坝剖面图

橡胶坝

　　世界上第一座橡胶坝建于 1957 年,在美国加利福尼亚州洛杉矶河上,坝高 1.5 m,坝长 6.1 m,胶布总厚为 3 mm。我国于 1966 年在北京、河北、广东等地成功地兴建了第一批橡胶坝。

　　橡胶坝通过调节坝高,可以挡水和溢流,在实际运用中可做拦河闸、分水闸、节制闸以及临时围堰、顺坝、丁坝等,在宽河道修建橡胶坝经济效果更为显著。

一、橡胶坝的特点

　　(1)节省材料、造价低。

　　橡胶坝的坝袋是合成纤维织物和橡胶制成的柔性结构,不需要修建闸墩、工作桥,也不需要安装闸门和启闭机,只是坝的基础部分是钢筋混凝土结构。因此,与同规模的水闸相比,橡胶坝的造价可以减少 30%~70%。

　　(2)跨度不受限、不阻水。

　　橡胶坝的坝袋强度仅与坝高(壅水高度)有关,与坝袋长度无关,所以跨度可以增长,经济跨度为 100~150 m。坝袋泄空后,仅是一层胶布紧贴在闸底板和边墙上,没有阻水问题。

　　(3)不漏水、止水效果好。

　　常用的平板、弧形闸门等,需要解决止水的问题。橡胶坝坝体是用不透水的胶布制成的,坝袋周边密封锚固在底板和边墙上,不需要止水设备,也可做到密封不漏水。

　　(4)抗震性能好。

　　坝体为薄壳结构,富有弹性、延伸率高,能抵抗波浪的冲击和地震波的影响。

　　(5)操作、管理方便。

　　利用水泵或空压机作为充胀和排空的启闭设备,操作简单。日常主要做好坝袋及操控设备的维修养护,管理较为方便。

　　(6)坚固性较差、易老化。

　　坝袋是较薄的胶布制品,与钢筋混凝土相比,容易被刺伤和磨损。合成橡胶和合成纤维都是高分子聚合物,在日常的运行中,强度和弹性会逐渐降低,使用寿命有一定期限。

　　(7)坝高受限制。

　　根据《橡胶坝工程技术规范》(GB/T 50979—2014),橡胶坝的适用范围是坝高 5 m 及以下的袋式橡胶坝工程。如果需要兴建高度大于 5 m 的橡胶坝,或袋式结构形式有改变,则需要进行专题试验研究。

二、橡胶坝的形式

(一)按充胀介质分类

橡胶坝按充胀介质不同可分为充水式和充气式,见图4-23。充水式橡胶坝坝顶溢流时,袋形比较稳定,过水均匀,对下游冲刷较小;充气式橡胶坝在坝顶溢流时,会出现凹口现象,水流集中,对下游冲刷较强。充水式橡胶坝不适用寒冷冰冻地区,这些地区可以采用充气式橡胶坝。在坝袋的密封性方面,充气式橡胶坝较充水式橡胶坝要求高。

(二)按结构形式分类

橡胶坝按照岸墙的结构形式可以分为直墙式和斜坡式。直墙式橡胶坝的所有锚固均在底板上,坝体与直墙之间依靠堵头和直墙的挤压达到止水的目的。坝袋采用堵头式,这种形式结构简单,但是在坝袋充水时坝袋和岸墙的结合部位会出现坍肩现象,导致局部溢流,要求坝袋和直墙结合部位尽可能光滑。斜坡式橡胶坝的坝端锚固在岸坡上,这种形式的坝袋在岸墙和底板连接处易形成褶皱,在护坡式的河道中,与上、下游的连接容易处理。

**直墙式和斜坡式
橡胶坝**

(三)按锚固形式分类

橡胶坝按锚固线的布置方式分可为单线锚固和双线锚固两种,见图4-24。

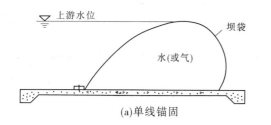

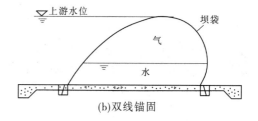

图4-24　橡胶坝锚固类型

单线锚固仅在上游侧锚固,坝袋可动范围大,对坝袋防震防磨不利,低坝和充气坝多采用单线锚固。双线锚固是将胶布分别锚固于四周,锚线长,锚固件多,安装量大,坝袋可动范围小,对坝袋防震防磨有利。沿海潮区,由于河水位和海水位经常变动,可采用对称双线布置。对有双向挡水任务的橡胶坝,也宜采用双线锚固布置。

三、橡胶坝工程建筑物的布置

橡胶坝工程按照上、下的布置顺序可以分为上游连接段、坝基段、下游连接段三部分。

(一)上游连接段

上游连接段的作用是将上游来水顺利引入坝段。它包括铺盖、护坡、护底、防冲槽、翼墙等。

（二）坝基段

坝基段是橡胶坝的主体部分。它包括底板、坝体控制和观测系统等。

（三）下游连接段

下游连接段包括下游河床部分的护坦、海漫和防冲槽以及两岸的翼墙和护坡。

任务四　壅水坝

壅水坝的作用是抬高河道水位，使其达到灌溉、发电和供水所需要的水位高程，如图 4-25 所示。壅水坝不起调节流量的作用，故坝的高度一般较低。河道多余的来水或者汛期洪水可以经过坝顶下泄，因此壅水坝具有壅水和泄水双重作用。

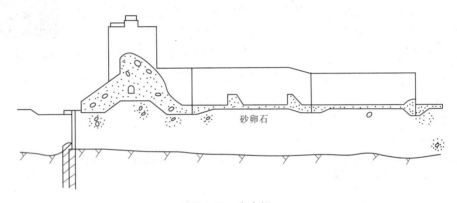

砂卵石

图 4-25　壅水坝

壅水坝的工作条件和水闸基本相同。坝基的防渗设计、坝下游的消能防冲设计以及坝基应力和稳定计算等均与水闸基本相同。

一、坝顶高程

坝顶高程及溢流段长度主要取决于以下因素：
（1）满足正常壅水位的要求，保证泄水闸能引取所需流量；
（2）上游洪水位不超过允许高程，以免造成过大的淹没损失；
（3）坝顶溢流时，单宽流量不大于下游河道的允许值，以利于下游消能防冲；
（4）整个枢纽布置合理，造价经济，运行安全可靠。

在小型取水枢纽中，一般坝顶不设闸门。在大中型取水枢纽中，目前的趋势是设置闸门，以便灵活控制下泄流量，保证设计壅水位的同时，使上游洪水位不超过防洪限制水位。此外，可以缩短溢流坝的长度，节省工程投资。

二、溢流段长度的确定

溢流段的长度 L 可根据坝顶泄量 Q 及河床地质条件所选定的单宽流量 q 确定，即溢流段长度 $L=Q/q$。由此可知，溢流段长度 L 与单宽流量 q 成反比。如 q 选得小些，溢流段长度增长，坝体造价增大，但可缩小上游洪水淹没的范围，简化下游的消能防冲工程；反之,情况则相反。所以,选择单宽流量 q 值是一个关键性的问题,应结合坝基地质条件、防洪、防冲、经济性及枢纽布置等因素,综合进行技术经济比较,选择最优方案。

在平原地区的多沙河流上游流段的长度应和稳定河道的宽度一致,若大于稳定河道宽度,会引起主流摆动;若小于稳定河道宽度,则易发生对河岸的冲刷。

三、壅水坝的剖面形式和构造

为了使溢流平稳,壅水坝一般采用非真空剖面,坝的迎水面一般为铅直或稍倾斜,下游坡由溢流曲线段 AB、直线段 BC 及反弧段 CD 三部分组成,如图 4-26(a)所示。溢流曲线段 AB 由溢流设计水头通过水力计算确定,可采用 WES 曲线,直线段 BC 的坡度为 1:(0.6~0.8),并切于 B、C 两点,反弧段的反弧半径一般取为 $(0.2~0.5)(H+P)$。反弧段能将水流平顺地导向下游,从而在护坦上产生底流式水跃。对于设置闸门的壅水坝,坝顶因安装闸门需要加宽。坝的剖面如图 4-26 所示。

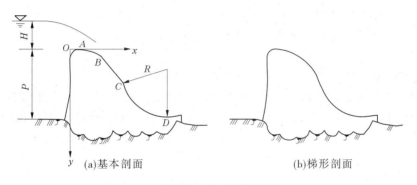

图 4-26　壅水坝的剖面

当在地质条件较差的非岩基上修建壅水坝时,为了满足稳定要求,壅水坝的底宽需加大,故通常采用向上游延伸的展宽型剖面,以利用水重来增加坝的水平抗滑稳定。另外,可采用坝轴线在平面上成拱形的壅水坝,利用拱的作用增加其抗滑稳定性,达到减小坝宽、节省工程投资的目的。

壅水坝的材料主要是浆砌石或混凝土,为防止坝面被水流冲刷,一般可用浆砌条石镶护溢流表面或在溢流表面浇一层高强度等级抗磨、抗冻的混凝土。施工时,注意坝顶及溢流面的轮廓形状尺寸准确、表面光滑平整,不应有局部凹凸不平的地方,以免产生气蚀破坏。

任务五　浮体闸

浮体闸是利用充排水系统控制闸门的升降,从而调节水位和流量的一种水闸,见图 4-27。浮体闸不需要设置启门机械、工作桥及闸墩,闸孔的跨度可以做得很大。

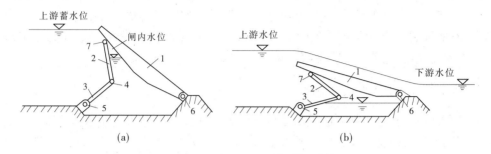

1—主闸板;2—上副闸板;3—下副闸板;4—中铰;5—前铰;6—后铰;7—顶铰

图 4-27　浮体闸示意图

一、浮体闸优缺点

浮体闸与一般水闸比较,具有以下优点:

(1)造价低,每米造价较一般水闸降低 10% ~ 30%;

(2)不需建闸墩,泄洪能力大;

(3)不需设置大型启闭设备和强大的动力。

浮体闸具有投资少、节省材料、便于操作和管理等优点;但也存在着检修困准、多孔闸不能同步升降和易于淤积等问题,所以只适用于建在含沙量小的河道、灌溉渠道和中小型水库的溢洪道上。

二、浮体闸的工作特点

浮体闸工作时向主副闸门共同组成的空腔内充水,利用水的浮力使闸门升起挡水,在泄流时降低空腔内水位,使闸门下降。充水与放水可利用自流,必要时亦可考虑辅之以动力充排。

三、浮体闸的类型

浮体闸的类型有折叠式和浮筒式两种。

(一)折叠式浮体闸

利用对闸腔的充排水升降闸板见图 4-28。升门蓄水操作程序是:①关闭下游排水廊道闸门;②开启上游进水廊道闸门;③向闸腔充水;④使闸门升至指定位置。降落闸门行洪或排水的程序是:①关闭上游进水廊道闸门;②开启下游排水廊道闸门;③抽出闸腔内水;④闸门降落至指定位置。

(二)浮筒式浮体闸

利用充排水升降断面为扇形的浮筒见图 4-29。升门蓄水操作程序:①抽出浮筒腔内的水;②关闭下游排水廊道闸门;③开启上游进水廊道闸门;④向闸室内充水;⑤闸门升至指定位置。降落闸门行洪排水的程序是:①关闭上游进水廊道闸门;②开启下游排水廊道闸门;③向浮筒腔内充水;④排出闸室内水;⑤闸门降落至指定地点。

浮体闸的启闭和橡胶坝类似,不用启闭设备,只用水泵升降闸门,结构简单,但是对浮

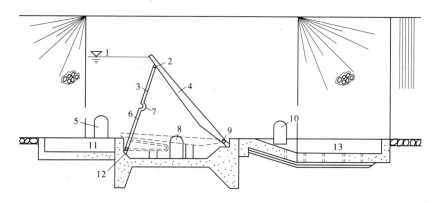

1—上游水位;2—顶铰止水;3—上块小闸板;4—大闸板;5—上游进水廊道;6—下块小闸板;
7—中铰止水;8—闸腔进水孔;9—后铰止水;10—下游排水廊道;11—沉沙池;12—前铰止水;13—消力池

图 4-28　折叠式浮体闸

体闸检修,除河渠断流外,不易进行。总之,浮体闸有它的适用范围,既有优点,也有缺点,在工程实践中,需根据实际情况选择运用。

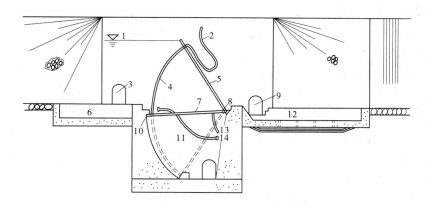

1—最高蓄水位;2—进排气管;3—上游进水廊道;4—弧形门;5—上面板;6—沉沙池;7—下面板;
8—后铰止水;9—下游排水廊道;10—前沿止水;11—闸室;12—消力池;13、14—进水口

图 4-29　浮筒式浮体闸

练习题

一、简答题

1.什么是水闸?水闸的组成包括哪几部分?

2.什么是地下轮廓线?

3.橡胶坝有什么特点?有哪些类型?

4.壅水坝的作用有哪些?

5.简述浮体闸的优缺点和适应范围。

二、单选题

1.水闸是一种具有( )的低水头水工建筑物。

　　A.挡水作用　　　　　　　　　　　　B.泄水作用

　　C.挡水与泄水双重作用　　　　　　　D.前述三者都不是

2.枯水期用以拦截水流、抬高水位,以满足上游取水或航运要求;洪水期则开闸泄洪,控制下泄流量的水闸是( )。

　　A.节制闸　　　　　　　　　　　　　B.排水闸

　　C.分洪闸　　　　　　　　　　　　　D.挡潮闸

3.当水闸的闸孔孔数( )时,宜采用单数孔,以利于对称开启闸门。

　　A.少于6孔　　　　　　　　　　　　B.多于6孔

　　C.少于8孔　　　　　　　　　　　　D.多于8孔

4.当出闸水流不能均匀扩散时,闸后易出现的水流状态是( )。

　　A.对冲水流　　　　　　　　　　　　B.折冲水流

　　C.波状水跃　　　　　　　　　　　　D.淹没式水跃

5.对地基不均匀适应性强的闸底板形式是( )。

　　A.低实用堰底板　　　　　　　　　　B.整体式底板

　　C.分离式底板　　　　　　　　　　　D.前述三者都不是

三、多选题

1.渗流对水闸造成的不利影响有( )。

　　A.水量损失　　　　　　　　　　　　B.渗透变形

　　C.沉降　　　　　　　　　　　　　　D.滑动破坏

2.水闸闸室底板的作用是( )。

　　A.抗滑　　　　　B.防渗　　　　　C.防冲　　　　　D.承载

3.地下轮廓线是指( )等不透水部分与地基的接触线。

　　A.铺盖　　　　　B.闸室底板　　　　C.板桩　　　　　D.海漫

4.为提高闸室的抗滑稳定性,下列可以采取的工程措施是( )。

　　A.将闸门位置移向高水位一侧,以增加水的重量

　　B.增加闸室底板的齿墙深度

　　C.适当增大闸室结构尺寸

　　D.增加铺盖长度

5.两岸连接建筑物作用是( )。

　　A.挡土　　　　　　　　　　　　　　B.引导水流平顺进闸

　　C.防冲　　　　　　　　　　　　　　D.防渗

项目五　水力发电工程

【学习目标】

    1. 了解水力发电的作用、集中水头的方式。

    2. 掌握水电站进水和引水建筑物。

    3. 掌握水电站厂房的组成。

    4. 熟悉水电站的水力机械、机电设备。

【技能目标】

能认识不同类型的水电站工程及其组成建筑物。

    自然河流、海洋、渠道中的水流携带了大量的能量,利用工程措施形成水位差(水头),就可以将这些能量集中起来,然后通过水力发电机械装置将其转换为电能,再通过输电线路将电能送到用户所在地,从而实现将分散的水流能量到电能的转换过程。

任务一　水力发电工程的开发方式

    水力发电的两个基本要素是水头和流量。水电站的水头一般是通过适当的工程措施形成水位差,将分散的能量集中起来。根据集中水头的方式不同,水能资源的开发可分为坝式、引水式和混合式三种基本方式。此外,还有开发利用海洋潮汐能和波浪能的开发方式。

一、坝式开发

    在河流上拦河筑坝,在坝址处形成集中落差即水头,这种开发方式称为坝式开发。采用坝式开发修建的水电站称为坝式水电站。坝式水电站按大坝和水电站厂房相对位置的不同又可分为河床式、闸墩式、坝后式、坝内式、溢流式等。在实际工程中,较常采用的坝式水电站是坝后式水电站(见图5-1)和河床式水电站(见图5-2),前者适用于中高水头的水电站,后者适用于水头较低的水电站。

二、引水式开发

    在河流坡降较陡的河段上游,通过人工建造的引水道(明渠、隧洞等)引水到河段下游以集中落差,再经高压管道引水至厂房。这种水能开发方式称为引水式开发。用来集中落差形成水头的引水道可以是无压的(如明渠、无压隧洞等),也可以是有压的(如压力隧洞等),这两种集中水头的方式所建成的电站分别为无压引水式水电站(见图5-3)和有压引水式水电站(见图5-4)。由于所建引水道的坡降比原河道平缓,因而在引水道末端与原河床之间就形成了水位差(水头)。与坝式开发相比,引水式开发集中落差形成的水头相对较高,目前水头最大的水电站是意大利劳累斯引水式水电站,水头 2 030 m;但引水式水电站引用流量一般较小,又无蓄水水库调节径流,故水量利用率及综合利用价值较低,装机规模相对较小(最大达几十万千瓦)。

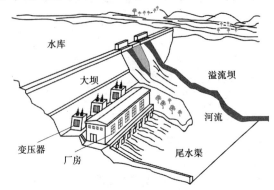

图 5-1 坝后式水电站

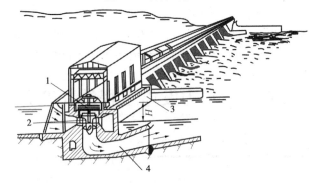

1—发电机;2—水轮机;3—厂房;4—尾水管

图 5-2 河床式水电站

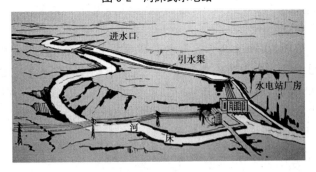

图 5-3 无压引水式水电站

三、混合式开发

在一个河段上,同时采用挡水坝和有压引水道共同集中落差形成水头的开发方式称为混合式开发(见图 5-5)。挡水坝集中一部分落差后,再通过有压引水道(隧洞)集中坝后河段的另一部分落差。混合式开发因有蓄水水库可调节径流,所以具有坝式开发和引

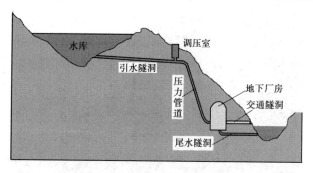

图 5-4 有压引水式水电站

水式开发的优点,但必须具备合适开发的条件。一般来说,河段前部有筑坝建库条件,后部坡降大(如有急流或大河湾),宜采用混合式开发。

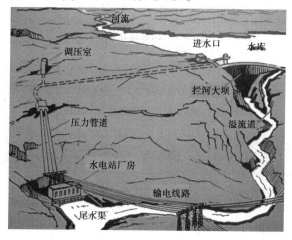

图 5-5 混合式水电站

四、其他水能利用方式

(一)抽水蓄能开发利用

抽水蓄能发电是水能利用的一种特殊形式。它不是为开发水能资源向系统提供电能,而是以水体为储能介质,起调节电能的作用。抽水蓄能电站装设具有抽水和发电两种功能的机组,利用电力负荷低谷期间的剩余电能向上水库抽水储蓄水能,然后在系统高峰负荷期间从上水库放水发电的水电站(见图 5-6)。

纯抽水蓄能电站只是以水体为储能介质,不利用天然径流生产电能,仅需补充渗漏、蒸发等耗水量。

(二)潮汐能开发利用

海水在日、月引力下产生周期性升降运动,即涨潮和退潮。潮汐水电站就是利用海水涨退潮所形成的水位差进行发电的,如图 5-7 所示。潮差一般只有几米,水头很低,但引用的流量可以很大。潮汐开发方式由于需横跨海湾或河口建坝形成湾内水库,所以潮汐式开发一般投资较大,施工较难,工期也较长,且海水环境下对建筑物、设备都有一定的腐

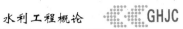

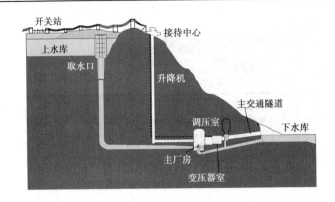

图 5-6　抽水蓄能电站示意图

蚀作用。潮汐水能的开发有单库单向、单库双向和双库等多种,需要结合具体地形、潮差等条件进行开发。

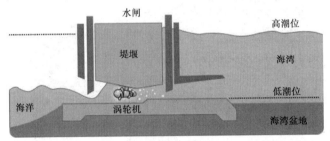

图 5-7　潮汐水电站原理图

(三) 波浪能开发利用

波浪能发电是以波浪的能量为动力生产电能。通过装置可将波浪的能量转换为机械的、气压的或液压的能量,然后通过传动机构、气轮机、水轮机或油压马达驱动发电机发电,如图 5-8 所示。

图 5-8　波浪能发电装置

任务二　水电站引水建筑物

通过引水建筑物将水库或河流中的水引到水电站厂房,水流驱动水轮发电机组发电。引水建筑物包括进水口、引水道、压力管道、沉沙池、压力前池等。

一、水电站的进水口

水电站的进水口按水流流态可分为有压进水口和无压进水口。

(一)进水口功用与要求

为水电站引水道而专门修建的进水建筑物称为水电站的进水口。进水口的设计应满足下列要求:

(1)足够的进水能力,且水头损失小。在任何工作水位下,进水口都能保证按照负荷要求引进所需的流量,且水头损失要小。

(2)水质符合要求。为防止污物进入引水道和水轮机,需在进水口设置拦污设备。在寒冷地区和多泥沙河流上,还需设置排冰设施和拦沙、冲沙等设备。应妥善处理结冰、淤积和污塞等问题。

(3)可控制流量。进水口需设置闸门,在必要时进行紧急事故关闭,截断水流,避免事故扩大,并给进水口和引水道的检修创造条件。

(4)满足水工建筑物的一般要求。进水口要有足够的强度、刚度和稳定性,结构简单,施工方便,造型美观,造价低廉,便于运行、检修和维护等。

(二)有压进水口

水电站的有压进水口可分为竖井式、墙式、塔式、坝式四种主要类型,见项目三任务三。

(三)无压进水口

无压进水口一般用于无压引水式水电站,其特点是进水口水流为无压流。根据弯道水流的特点,无压进水口一般设在河流的凹岸,可以减少泥沙在进水口的沉积。

开敞式进水口的组成建筑物一般有拦河低坝或拦河闸(有的工程不设拦河闸坝)、进水闸、冲沙闸及沉沙池等。

二、引水建筑物

发电所用的水流经进水口以后进入引水建筑物,这是引水式水电站的重要组成之一,其主要功用是集中落差,形成水头,输送发电所需的流量。根据水流流态及特性,水电站的引水建筑物可分为无压引水建筑物和有压引水建筑物两大类。

无压引水建筑物的特点是具有自由水面,引水建筑物承受的水压力较小,适用于无压引水式水电站以及河道或水库的水位变化不大,沿线地形平缓、岸坡稳定的情况。在结构形式上,无压引水建筑物最常用的有引水渠道或无压隧洞。渠道常沿山坡等高线布置,受地形地质条件制约,其长度和开挖工程量较大,且运行期需经常维护和检查,但施工方便,以往的中小型水电站常采用渠道。目前因隧洞的施工技术提高、运行可靠、维护工作小等特点,故中小型水电站采用无压隧洞的逐渐增多。

有压引水建筑物的特点是引水道水流为压力流,承受的水压力较大,适用于有压引水式水电站以及河道或水库水位变幅较大的情况。有压引水建筑物最常用的结构形式是有压隧洞。埋藏在岩体中的有压隧洞造价比较昂贵,但运行可靠,使用年限长,维护工作量小,不受地表地形、气温及泥沙污物的影响,并可利用岩体承受内水压力和防止渗漏。

(一) 引水渠道

水电站的引水渠道通常也称为动力渠道,应满足以下基本要求:

(1)有足够的输水能力。当水电站负荷发生变化时,机组的引用流量也随之变化。为使引水渠道能适应由于负荷变化而引起流量变化的要求,渠道必须有合理的纵坡和过水断面。一般按水电站的最大引用流量设计。

(2)水质要符合要求。应防止有害污物和泥沙进入渠道,渠道进水口、沿线及渠末要采取拦污、防沙、排沙措施。

(3)运行安全可靠,经济合理。应尽可能减小输水过程中的水量和水头损失,因此渠道要有防冲、防淤、防渗漏、防草、防凌功能。渠道应能放空和维护检修,并有排洪设施,结构布置合理,便于施工和运行。

引水渠道一般在山坡上采用挖方、回填或半挖半填的方式修建,其断面形状也多种多样,如梯形、矩形等,以梯形最为常见。边坡坡度取决于地质条件及衬砌的情况。在岩石中开凿出来的渠道边坡可近于垂直而成为矩形断面。在选择断面形式时,应尽力满足水力最佳断面,同时要考虑施工、技术方面的要求,确定合理实用断面。

(二) 引水隧洞

根据隧洞的工作条件,可分为无压隧洞和有压隧洞两种;根据隧洞的功用,可分为引水隧洞和尾水隧洞。

1. 无压隧洞

当用明渠引水、渠线盘山过长、工程量很大时,通过方案比较,可采用无压隧洞引水。根据地质条件和施工条件,无压隧洞的断面形式常采用方圆形、马蹄形和高拱形,如图5-9所示。无压隧洞水面以上的空间一般不小于隧洞断面面积的15%,顶部净空高度不小于0.4 m。各种断面形状的隧洞,从施工需要考虑,其断面宽度不小于1.5 m,高不小于1.8 m。为了防止隧洞漏水和减小洞壁糙率,并防止岩石风化,无压隧洞大都采用全部或部分混凝土衬砌。

2. 有压隧洞

有压隧洞是有压引水式水电站最常用的引水建筑物,隧洞中水流充满整个断面,承受较大的内水压力,其断面形状常采用圆形。为了便于施工,圆形断面的内径一般不小于1.8 m。

(三) 压力管道

水电站压力管道是指从水库或水电站平水建筑物(压力前池、调压室)向水轮机输送水量并承受内水压力的输水建筑物。

1. 压力管道的类型

压力管道一般位于厂房前,并直接将水输送到水轮机中,因此必须是安全可靠的,万

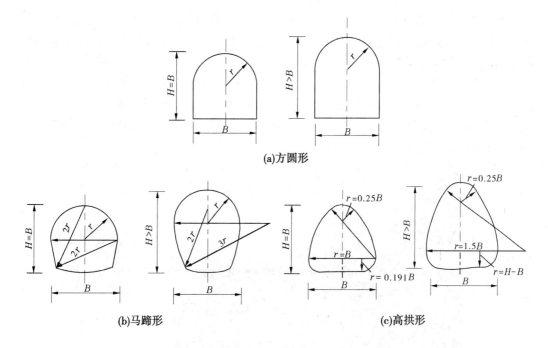

(a)方圆形

(b)马蹄形

(c)高拱形

图 5-9 无压隧洞的断面形式

一发生事故,也要有防止事故扩大的措施,以保证厂房安全和厂房内运行人员的安全。

按管壁材料和管道布置方式的不同,压力管道可分为不同的类型,见表5-1。

表 5-1 压力管道的类型

按布置方式分类	按材料分类
明管:暴露在空气中(适用于无压引水式水电站)	钢管(适用于大中型水电站)、钢筋混凝土管、木管(适用于中小型水电站)
地下埋管(隧洞埋管):埋入岩体(适用于有压引水式水电站)	不衬砌、锚喷或混凝土衬砌、钢衬混凝土衬砌,玻璃钢管等(适用于中小型有压引水式水电站)
混凝土坝身埋管:依附于坝身(适用于混凝土重力坝及重力拱坝),包括坝内管道、坝上游面管、坝下游面管	钢筋混凝土管道、钢衬钢筋混凝土管道(适用于混凝土重力坝及重力拱坝)

压力管道线路选择应符合水电站枢纽总体布置要求。地面管道一般布置在地质条件较好的陡峻山脊线上,避开可能产生滑坡或崩塌及山坡起伏和波折大等危及管道安全的地段。地下埋管应避开地质条件差的地段。如需转弯,则其转弯半径不要小于3倍管径。

2.明钢管的敷设方式

明钢管需要支承在一系列墩座上以便安装、检修和安全运行,常用的墩座有镇墩和支墩两种。根据明钢管的管身在镇墩间是否连续,其敷设方式有连续式和分段式两种。

连续式明钢管管身在两镇墩之间是连续的,中间不设伸缩节。连续式的明钢管由镇墩固定,不能移动,温度变化时,管身将产生很大的轴向温度应力,并传给镇墩,因而需增加管壁的厚度和镇墩的重量,工程中一般较少采用这种敷设方式。分段式敷设是在两镇墩之间设置伸缩节将钢管管身分段,如图5-10所示。当温度变化时,由于伸缩节的作用,管段可沿管轴方向自由伸缩,由温度变化引起的轴向力仅为管壁与支墩的摩擦力及伸缩节的摩擦力。明钢管多采用这种分段敷设,但伸缩节构造较复杂,容易漏水,为了降低伸缩节的内水压力、便于安装钢管以及利于镇墩的稳定,伸缩节一般布置在每个镇墩下游侧第一节管的横向接缝处。

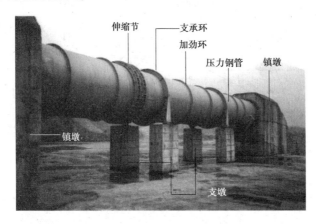

地面压力钢管

图 5-10　分段式明钢管的敷设方式

(四)压力前池

压力前池又称前池,是水电站无压引水建筑物与压力管道之间的平水建筑物,设置在引水渠道或无压引水隧洞的末端。

压力前池的主要作用是减小渠道水位波动的振幅,稳定发电水头;将渠道来水分配给各条压力管道;拦截污物和有害泥沙;宣泄多余水量,限制水位升高。

压力前池的位置选择与引水道线路、压力管道、水电站厂房及本身泄水建筑物等布置有密切联系。因此,应根据地形地质条件和运用要求,结合整个引水系统及厂房布置进行全面和综合考虑。压力前池应有良好的地形地质条件,通常布置在靠近厂房前面较陡山坡的顶部,故应特别注意地基的稳定和渗漏问题。

压力前池的主要组成建筑物包括前室、进水室、泄水建筑物、冲沙和放水建筑物等,如图5-11所示。

1. 前室(池身及扩散段)

前室是渠末和压力管道进水室间的连接部分,由扩散段和池身组成。前室的作用是将渠道断面扩大并过渡到进水室所需的宽度和深度,减缓流速,便于沉沙,并形成一定容积。

前室的断面逐渐扩大,为使水流平顺、不产生漩涡,渠道连接前室的平面扩散角 β 不宜大于 $10° \sim 15°$;在立面上,渠道末端渠底应以 $1:3 \sim 1:5$ 的斜坡向下延伸。为便于沉沙、排沙和防止有害泥沙进入进水室,前室末端底板高程应比进水室底板高程低 $0.5 \sim 1.0$ m,以形成拦沙槛,槛高及前室末端水平段长度应根据冲沙廊道或冲沙孔的布置要求确定。

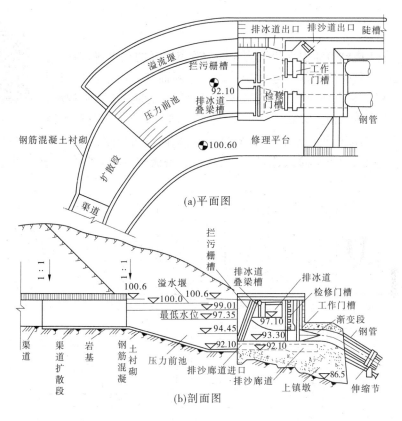

(a)平面图

(b)剖面图

图 5-11　水电站压力前池布置图　（单位:m）

为了缩短前室渐变段长度,可在前室首部中间设分流墩。当渠道轴线与压力管道轴线不一致时,为避免在前室中产生漩涡、增大水头损失和造成局部淤积,可采用平缓的连接曲线和加设导流墙。

压力前池

2. 进水室及其设备

压力前池的进水室通常指压力管道进水口部分,一般采用压力墙式进水口。进水口处应设闸门及控制设备、拦污栅、通气孔等设施。其布置与有压进水口相似。

3. 泄水建筑物

泄水建筑物的作用是宣泄多余水量,防止前池水位漫过堤顶,并保证向下游供水。泄水建筑物一般包括溢流堰、陡槽和消能设施。溢流堰应紧靠前池布置,其形式可分为正堰和侧堰两种,堰顶一般不设闸门,水位超过堰顶时能自动溢流。

4. 冲沙和放水建筑物

从引水渠道带入的泥沙将在前池底部沉积,需在前池的最低处设置冲沙道,并在其末端设有控制闸门,以便定期将泥沙排至下游。冲沙道可布置在前室的一侧或在进水室底板下设冲沙廊道。

5. 拦冰和排冰设施

排冰道只在北方严寒地区才设置,排冰道的底板应在前池正常水位以下,并用叠梁门进行控制。

(五)调压室

调压室是水电站有压引水建筑物与压力管道之间的平水建筑物,它设置在有压引水隧洞的末端。它利用扩大了的断面和自由水面反射压力管道中的水锤波,并将有压引水道分成两段:上游段为有压引水隧洞,下游段为压力水管。由于设置了调压室,使有压隧洞基本上可避免水锤压力的影响,同时减小压力水管中的水锤压力,从而改善机组的运行条件。调压室可分为简单圆筒式、阻抗式、双室式、溢流式、差动式、气垫式等几种类型,见图 5-12。

调压室
(七种形式)

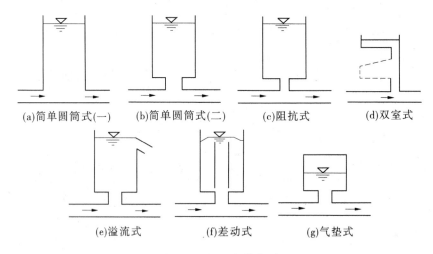

(a)简单圆筒式(一)　　(b)简单圆筒式(二)　　(c)阻抗式　　　　(d)双室式

(e)溢流式　　　　　(f)差动式　　　　(g)气垫式

图 5-12　调压室的类型

任务三　水电站厂房

水电站厂房是水能转化为电能的生产场所,也是运行人员进行生产和活动的场所。其任务是通过一系列工程措施,将水流平顺地引入水轮发电机组,使水能转换成为可供用户使用的电能,并将各种必需的机电设备安置在恰当的位置,创造良好的安装、运行及检修条件,为运行人员提供良好的工作环境。

水电站厂房是水工建筑物、机械及电气设备的综合体,在厂房的设计、施工、安装和运行过程中需要各专业人员协作。

一、水电站厂房的组成

(一)根据设备布置和运行空间划分

根据设备布置和运行空间,水电站厂房可以划分为:

(1)主厂房。水能转化为机械能是由水轮机实现的,机械能转化为电能是由发电机完成的,二者之间由传递功率装置(主轴)连接,组成水轮发电机组。水轮发电机组和各种辅助设备均安装在主厂房内,是水电站厂房的主体部分。

(2)副厂房。安置各种运行控制和检修管理设备的房间及运行管理人员工作和生活用房。

(3)主变压器场。安装主变压器。水轮发电机组发出的电能经主变压器升压后,再经输电线路送给用户。

(4)开关站(户外配电装置)。为了按需要分配功率及保证正常工作和检修,发电机和变压器之间以及变压器与输电线路之间有不同电压的配电装置。发电机侧的配电装置通常设在厂房内,而其高压侧的配电装置一般布置在户外,称高压开关站。开关站装设高压开关、高压母线和保护设施,高压输电线由此将电能输送给电力用户。

水电站主厂房、副厂房、主变压器场和高压开关站及厂区交通等组成水电站厂区枢纽建筑物,一般称为厂区枢纽。

(二)根据设备组成的系统划分

水电站厂房内的机械及水工建筑物共分五大系统。

(1)水流系统。是水轮机及其进出水设备,包括压力管道、水轮机前的进水阀、蜗壳、水轮机、尾水管及尾水闸门等。

(2)电流系统。是电气一次回路系统,包括发电机、发电机母线、发电机中性点引出线、发电机电压配电装置(户内开关室)、厂用电系统、主变压器、高压配电装置(户外开关站)及各种电缆等。

(3)电气控制设备系统。是控制水电站运行的电气设备,包括机旁盘,励磁设备,中控室的各种控制、监测和操作设备,如互感器、表针、继电器、控制电缆、自动装置、通信及调度设备等。

(4)机械控制设备系统。包括水轮机的调速设备以及主阀、减压阀、拦污栅和各种闸门的操作控制设备等。

(5)辅助设备系统。包括为了安装、检修、维护、运行所必需的各种机电辅助设备,如厂用电系统、油系统、气系统、水系统、起重设备等。

(三)根据水电站厂房的结构组成划分

(1)水平面上,可分为主机室和安装间。主机室是运行和管理的主要场所,水轮发电机组及辅助设备布置在主机室;安装间是水电站机电设备卸货、拆箱、组装、检修时使用的场地。

(2)垂直面上,根据工程习惯将主厂房发电机层楼板面以上部分称为上部结构,以下部分称为下部结构。

①上部结构。与工业厂房相似,基本上是板、梁、柱结构系统。

②下部结构。为大体积混凝土整体结构,主要布置过流系统,是厂房的基础。

二、厂区布置

水电站厂区布置是指电站的主厂房、副厂房、主变压器、高压开关站及引水道、尾水道及对外交通线路的安排。其中,主厂房是厂区布置的核心,对厂区布置起决定性作用,其位置的选择是在水利工程枢纽总体布置中进行;副厂房可选的位置有主厂房的上游侧、尾水管顶板上或主厂房的两端;主变压器场位于主厂房与开关站之间,大多露天布置,可能布置的位置包括厂坝之间的空间、尾水平台、厂房的一端进场公路旁、尾水渠旁等,个别水电站将主变压器布置在厂房顶上;高压开关站一般露天布置,通常布置在附近山坡上,也有布置在主厂房顶上的。图 5-13 为几种典型的厂区布置方案。

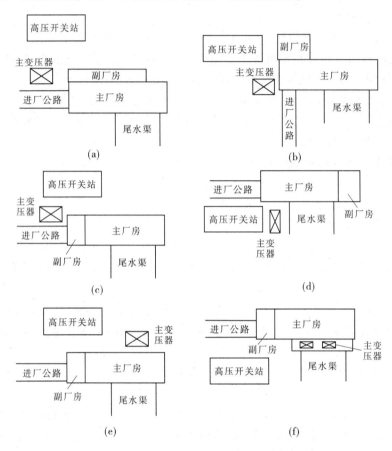

图 5-13　典型厂区布置方案

三、立式机组主厂房结构

水电站厂房的上下部结构高度之和(由尾水管基底至屋顶的高度)称为主厂房的总高度。在厂房平面图上,水轮机轴中心的连线称为主厂房的纵轴线,与之垂直的机组中心线称为横轴线。每台机组在纵轴线上所占的范围为一个机组段,各机组段和安装间长度的总和就是厂房的总长度,厂房在横轴线上所占的范围为主厂房的宽度。

(一) 主厂房的上部结构

主厂房的上部结构包括屋顶结构、围墙、门窗、楼板、吊车梁以及支承屋顶结构和吊车梁的排架柱等,水电站中多为钢筋混凝土结构,见图 5-14。主厂房发电机层楼板以上布置有发电机上机架、励磁机、机旁盘、调速器操作柜和油压装置、桥式吊车等机电设备及走道、楼梯、吊物孔等厂内交通设施。安装间一般位于主厂房的一端,进厂大门设于安装间,对外可与进厂公路相连接,有时还铺设有变压器进厂轨道,以利变压器进厂检修。

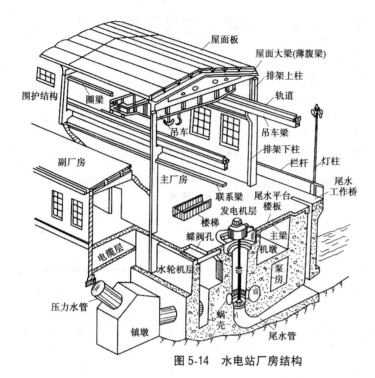

图 5-14　水电站厂房结构

典型水电站厂房

（二）主厂房的下部结构

主厂房的下部结构一般可分为水轮机层和蜗壳尾水管层。如水轮机层高度较大,可在发电机层与水轮机层之间增设发电机出线层,水轮机层以下是混凝土块体结构。

（1）水轮机层。布置有水轮机顶盖,调速器的接力器,发电机机墩,蜗壳进人孔,油、水、气系统和电缆等,在该层的副厂房布置有低压空压机、储气罐、油库、油处理室、楼梯等。在机墩上游侧则有(如需要)蝴蝶阀室、走廊和母线道。

（2）蜗壳尾水管层。水轮机层以下一般都是埋设蜗壳和尾水管的混凝土块体结构,但有时为了运行上的需要,常在尾水管上游侧的空间布置进人孔和主阀室,如果这部分空间较大,则形成蜗壳尾水管层。在上游侧布置有蝶阀、油压装置、蝶阀基础、楼梯等。

（3）基础结构。是整个厂房和地基连接的部分,作用在厂房上的所有荷载都将由基础传给地基。因此,厂房必须建造在坚固可靠的地基上,且对于不同的地基采用不同的地下轮廓线。

厂房的下部结构是混凝土块体结构,体积比较庞大,基础开挖和工程量都比较大,并且下部结构中埋设部件很多,使施工变得复杂,施工时必须特别注意。

（三）安装间布置

安装间是厂房对外的主要进出口,通常设在靠河岸对外交通方便的厂房一端。运输车辆都直接进入,以便利用桥吊装卸设备。安装间又是进行设备安装和检修的场所,应与主厂房同宽,以便统一装置吊车轨道。安装间面积的大小取决于安装和检修工作的内容。当机组台数在4~6台以下时,所需面积按装配或解体大修一台机组考虑,见图5-15。机组检修时,较小及较轻的部件可堆置于发电机层地板上。

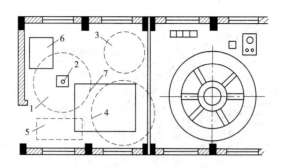

1—发电机转子；2—发电机主轴孔；3—水轮机转轮；4—上机架；5—卡车；6—吊物孔；7—主变坑

图 5-15　安装间布置示意图

四、副厂房

副厂房是布置各种操作、控制电站运行的电气辅助设备、附属机械及工作生活的房间，紧邻主厂房布置。副厂房按性质可分为三类：直接生产副厂房、检修试验副厂房和间接辅助生产副厂房。

（1）直接生产副厂房主要有中央控制室、载波电话室、电缆室、开关室、蓄电池室、贮酸室、套间、通风机室、充电机室等，其中中央控制室是整个电站运行、控制、监护的中心，一般布置在主厂房的旁边。

（2）检修试验副厂房有电气实验室、机械修理间、工具间与仓库等。

（3）间接辅助生产副厂房是指行政管理及生活用房，包括厂长室、总工程师室、行政党团工作办公室、图书资料室、会议室、传达警卫室及卫生和生活用房等。

◈ 任务四　水电站的主要设备

一、水轮发电机组

水轮发电机组是水电站的核心设备，包括水轮机和水轮发电机，二者用主轴连接在一起，水力驱动水轮机转动，水轮机再带动水轮发电机发电。

（一）水轮机

水轮机按工作原理可分为反击式水轮机和冲击式水轮机两大类。反击式水轮机的转轮在水中受到水流的反作用力而旋转，主要是利用水的压力能；冲击式水轮机的转轮在水流的冲击下旋转，主要利用水的动能。

1. 反击式水轮机

反击式水轮机中，水流充满整个转轮流道，全部叶片同时受到水流的作用。按照水流进出水轮机的方向，反击式水轮机可分为混流式、轴流式、斜流式和贯流式，见图 5-16。混流式水轮机的水流径向进入导水机构，轴向流出转轮；轴流式水轮机的水流径向进入导叶，轴向进入和流出转轮；斜流式水轮机的水流径向进入导叶而以倾斜于主轴某一角度的方向流进转轮，或以倾斜于主轴的方向流进导叶和转轮；贯流式水轮机的水流沿轴向流进导叶和转轮。反击式水轮机主要由引水部件、导水部件、转轮、泄水部件组成。

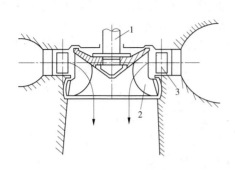

1—主轴;2—转轮叶片;3—导水机构

（a）混流式

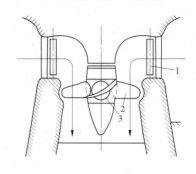

1—导水机构;2—转轮叶片;3—叶片枢轴

（b）轴流式

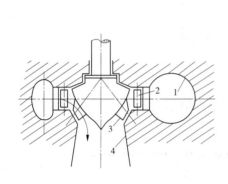

1—蜗壳;2—导水机构;3—转轮叶片;4—尾水管

（c）斜流式

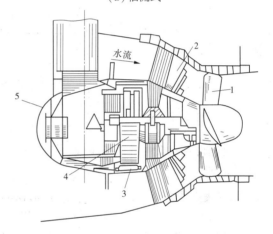

1—转轮叶片;2—导水机构;3—定子;4—转子;5—灯泡体

（d）贯流式

图5-16　反击式水轮机类型

蜗壳是最常用的引水部件,将发电用水均匀地引入水轮机导叶;座环和导叶是最常见的导水部件,主要起控制进入水轮机流量及支撑水轮机重量的作用;转轮是能量转换的核心部件;泄水部件主要是指尾水管,其作用是引导发电以后的水流进入下游河道,并回收部分水流能量。

2.冲击式水轮机

冲击式水轮机,是利用来自于压力管道中的水流高速冲击水轮机转轮,将水流动能转换为旋转机械能。根据水流冲击转轮的方式,可以分为水斗式、斜击式和双击式。其中水斗式较为常见,见图5-17,主要由喷管、折流板、转轮、机壳、尾水槽等组成。

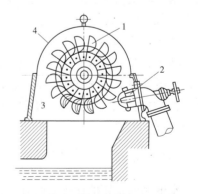

1—转轮;2—喷管;3—转轮室;4—机壳

图5-17　水斗式水轮机

(二)水轮发电机

水轮发电机按照其主轴的布置方式可以分为卧式和立式两种。其中,卧式水轮发电机常用于中小型水电站,立式水轮发电机多用于大中型水电站。

立式水轮发电机一般由转子、定子、励磁机、制动闸、上机架和下机架等组成,见图 5-18。水轮发电机组的重量通过推力轴承传递到上、下机架,再由其传递到机墩上。

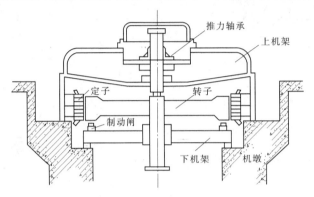

图 5-18　立式水轮发电机

二、调速系统

调速设备一般由三部分组成,分别是调速柜、作用筒(接力器)、油压装置,三部分之间用管路联系。

(一)调速柜

单机容量不同、机型不同,调整系统也不一样。调速柜的外形尺寸变化不大,一般为方形,尺寸为 800 mm×800 mm×1 900 mm。它以机械的传动杆和油管与作用筒相连。因作用筒布置在机座的上游侧,所以调速柜也多布置在发电机的上游侧。

(二)作用筒(接力器)

作用筒是个油压活塞,大中型机组常采用两个用来推转调节环。调节环带动导水叶来控制水轮机的引用流量,以调节机组的出力。因蜗壳上游断面尺寸较小,作用筒一般布置在上游侧机座内。

(三)油压装置

油压装置由压力油罐、储油槽和油泵组成,如图 5-19 所示。油罐内油压为 2.5 MPa,供推动活塞用。油压靠压缩空气维持,所以油桶内上部为压缩空气。工作后的油回到储油槽,罐内油量不足时,由油泵将油槽中的油打入罐内。油泵一般为 2 台,1 台工作、1 台备用。

三、油系统

水电站油系统的任务有两方面,一是供给机组轴承的润滑油和操作用的压力油,称为透平油,其作用是润滑、散热及传递能量;二是供给变压器、油开关等电气设施的绝缘油,其作用是绝缘、散热及灭弧。两种油的性质不同,应有两套独立的油系统。

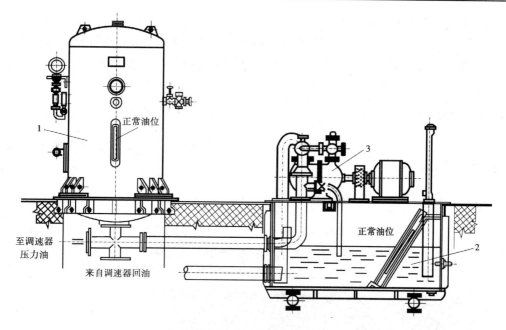

1—压力油罐;2—储油槽;3—油泵

图 5-19　油压装置示意图

四、供水系统和排水系统

(一)供水系统

1. 供水对象及要求

水电站厂房内的供水包括技术供水、生活供水和消防供水。技术供水主要提供冷却及润滑用水,供水对象如发电机的空气冷却器、机组导轴承和推力轴承的油冷却器、水润滑导轴承、空气压缩机的汽缸冷却器、变压器的冷却设备等。用量最大的是发电机和变压器的冷却用水,可达技术用水的 80%左右,要求水质清洁,不含对管道和设备有害的化学成分。

典型水电站厂房油压装置

2. 供水系统布置及供水方式

一般供水系统的取水方式包括从压力管道取水、从上游水库取水,从下游水泵取水和从地下水源取水。供水系统由水源、供水设备、水处理设备、管网和测量控制元件组成。管路应尽可能靠近机组,以缩短管线并减小水头损失。供水泵房应布置在水轮机层或以下的洞室内。为保证水质,用水管把水引向过滤设备,经过滤后再分配用水。

(二)排水系统

1. 排水系统的作用和排水方式

机组检修时常需要排空蜗壳和尾水管,为此需设检修排水系统。检修时,将待检修机组前的蝴蝶阀或进水闸门关闭,蜗壳及尾水管中的水自流经尾水管排往下游。当蜗壳和尾水管中的水位等于下游尾水位时,关闭尾水闸门,利用检修水泵将余水排走。检修排水可采用的方式有集水井、排水廊道、分段排水、移动水泵。

2.排水系统的布置要求

水泵集中在水泵房内,集水井设在水泵房的下层。集水井通常布置在安装间下层、厂房一端、尾水管之间或厂房上游侧。集水井的底部要足够低,以便自流集水。每个集水井至少设2台水泵,1台工作、1台备用。

五、气系统

压缩空气分为低压压缩空气和高压压缩空气。压气系统的组成有空压机、储气罐、输气管、测量控制元件。

六、水电站厂房的起重设备

为了安装和检修机组及其辅助设备,厂房内要装设专门的起重设备。最常见的起重设备是桥式起重机(桥吊)。桥吊由横跨厂房的桥吊大梁及其下部的小车组成。桥吊大梁可在吊车梁顶上沿主厂房纵向行驶,其下的小车可沿桥吊大梁移动,见图5-20。

图 5-20　水电站厂房的起重机　　　　起重机工作动画

起重设备的类型和吊运方式对厂房上部结构和尺寸影响较大,正确选择起重设备和吊运方式,可减小厂房的宽度或高度。

(一)桥吊的起重量和台数

桥吊的最大起重量取决于所吊运的最重部件的重量,一般为发电机转子。悬式发电机的转子需带轴吊运;伞式发电机的转子可带轴吊运,也可不带轴吊运。对于低水头水电站,最重部件也可能是带轴或不带轴的水轮机转轮。少数情况下,桥吊的起重量取决于主变压器的重量(主变压器需要在厂内检修时)。

桥式起重机有单小车和双小车两种。单小车设有主钩和副钩,当起重量不大时一般采用1台双钩桥吊;双小车是在桥吊大梁上设有2台可以单独或联合运行的小车,每台小车只有一个起重吊钩,起重量大于75 t时,可采用双小车吊。与单小车相比,双小车桥吊不仅重量轻、外形尺寸小,而且用平衡梁吊运带轴转子时,大轴可以超出主钩极限位置以上,从而可降低主厂房的高度。当机组较大而且台数多于6台时,也可采用2台吊车。2台桥吊可降低厂房高度,运用较灵活。

(二)桥吊跨度与工作范围

桥式起重机的工作范围是指主钩和副钩所能达到的范围,起重机产品目录上给出的吊钩方向的极限位置构成吊车的工作范围。桥吊跨度是指桥吊大梁两端轮子的中心距。选择桥吊跨度时应综合考虑下列因素:

(1)桥吊跨度要与主厂房下部块体结构的尺寸相适应,使主厂房构架直接坐落在下部块体结构的一期混凝土上。

(2)满足发电机层及安装间布置要求,使主厂房内主要机电设备均在主副钩工作范围内,以便安装和检修。

(3)尽量采用起重机制造厂家所规定的标准跨度。

练习题

一、简答题

1.简述水电站的主要类型及其各自的特点。

2.简述抽水蓄能电站的原理。

3.简述压力前池的组成,并对各组成部分进行简单说明。

4.简述压力水管的类型。

5.简述水电站厂区建筑物的组成和各自的作用,以及布置的原则。

6.简述水电站主厂房的上部结构。

7.水电站副厂房有哪几类?

8.水轮机按工作原理分为哪两种类型?其各自的特点是什么?

二、单选题

1.河床式水电站属于( )。

　A.引水式水电站　B.坝式水电站　　C.混合式水电站　　D.径流式水电站

2.抽水蓄能电站在电力系统中的主要作用是( )。

　A.抽水　　　　　B.蓄能　　　　　C.发电　　　　　　D.削峰填谷

3.水电站上游引水道功用是( )。

　A.集中落差　　　　　　　　　　　B.输送水流

　C.排水　　　　　　　　　　　　　D.集中落差,输送水流

4.按水流条件划分水电站引水隧洞为( )。

　A.上游隧洞和下游隧洞　　　　　　B.有压隧洞和无压隧洞

　C.发电洞和泄洪洞　　　　　　　　D.有衬砌洞和无衬砌洞

5.压力前池属于( )。

　A.发电建筑物　B.平水建筑物　　C.调节建筑物　　　D.引水建筑物

6. 轴流式水轮机是(　　　)水轮机的一种。

   A. 反击式　　　　　B. 冲击式　　　　　C. 斜击式　　　　　D. 双击式

7. 安置各种运行控制和检修管理设备的房间是(　　　)。

   A. 中控室　　　　　B. 设备检修间　　　C. 主厂房　　　　　D. 副厂房

8. 在厂房平面图上,水轮机轴中心的连线称为主厂房(　　　)。

   A. 开挖线　　　　　B. 设备安装线　　　C. 纵轴线　　　　　D. 横轴线

9. 中央控制室是(　　　)。

   A. 直接生产副厂房

   B. 检修试验副厂房

   C. 间接辅助生产副厂房

10. 水轮发电机组一般布置在(　　　)内。

   A. 主厂房　　　　　B. 副厂房　　　　　C. 直接生产车间　　D. 高压开关站

项目六　农田水利工程

【学习目标】

1. 了解农田水利工程的任务和组成。

2. 熟悉取水工程的类型和适用条件。

3. 掌握渠道系统的组成和常见渠道横断面形式及结构,熟悉常用的渠道防渗措施及其特点。

4. 熟悉常见的渠系建筑物类型和适用条件。

5. 熟悉水泵的类型及水泵的基本参数。

6. 掌握常见管道工程的组成、特点和类型。

【技能目标】

能说清不同取水工程的适用条件,能认识渠道的横断面形式、结构和防渗材料,能认识常见的渠系建筑物,能通过基本参数比较水泵,能够合理选择管道工程形式。

任务一　概　述

农业是国民经济的基础,党和国家把发展"三农"作为当前经济的首要问题,出台各种政策大力发展农业现代化。农田水利是指为防治农田旱、涝、渍和盐碱灾害,改善农业生产条件,采取的灌溉、排水等工程措施和其他相关措施。

一、农田水利工程的任务

农田水利工程主要指为服务农业生产而修建的灌排工程,其任务就是通过各种工程设施来改变地区水情和调节农田水分状况,使之满足农作物的用水要求,促进农业生产的发展。

(一)改变地区水情

地区水情主要是指地区水资源的数量、分布情况及其动态。改变和调节地区水情的措施,一般可分为以下两种。

1. 蓄水保水措施

通过修建水库、河网和控制利用湖泊、地下水库以及大面积的水土保持和田间蓄水措施(土壤水库),拦蓄当地径流和河流来水,改变水量在时间上(季节或多年范围内)和地区上(河流上下游之间、高低地之间)的水分分布状况。通过拦蓄措施可以减小汛期洪水流量,避免暴雨径流向低地汇集,可以增加枯水期河水流量以及干旱年份地区水量储备。

2. 调水排水措施

调水排水措施主要通过引水渠道使地区之间或流域之间的水量互相调剂,从而改变水量在地区上的分布状况。用水时期采用引水渠道及取水设备,自水源(河流、水库、河网、地下水库)引水,以供需水地区用水。南水北调工程就是调水工程的典型例子。

改变地区水情是一项巨大而复杂的工程,不仅要考虑农业生产,还要考虑其他用水部门的要求,即对水资源进行全面规划、综合利用。因此,改变地区水情必须在当地区域规划的基础上进行。

(二)调节农田水分状况

调节农田水分状况是农田水利的基本任务。农田水分状况一般指田间土壤水、地面水和地下水的状况及其相关的养分、通气和热状况。田间水分不足或过多都会影响作物的正常生长和产量,其措施一般有灌溉措施和排水措施两种。

1.灌溉措施

按照作物的需要有计划地将水分输送和分配到田间,以补充农田水分的不足,改变土壤中养分、通气、热状况等,达到提高土壤肥力和改良土壤的目的。

2.排水措施

通过排水工程将农田内多余的水分(包括地面水和地下水)排到一定范围之外,使农田水分保持适宜状态,以满足通气、养分和热状况的要求,适应农作物的正常生长。在易涝易碱地区,排水工程还有控制地下水位和排盐的作用。近年来,控制地下水位对作物增产的重要作用已越来越为人们所认识和重视。

二、农田水利工程的组成

农田水利工程一般包括取水工程、输水配水工程和排水工程。

(一)取水工程

取水工程是指从河流、湖泊、水库、地下水等水源适时适量地引取水量用于农田灌溉的工程。在河流中引水灌溉时,取水工程一般包括抬高水位的拦河坝(闸)、控制引水的进水闸、排沙用的冲沙闸、沉沙池等。当河流流量较大、水位较高能满足引水灌溉要求时,可以不修建拦河坝(闸)。当河流水位较低又不宜修建坝(闸)时,可以修建提灌站来提水灌溉。当河流水位较低、水量也不能适时满足灌溉要求时,必须在河流的适当地点修建水库进行径流调节,以解决来水和用水之间的矛盾,并综合利用河流水源。利用地下水灌溉,则需打井或修建其他集水工程。

(二)输水配水工程

输水配水工程是指将一定流量的水流输送并配置到田间的建筑物综合体,如各级固定渠道系统及渠道上的涵洞、渡槽、交通桥、分水闸等建筑物。

(三)排水工程

排水工程是指各级排水沟及沟道上的建筑物。其作用是排除农田里多余的地表水和地下水,控制地表径流以消除内涝,控制地下水位以防治渍害和土壤沼泽化、盐碱化,为改善农业生产条件和保证高产稳产创造良好条件,如排水沟、排水闸等。

任务二 取水工程

利用地面径流灌溉,在渠道首部兴建的取水建筑物的综合群体,称为取水枢纽工程(简称渠首工程)。取水枢纽工程有两大类:一是自流取水枢纽;二是机械抽水枢纽。所谓自流,就是不用机械抽水,水流靠重力流向农田,或排至承泄区,以满足灌溉和排水需求。但是自流工程受地形地貌及当地水资源条件的影响较大,在地形条件较差的地区采用自流取水方式时,必然会增加工程建设难度、延长工期、增加投资等,而且大多情况下无法实现。因此,在取水工程中,利用泵站抽水是一种重要的工程措施。抽水就是利用电力、燃料、水力、风力、太阳能等外加能量,使水流的能量增加,从而将水由低处抽送到高处,或从某地抽送到异地,以满足输水、排水或异地用水的需求,水泵是重要的抽水机械。自流取水枢纽又分为无坝取水枢纽、有坝取水枢纽和水库取水枢纽三种。机械抽水枢纽则是水泵站枢纽。

利用地下水进行农田灌溉时,一般通过水井工程来取集地下水。

一、无坝取水枢纽

无坝取水是一种最简单的取水方式。当河道枯水期的水位和流量都能满足引水要求时,不必在河床修建拦河建筑物,即可在河岸上选择适宜的地点,布置取水口并修建必要的建筑物,直接从河道侧面引水,这种取水方式称为无坝取水,所建工程称为无坝取水枢纽(简称无坝渠首)。

无坝渠首工程简单、施工方便、投资少、工期短,且对河床演变的影响较小。但取水口往往离灌区较远,需要修建很长的干渠和较多的渠系建筑物,且取水量受河道的水位和流量影响,在枯水期引水保证率低。在多泥沙的河道引水,会使渠道发生淤积,影响渠道正常运行。

(一) 无坝取水枢纽的位置

从河床直段的侧面引水时,由于水流的转弯,产生强烈的横向环流,使取水口发生冲刷和淤积。试验结果表明,水流转弯产生的横向环流会使表层水流与底层水流发生分离,进入取水口的底层水流宽度大于表层水流宽度,大量推移质泥沙随底流进入渠道,并随引水率(引水流量与河道流量的比值)的增大而增大。当引水率达到50%时,河道中的底沙几乎全部进入渠道。因此,引水率不得超过 1/4~1/3。同时,一般把取水口选在河流弯道的凹岸,以利用河道内天然弯道环流的作用,减少河道中泥沙进入渠道。因此,无坝取水一般将渠首位置放在凹岸中点的偏下游处,这里水深较大且横向环流作用发挥得最为充分,同时避开了凹岸水流冲刷的部位,见图 6-1。当用水地点及地形条件受到限制,无法把渠首布置在凹岸而必须放在凸岸时,可以把渠首放在凸岸中点的偏上游处,因为河流的这一部位泥沙淤积较少。

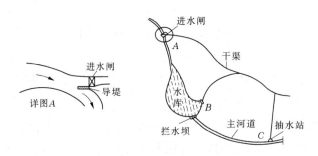

A—无坝取水;B—有坝取水;C—抽水取水

图 6-1　各种取水方式比较

(二) 无坝取水枢纽的布置形式及组成

无坝取水枢纽常见以下三种布置形式。

1. 位于弯道凹岸无坝取水枢纽布置

这种无坝渠首的取水口一般布置在弯道顶点以下水深较大、环流作用较强的地方。根据河流弯道环流原理,河流的凹岸水较深、清澈、流速大;河流的凸岸水较浅、易淤积、流速小。因此,将取水口建在河流的弯道凹岸,可引取表层较清水流。

这种形式的无坝渠首通常由拦沙坎、引水渠、进水闸和沉沙设施组成,如图 6-2 所示。

拦沙坎防止底部泥沙入渠,一般沿取水口岸边布置,通常高出引水渠底 0.5~1.0 m,形状有梯形、矩形、向前伸的悬臂板形(倒 L 形),后者采用较多。

引水渠紧接在拦沙坎之后,引导水流平顺地流入闸孔。引水渠的中心线与河道水流方向所成的夹角称为引水角。为了使水流平顺,增大引水量,减少泥沙入渠,引水角常选锐角,一般采用 30°~60° 为宜。在保证进水闸安全的条件下,引水渠的长度应尽量缩短,可减少渠内的泥沙淤积。

进水闸控制和调节入渠的流量:为了避免水流在转角处产生旋流,可将进水闸布置在引水渠内。

2. 引水渠式无坝取水枢纽布置

若靠河岸附近的进水闸地质条件较差,则可延长引水渠,将进水闸设在距河岸有一定距离的地方,使其不受河岸变形的影响,如图 6-3 所示。这时引水渠兼作沉沙渠,渠内的泥沙可由冲沙闸排走,使泥沙重归河道。在进水闸前也要设一道拦沙坎,以利导沙。

沉沙池沉淀水中悬移质中的粗颗粒泥沙。沉沙池一般布置在进水闸下游适当的地方,通常将总干渠加深拓宽而成,或者建成厢形的,或者利用天然洼地形成沉沙池。

这种渠首的引水渠沉积泥沙后,冲沙效率不高。为保证引水,常需要用人工或机械辅助清淤。为了减轻引水渠的淤积,一般应在引水渠的入口处修建简单的拦沙设施。

3. 导流堤式无坝取水枢纽布置

在山区河道坡降较陡或在不稳定河道上取水时,为了控制河道流量,保证取水排沙,常采用设有导流堤的取水枢纽。

这种取水枢纽由导流堤、进水闸和泄水冲沙闸等建筑物组成,如图 6-4 所示。导流堤一般修建在中小型河流中,用来束缩水流,抬高水位,使河水平顺地流入进水闸,同时有防

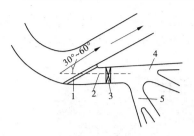

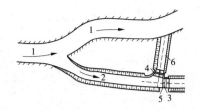

1—拦沙坎;2—引水渠;3—进水闸;　　　　1—河道;2—引水渠;3—进水闸;
4—东沉沙条渠;5—西沉沙条渠　　　　　　4—冲沙闸;5—拦沙坎;6—泄水排沙

图6-2　位于弯道凹岸无坝取水枢纽布置　　图6-3　有长引水渠的无坝取水枢纽布置

沙的作用,枯水期可以截断河流,保证引水。进水闸控制入渠流量。泄水冲沙闸平时用来排沙或排走多余的水量,汛期也可用来宣泄部分洪水。渠首工程各部分的位置应相互协调,以利于防沙取水为原则。

导流堤式无坝取水枢纽的布置一般按正面引水、侧面排沙的原则布置。但由于河流条件、取水排沙等要求不同可分为两种布置方式:

(1)正面引水、侧面排沙。当河道流量小、灌溉面积大时,采用这种布置可以增大引水流量。导流堤与主流的夹角一般以10°~30°为宜,如图6-4(a)所示,夹角过大将导致洪水冲刷,夹角过小将增加导流堤的长度。

(2)正面排沙、侧面引水。当河道流量大,含沙量多,灌区用水量不大,除保证本灌区的用水外,还有足够的冲沙流量时,常采用这种布置。冲沙闸的泄水方向和河道的主流方向一致,进水闸的轴线和主流成一锐角,一般以30°~40°为宜,既减轻洪水对进水闸的冲击力,又有效地排除引水口前的泥沙,如图6-4(b)所示。

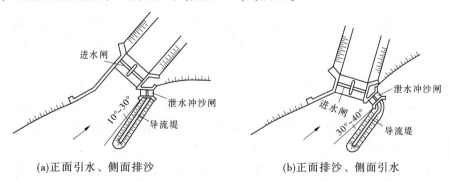

(a)正面引水、侧面排沙　　　　　　(b)正面排沙、侧面引水

图6-4　导流堤式无坝取水枢纽布置

(三)无坝取水枢纽的典型工程

历史悠久,闻名中外的四川都江堰工程是典型的无坝取水枢纽,属于导流堤式布置形式,如图6-5所示。它的进水口位于岷江凹岸下游,整个枢纽由分水鱼嘴、金刚堤、飞沙堰和宝瓶口等建筑物组成。金刚堤起导流堤的作用,位于宝瓶口进水口前,用以导水入渠;分水鱼嘴位于金刚堤前,将岷江分为内江和外江,洪水期间,内外江水量分配比例约为4:6,大部分水由外江流走,保证内江灌区安全,枯水期水量分配颠倒,大部分水量进入内

江,保证灌溉用水;飞沙堰用以宣泄内江多余水量及排走泥沙,并用于保证宝瓶口的引水位。整个工程雄伟壮观,建筑物之间配合密切,虽然没有一座水闸,仍能发挥效益 2 000 多年,是无坝引水的典范。

都江堰水利
工程原理揭秘

图 6-5　都江堰工程

二、有坝取水枢纽

在无坝引水的河道上,当水位较低不能自流引水,或在枯水期需引取河道大部分或全部来水不能满足自流引水时,须修建拦河坝等建筑物,以抬高水位满足自流引水的要求,这种取水形式称为有坝取水,所建工程称为有坝取水枢纽,也叫有坝渠首。

在用水地点位置已定的情况下,有坝引水方式与无坝引水方式相比较,虽然增加了拦河坝(闸)工程,但引水口一般距用水地点较近,可缩短输水干渠(管)线路长度,减少工程量,且提高了引水保证率,便于引水防沙与综合利用,故在我国使用也较广。在某些山丘区,洪水季节虽然河流流量较大,水位也能满足无坝自流引水要求,但由于河流水位洪、枯季节变化较大,为了保证枯水季节能满足引水要求,也需修建临时性的坝拦河引水。

有坝渠首中的拦河坝(闸)虽然有利于控制河道的水位,但也破坏了天然河道的自然状态,改变了水流、泥沙运动的规律,尤其在多泥沙河流上会引起渠首附近上、下游河道的变化,影响渠首的正常运行,因此在设计中也必须加以注意。

(一)有坝取水枢纽的组成

有坝取水枢纽主要由拦河坝(闸)、进水闸、冲沙闸及防洪堤等建筑物组成,如图 6-6 所示。

1.拦河坝(闸)

拦河坝(闸)是有坝渠首中的主要建筑物,用以拦截河道、抬高水位,以满足灌溉引水

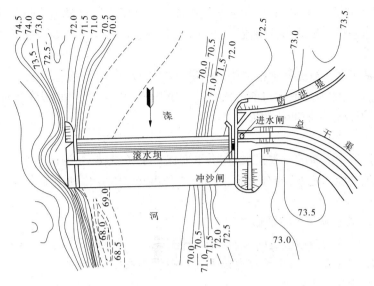

图 6-6　某有坝渠首工程平面布置示意图　（单位：m）

对水位的要求。

2. 进水闸

进水闸用以控制引水流量，其平面布置主要有两种形式。

（1）正面排沙、侧面引水。在这种布置形式下，进水闸过闸水流方向与河流水流方向正交，如图 6-7（a）所示。这种布置方式构造简单，施工简单，造价低，在我国西北、华北应用很多。该形式由于在进水闸前不能形成有力的横向环流，因而防止泥沙入渠的效果较差，一般只用于含沙量较小的河道。

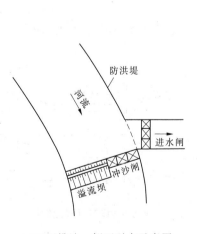

(a)正面排沙、侧面引水示意图　　　　(b)正面引水、侧面排沙示意图

图 6-7　有坝引水

（2）正面引水、侧面排沙。这是一种较好的取水方式，进水闸过闸水流方向与河流方向一致或斜交，如图 6-7（b）所示。这种取水方式能在引水口前激起横向环流，促使水流

分层,表层清水进入进水闸,底层含沙水流则涌向冲沙闸而被排掉。这种布置形式适用于推移质泥沙多且颗粒粗的山区河流,在我国新疆、内蒙古修建了许多这种形式的渠首。

3. 冲沙闸

冲沙闸是多泥沙河流低坝枢纽中不可缺少的组成部分,它的过水能力一般应大于进水闸的过水能力,才能将取水口前的淤沙冲往下游河道。冲沙闸底板高程应低于进水闸底板高程,以保证较好的冲沙效果。

4. 防洪堤

为减少拦河坝上游的淹没损失,在洪水期保护上游城镇、交通的安全,可在拦河坝上游沿河修筑防洪堤。此外,若有通航、过鱼、过木和发电等综合利用要求,尚需设置船闸、鱼道、筏道及电站等建筑。

(二) 有坝取水枢纽的布置形式

有坝渠首中的防排沙设施除冲沙闸外,还有沉沙槽、冲沙廊道、冲沙底孔及沉沙池等。根据设置的防排沙设施,有坝渠首有以下几种布置形式。

1. 设有冲沙闸的有坝取水枢纽

冲沙闸布置在挡水坝的坝端并与进水闸相邻,其进水闸和冲沙闸的轴线一般相互垂直,进水闸底槛高于冲沙闸底槛 $0.5\sim1.0$ m。进水时底沙被拦在进水闸槛前,淤积到一定程度后,定期关闭进水闸,开启冲沙闸,将进水闸前的淤沙冲往下游河道。

这种取水枢纽布置和构造都比较简单,冲沙效果好。但在进水时,水流易产生旋流将泥沙带入进水闸,并且在冲沙时需停止引水。

2. 底部设有冲沙底孔的有坝取水枢纽

由于泥沙沿水深的分布规律是底层含沙量最大,故可让含沙量较大的底流经冲沙底孔排到下游,而使进水闸引取较清的表层水。其构造形式为进水闸底槛较高,在底槛内布置冲沙廊道,在廊道内流速较高,可以冲走泥沙。

这种布置改善了进流条件,而且冲排粗粒泥沙很有效,且不中断供水。但当河道有大粒径卵石或沉木、沉树枝时,极易造成堵塞。

3. 设有沉沙池的有坝引水枢纽

当河流含沙量较大,不符合用水部门的要求,或泥沙淤积在渠道直接影响引水时,可在进水闸和干渠之间设沉沙池,如图6-8所示。由于沉沙池的宽度和深度均较大,过水断面增大,池中水流速度降低而使悬沙下沉,待泥沙在池中沉积到一定厚度之后,再由池尾部的底孔冲沙道排入河道中。

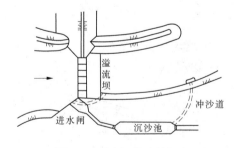

图 6-8　设有沉沙池的坝

三、水库取水枢纽

当河流的年径流量能满足灌溉用水要求,但其流量过程与灌溉季节所需的水量不相适应时,必须在河流的适当地点修建水库进行径流调节,以解决来水和用水之间的矛盾,并综合利用河流水源。这是河流水源较常见的一种取水方式。水库蓄水一般可兼顾防洪、发电、航运、供水和养殖等方面的要求,为综合利用河流水源创造了条件。

采用水库取水必须修建大坝、溢洪道和进水闸等建筑物,工程较大,且有相应的库区淹没损失,因此必须认真选择好建库地址。但水库能充分利用河流水资源,这是其优于其他取水方式之处。我国很多灌区就是以水库渠首建成的,如湖北的漳河水库灌区、陕西的宝鸡峡灌区、河南的鸭河口灌区、安徽的淠河灌区等。

宝鸡峡引渭
灌溉工程

四、抽水取水枢纽

当河流水量比较丰富,但灌区位置较高,河流水位和灌溉要求水位相差较大,修建其他自流引水工程困难或不经济时,可就近采用泵站抽水取水方式,所建工程为抽水取水枢纽。这样干渠工程量小,但却增加了机电设备和年管理费,如图6-1中的 C 点。

想要抽水(或提水)就要有水泵,同时与动力设备、传动设备、管道系统、进出水建筑物、辅助设备及控制设备等有机结合,共同构成一个完整的泵站。为了保证水泵等机电设备的正常运行和为管理人员提供良好的工作环境,还要建造泵房、变电站及各种配套水工建筑物,构成一个泵站枢纽工程,即抽水取水枢纽。

目前,我国有很多用于灌溉排水的泵站,如著名的江苏省江都排灌站、湖北省高潭口泵站、陕西省交口抽渭电灌(泵)站、陕西省关中抽黄(河水)工程东雷二级泵站、甘肃省黄河西津电灌站、湖南省青山水轮泵站等。

上述几种取水方式除单独使用外,有时还能综合使用多种取水方式引取多种水源,形成蓄、引、提相结合的灌溉系统。

五、地下水取水工程

当地表水资源不足或地下水位过高时,可以适度开发地下水资源。井是开发利用地下水使用最广泛的取集水建筑物。常用的有如下几种类型。

(一)管井

管井是地下水取水建筑物中应用最广泛的一种,因其井壁和含水层中进水部分均为管状结构而得名。常用凿井机械开凿,俗称机井,如图6-9所示。我国广大的地下水灌溉地区基本上采用的是这类井。

管井的适用范围很广泛,可用于开采浅、中、深层地下水,深度可由几十米到几百米。口径一般为150~500 mm,直径小于150 mm的管井称为小管井,直径大于1 000 mm的管井称为大口径管井。井壁管和滤水管多采用钢管、铸铁管、石棉水泥管、混凝土管和塑料管等。管井采用钻机施工,具有成井快、质量好、出水量大、投资省等优点,在条件允许的情况下宜尽可能采用管井。

(二)大口井

大口井一般由人工或机械开挖,井深较小、井径较大,是用于开采浅层地下水的一种常用井型,因其口径大而得名。井深一般为10~20 m,直径一般为2~3 m,也有直径达10 m以上的。

大口井多用预制混凝土管、钢筋混凝土管或用砖石材料圈砌,如图 6-10 所示。大口井具有出水量大、施工简单、就地取材、检修容易、使用年限长等优点,但其对地下水位变动适应能力很差,对一些井深较小的大口井会影响其单井出水量。受施工条件及大口井尺度的限制,大口井多限于开采埋深小于 10 m、厚度一般为 5~15 m 的含水层。

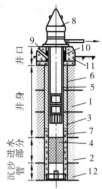

1—非含水层;2—含水层;3—井壁管;4—滤水管;
5—泵管;6—封闭物;7—滤料;8—水泵;9—水位
观测孔;10—护管;11—泵座;12—不透水层

图 6-9　管井示意图

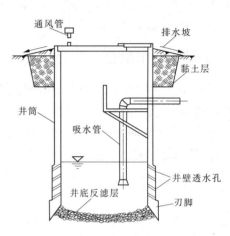

图 6-10　大口井示意图

(三) 复合井

复合井是在大口井底部打管井,是大口井和管井结合使用的一种形式,如图 6-11 所示。这种形式的取水井适用于含水层较厚、地下水位较高、单独采用大口井或管井都不能充分开发利用含水层(分层取水管井系统除外)的情况。

(四) 辐射井

辐射井是由垂直集水井和若干水平集水管(辐射管)(孔)联合构成的一种井型,如图 6-12 所示。因其水平集水管呈辐射状,故将这种井称为辐射井。集水井不需要直接从含水层中取水,因此井壁与井底一般都是密封的,主要是施工时用作安装集水管的工作场所和成井后汇集辐射管的来水,同时便于安装机泵。

辐射管是用以引取地下水的主要设备,均设有条孔,地下水可渗入各条孔,集中于集水井中;辐射管一般高出集水井底 1 m 左右,以防止淤积堵塞辐射管口;辐射管一般沿集水井四周均匀布设,数目为 3~10 根,其长度根据要求的水量和土质而定,一般为 3 m 左右。辐射井主要

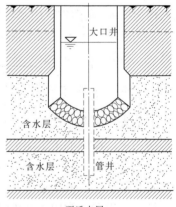

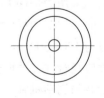

图 6-11　复合井示意图

适用于含水层埋深浅、厚度薄、富水性强、有补给来源的砂砾含水层,裂隙发育、厚度大的含水层,富水性弱的砂层或黏土裂隙含水层,透水性较差、单井出水量较小的地区。

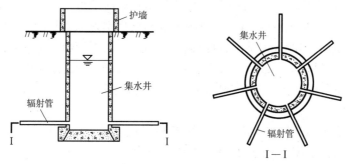

图 6-12　辐射井示意图

任务三　渠道工程

一、渠道系统工程

灌溉渠系是指从水源取水,通过渠道及其附属建筑物向农田供水,经由田间工程进行农田灌水的工程系统,包括渠首工程、输配水工程和田间工程三大部分。在现代灌区建设中,灌溉渠系和排水沟道系统多是并存的,两者相互配合,协调运行,共同构成完整的灌区水利工程系统,如图 6-13 所示。

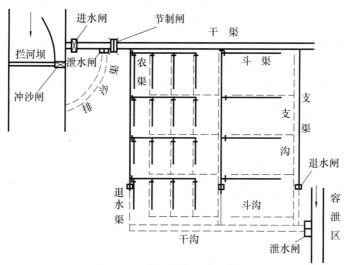

图 6-13　灌溉排水系统示意图

(一)灌溉渠道系统

灌溉渠道系统由各级灌溉渠道和退(泄)水渠道组成。按控制面积大小和水量分配层次可把灌溉渠道依干渠、支渠、斗渠、农渠顺序设置固定渠道,如图 6-13 所示。30 万亩以上或地形复杂的大型灌区,固定渠道的级数往往多于四级,干渠可分为总干渠和分干渠,支渠可下设分支渠,甚至斗渠也可下设分斗渠。在灌溉面积较小或狭长的带状地形的灌区,固定渠道的级数较少,干渠的下一级渠道很短,可称为斗渠,这种灌区的固定渠道就分为干、斗、农三级。农渠以下的小渠道一般为季节性临时渠道。

退(泄)水渠道包括渠首排沙渠、中途泄水渠和渠尾退水渠,其主要作用是定期冲刷和排放渠首段的淤沙、排泄入渠洪水、退泄渠道剩余水量及下游出现工程事故时断流排水等,达到调节渠道流量、保证渠道及建筑物安全运行的目的。中途退水设施一般布置在重要建筑物和险工渠段的上游。干、支渠道的末端应设退水渠道。

(二)排水系统

排水系统由各级固定排水沟道及各种建筑物组成。其分级与渠道系统相对应,分为干、支、斗、农四级,但水流方向与渠道系统相反。

(三)灌排渠系的布置原则

(1)灌溉渠系规划应和排水系统结合进行。在多数地区,必须有灌有排,以便有效地调节农田水分状况。通常以天然河沟作为骨干排水沟道,布置排水系统,在此基础上布置灌溉渠系。应尽量避免沟、渠交叉,以减少交叉建筑物。

(2)灌溉渠系应沿高地布置,力求自流控制较大的灌溉面积。干渠应布置在灌区的较高地带,其他各级渠道亦应布置在各自控制范围内的较高地带。对面积很小的局部高地宜采用提水灌溉的方式,不必据此抬高渠道。

(3)要安全可靠,尽量避免深挖高填、风化岩层、节理发育的破碎带、强透水地带和难工险段,以求渠床沟道稳固、施工方便、输水排水安全。

(4)使工程量和工程费用最小。一般来说,灌渠和排水沟道线路尽量短直,以减少占地和工程量。但在山区、丘陵地区,岗、冲、溪、谷等地形障碍较多,地质条件比较复杂,若渠道沿等高线绕岗穿谷,可减少建筑物的数量或减小建筑物规模,但渠线较长、土方量较大、占地较多;如果渠道直穿岗、谷,则渠线短直,工程量和占地较少,但建筑物投资较大。究竟采用哪种方案,要通过经济比较才能确定。

(5)灌排系统的位置均应参照行政区划确定,尽可能使各用水单位都有独立的用水渠道和排水沟道,以利管理。

(6)灌排系统应和土地利用规划(如耕作区、道路、林带、居民点等规划)相搭配,渠沟的布置要满足机耕要求,以提高土地利用率,方便生产和生活。

(7)要充分利用水土资源,考虑综合利用。山区、丘陵区的渠道布置应集中落差,以便布置水电站或水力加工站,做到一水多用,开展多种经营。

二、渠道横断面

(一)渠道横断面形状

渠道的横断面有梯形、矩形和U形等。其中最常用的是梯形,因为它便于施工,并能保持渠道边坡的稳定,如图6-14(a)、(c)所示。一般干渠都采用梯形断面。当在坚固的岩石中开挖渠道时,宜采用矩形渠道,如图6-14(b)、(f)所示。当渠道通过城镇工矿区或斜坡地段,渠宽受到限制时,可采用混凝土等材料砌护的土渠,如图6-14(d)、(e)。U形断面接近水力最优断面,具有较大的输水输沙能力,占地较少,省工省料,而且由于整体性好,抵抗基土冻胀破坏的能力较强,因此U形断面受到普遍欢迎,在我国斗渠、农渠两级渠道中已广泛使用,且多用混凝土现场浇筑。

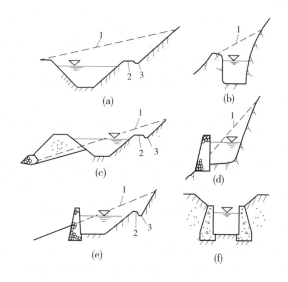

1—原地面线;2—马道;3—排水沟

图 6-14　渠道横断面形状

(二)渠道横断面结构形式

由于渠道过水断面和渠道沿线地面的相对位置不同,渠道断面有挖方断面、填方断面和半挖半填断面三种形式,其结构各不相同。

1. 挖方渠道

一般输水渠道(如干渠)大多采用挖方渠道,其断面结构如图 6-15(a)所示。

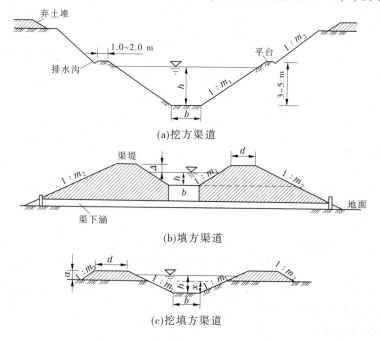

图 6-15　渠道断面结构示意图

对于挖方渠道,为了防止坡面径流的侵蚀、渠坡坍塌以及便于施工和管理,土渠断面必须保持边坡稳定,防止坍塌。稳定边坡系数取决于土壤条件、水文地质条件、护面结构、渠中水深以及填挖方的高度等。挖方土质渠道渠岸(水位)以下的最小边坡系数一般为1:1~1:2.25。深挖方渠道渠岸以上的边坡系数一般可按1:0.5~1:2拟定,必要时应进行稳定计算。

除正确选择边坡系数外,当渠道挖深大于5 m时,应每隔3~5 m高度设置一级平台。第一级平台的高程和渠岸(顶)高程相同,平台宽度为1~2 m。若平台兼作道路,则按道路标准确定平台宽度。在平台内侧应设置集水沟,汇集坡面径流,并使之经过沉沙井和陡槽集中进入渠道。挖深大于10 m时,不仅施工困难,边坡也不易稳定,应改用隧洞等。第一级平台以上的渠坡根据干土的抗剪强度而定,可尽量陡一些。

2. 填方渠道

当渠道通过低洼地带、坡度平缓地带或沟溪时,需建填方渠道,其断面结构如图6-15(b)所示。填方渠道易于溃决和滑坡,应尽可能采用透水性小的壤土填筑,并夯压密实。

要认真选择内、外边坡系数。填方渠道堤高不超过3 m时,堤坡可取1:1~1:2.25,其中内坡应大于外坡。当填方高度为3 m以上时,渠道边坡应通过稳定分析确定,有时需在外坡脚处设置排水的滤体。填方高度为5~10 m时,每增5 m应在外坡设置平台一道,宽度不应小于0.5 m。

当填方高度大于5 m或高于2倍设计水深时,一般应在渠堤内加设纵、横排水槽。填方渠道会发生沉陷,施工时应预留沉陷高度,一般增加设计填高的10%。在渠底高程处,堤宽应等于$(5~10)h(h$为渠道水深),根据土壤的透水性能而定。

3. 挖填方渠道

若地形条件许可,各级渠道可采用半填半挖形式的断面。挖填方渠道是最常见的,也是最经济的一种形式,其断面结构如图6-15(c)所示。半挖半填渠道的挖方部分可为筑堤提供土料,而填方部分则为挖方弃土提供场所。因此,设计填挖方渠道时,最好使断面上的挖方与填方相同或挖方量略大于填方,这样工程量最省,施工最方便。

农渠及其以下的田间渠道,为使灌水方便,应尽量采用半挖半填断面或填方断面。

三、渠道防渗

渠道的渗漏会造成水量损失,降低渠系水利用系数,并抬高地下水位,导致土壤冷浸;在有盐碱威胁的地区,还可能导致次生盐碱化的发生,严重影响农业生产。因此,必须对土质渠道进行防渗处理。

实践证明,对渠道进行砌护防渗,既可减少渗漏带来的危害,还可降低渠床糙率,增大流速,加大输水能力,防止渠道冲刷、淤积及坍塌,进而可以减小渠道断面及渠系建筑物的尺寸。在目前水资源出现短缺的情况下,渠道防渗是目前应用最广的节水技术之一,也是渠道设计必须考虑的方向性问题。

(一) 渠道防渗措施

渠道防渗按材料分为土料、水泥土、砌石、膜料、混凝土、沥青混凝土等,按防渗特点分为设置防渗层、改变渠床土壤渗漏性质等。其中,前者多采用各种黏土类、灰土类、砌石、混凝土、沥青混凝土、塑膜防渗层等,后者多采用夯实土壤和利用含有黏粒的土壤淤填渠床土壤的孔隙从而减少渠道渗漏损失等。

1.混凝土防渗

混凝土衬砌具有防渗效果好、耐久、糙率小及便于施工、管理、维修等优点。混凝土衬砌防渗有现场浇筑和预制装配两种形式。前者接缝少、造价低,适用于挖方渠段;后者受气候条件影响小,适用于填方渠段,特别是在灌区配水渠道中被广泛采用,如图6-16所示。

图6-16　渠道的混凝土防渗

小型渠道还有用预制 U 形槽衬砌的,其优点是占地少、防渗效果好、水力性能和结构性能也较好,但混凝土衬砌板属刚性材料,适应变形能力差,并且在缺乏原材料(如砂、石料)的地区造价较高。

2.膜料防渗

膜料防渗是用不透水的土工膜来减少或防止渠道渗漏损失的技术措施。

土工膜是一种薄型、连续、柔软的防渗材料,具有防渗性能好、适应变形能力强、质轻、耐腐蚀性强、造价低的优点。采用土工膜防渗,用量少、材料运输量小、施工工艺简便、工期短,但其最大的缺点是抗穿刺能力差、与土的摩擦系数小、易老化。因此,一般不单独使用土工膜防渗,而在其上加铺土料、水泥土、石料、混凝土等作为保护层形成复合防渗,以延长使用寿命。

随着现代塑料工业的发展,将会越来越显示出膜料防渗的优越性和经济性,膜料防渗将是今后渠道防渗工程发展的方向,其推广和使用范围将会越来越广。

3.沥青混凝土防渗

沥青混凝土是以沥青为胶黏剂,与矿粉、矿物骨料(碎石、砾石或砂)经加热、拌和、压实而成的具有一定强度的防渗材料。

沥青混凝土的优点是:防渗效果好;具有适当的柔性和黏附性,在工程裂缝时有自愈能力;适应变形能力强,特别是在低温下,它能适应渠基土的冻胀变形而不产生裂缝,防冻害能力强;耐久性好,老化不严重;造价低;无毒无害,容易修补。

但沥青混凝土对施工工艺要求严格,加热拌和等需在高温下施工,也存在植物穿透问题。

4.水泥土防渗

水泥土为土料、水泥和水拌和而成的材料,主要靠水泥与土料的胶结与硬化,硬化强度类似混凝土。水泥土防渗按施工方法不同分为干硬性水泥土和塑性水泥土两种。干硬性水泥土适用于现场铺筑或预制块铺筑施工,塑性水泥土适用于现场浇筑施工。

水泥土防渗具有可就地取材、防渗效果较好、技术较简单、投资较少,可以利用现有的拌和机、碾压机等施工设备施工等优点;但水泥土早期强度低,收缩变形较大,容易开裂,需要加强管理和养护,其适应冻融变形性能差。因此,只宜用于气候温和的无冻害地区。

5. 砌石防渗

砌石防渗按结构形式分护面式和挡土墙式两种,按材料及砌筑方法分干砌卵石、干砌块石、浆砌块石、浆砌石板等多种。

砌石防渗具有就地取材、抗冲流速大、耐磨能力强、防渗效果较好、稳定渠道作用显著等优点;但砌石防渗不易机械化施工,施工质量较难控制,且砌石用量大、造价高。因此,一般在石料丰富的地区和有抗冻、抗冲、耐磨要求的渠道采用此防渗方式。

6. 土料防渗

土料防渗是以黏性土、黏砂混合土、灰土、三合土、四合土等为材料的防渗措施,土料防渗是我国沿用已久的防渗措施。

土料防渗具有较好的防渗效果、易就地取材、施工简便、造价低的优点;但允许流速小、抗冻性和耐久性较差、工程量大、质量不易保证。因此,土料防渗可用于气候温和地区的中小型渠道防渗衬砌。

(二)防渗渠道断面形式

防渗明渠可供选择的断面形式有梯形、弧形底梯形、弧形坡脚梯形、复合形、U形、矩形,无压防渗暗渠的断面形式可选用城门洞形、箱形、正反拱形和圆形,详见图6-17。防渗渠道断面形式的选择应结合防渗结构的选择一并进行。

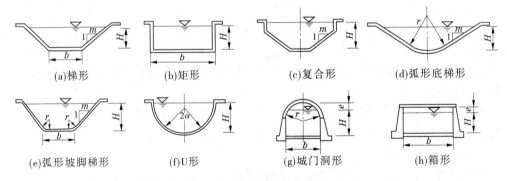

(a)梯形　　　　(b)矩形　　　　(c)复合形　　　　(d)弧形底梯形

(e)弧形坡脚梯形　　(f)U形　　　(g)城门洞形　　　(h)箱形

图 6-17　防渗渠道断面形式

梯形断面由于施工简单、边坡稳定,因此被普遍采用。弧形底梯形、弧形坡脚梯形、U形渠道等由于适应冻胀变形的能力强,能在一定程度上减轻冻胀变形的不均匀性,也得到了广泛应用。无压防渗暗渠具有占地少、水流不易污染、避免冻胀破坏等优点,故在土地资源紧缺地区应用较多。

任务四　渠系建筑物

渠系建筑物按其作用可分为控制建筑物、交叉建筑物、泄水建筑物、衔接建筑物、量水建筑物等。

一、控制建筑物

渠系控制建筑物包括进水闸、分水闸、节制闸等,其作用是控制渠道的流量和水位。

(一)进水闸和分水闸

进水闸是从灌溉水源引水的控制建筑物,分水闸是上级渠道向下级渠道配水的控制建筑物。进水闸布置在干渠的首端,分水闸布置在其他各级渠道的引水口处(见图6-18),其结构形式有开敞式和涵洞式两种。斗渠、农渠上的分水闸常叫斗门、农门。

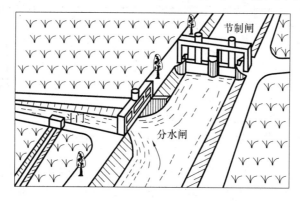

图 6-18　节制闸与分水闸示意图

(二)节制闸

节制闸的主要作用有三:一是抬高渠中水位,便于下级渠道引水;二是截断渠道水流,保护下游建筑物和渠道的安全;三是为了实行轮灌。

二、交叉建筑物

渠道穿越河流、沟谷、洼地、道路或排水沟时,需要修建交叉建筑物。常见的交叉建筑物有渡槽、倒虹吸、涵洞和桥梁等。

(一)渡槽

渡槽又称过水桥,是用明槽代替渠道穿越障碍的一种交叉建筑物,如图6-19所示,它具有水头损失小、淤积泥沙易于清除、维修方便等优点。其适用条件如下:

(1)渠道与道路相交,渠底高于路面,且高差大于行驶车辆要求的安全净空(一般应大于4.5 m)。

(2)渠道与河沟相交,渠底高于河沟最高洪水位。

(3)渠道与洼地相交,为避免填方,或洼地中有大片良田。

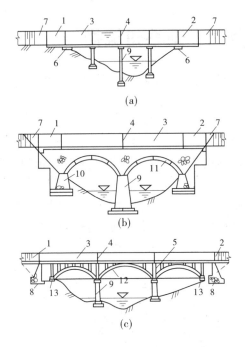

典型渡槽

1—进口段;2—出口段;3—槽身;4—伸缩缝;5—排架;6—墩台;7—渠道;
8—重力式槽台;9—槽墩;10—边墩;11—砌石拱桥;12—肋拱;13—拱座

图 6-19　渡槽的形式

渡槽由进口段、槽身、出口段及支承结构等部分组成。按支承结构的形式可分为梁式渡槽和拱式渡槽两大类。梁式渡槽(见图 6-19(a))的槽身直接支承在槽墩或槽架上,既可用以输水,又可起纵向梁的作用。拱式渡槽的主拱圈是主要承重结构,常用的主拱圈有板拱(见图 6-19(b))和肋拱(见图 6-19(c))两种形式。

(二)倒虹吸

倒虹吸是用敷设在地面或地下的压力管道输送渠道水流穿越障碍的一种交叉建筑物。其缺点是水头损失较大;输送流量受到管径的限制;管内积水不易排除,寒冷地区易受冻害;清淤困难,管理不便。但它可避免高空作业,施工比较方便,工程量较少,节省劳力和材料,不受河沟洪水位和行车净空的限制,对地基条件要求较低,单位长度造价较小。其适用条件如下:

(1)渠道流量较小,水头富裕,含沙量小,穿越较大的河沟,或河流有通航要求。

(2)渠道与道路相交,渠底虽高于路面,但高差不满足行车净空要求。

(3)渠道与河沟相交,渠底低于河沟洪水位,或河沟宽深,修建渡槽下部支承结构复杂,而且需要高空作业,施工不便,或河沟的地质条件较差,不宜做渡槽。

(4)渠道与洼地相交,洼地内有大片良田,不宜做填方。

(5)田间渠道与道路相交。

倒虹吸管由进口段、管身和出口段三部分组成。进口段包括渐变段、闸门、拦污栅,有的工程还设有沉沙池;出口段的布置形式与进口段基本相同;管身断面可为圆形或矩形。

倒虹吸管可做如下布置:对高差不大的小倒虹吸管,常用竖井式(见图6-20)或斜管式;对高差较大的倒虹吸管,当跨越山沟时,管路一般沿地面敷设;当穿过深河谷时,可在深槽部分建桥形成桥式倒虹吸(见图6-21)。

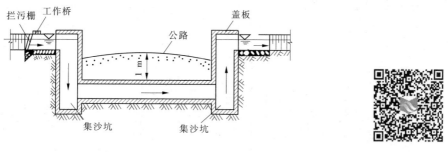

图 6-20　竖井式倒虹吸

典型倒虹吸

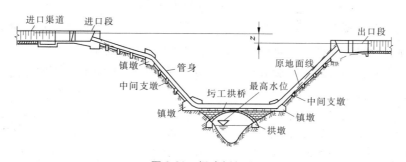

图 6-21　桥式倒虹吸

(三)涵洞

当渠道与道路相交而又低于路面时,可设置输水用的涵洞;当渠道穿过山沟或小溪,而沟溪流量又不大时,可用一段填方渠道,下面埋设排泄沟、溪水流的涵洞。前者称为输水涵洞,后者称为排水涵洞。

涵洞由进口段、洞身和出口段三部分组成。进口段、出口段是洞身与渠道或溪沟的连接部分,而形式选择应使水流平顺,以减少水头损失,如图6-22所示。

上述交叉建筑物的选型要视具体情况进行技术经济比较,同时要适当考虑社会效益。

(四)桥梁

渠道与道路相交,渠道水位低于路面,而且流量较大,水面较宽时,要在渠道上修建桥梁,以满足交通要求。

三、泄水建筑物

渠系中的泄水建筑物的作用在于排除渠道中的余水、坡面径流入渠的洪水、渠道与建筑物发生事故时的渠水。常见的泄水建筑物有泄水闸、退水闸、溢洪堰等。

泄水闸是保证渠道和建筑物安全的水闸,必须在重要建筑物和大填方段的上游、渠首进水闸和大量山洪入渠处的下游设置。泄水闸常与节制闸联合修建、配合使用,其闸底高程一般应低于渠底高程或与之齐平,以便泄空渠水。

在较大干渠、支渠和位置重要的斗渠末端应设退水闸和退水渠,以排除灌溉余水,腾

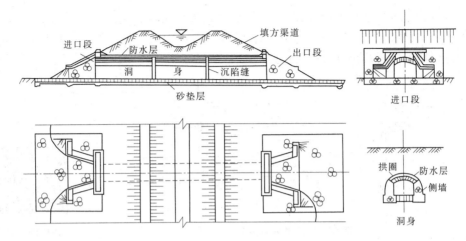

图 6-22　排水涵洞

空渠道。溢洪堰应设在大量洪水汇入的渠段,其堰顶高程与渠道的加大水位相平,当洪水汇入渠道水位超过堰顶高程时即自动溢流泄走,以保证渠道安全。

泄水建筑物应结合灌区排水系统统一规划,以便使泄水能就近排入沟、河。

四、衔接建筑物

当渠道通过地势陡峻或地面坡度较大的地段时,为了保持渠道的设计比降和设计流速、防止渠道冲刷、避免深挖高填、减少渠道工程量,在不影响自流灌溉控制水位的原则下,可修建跌水、陡坡等衔接建筑物。

(一)跌水

跌水是使渠道水流呈自由抛射状下泄的一种衔接建筑物,如图 6-23 所示。多用于跌差较小(一般小于 5 m)的陡坎处,跌差大于 5 m 时可布置成多级跌水。跌水不应布置在填方渠段,而应建在挖方地基上。

(二)陡坡

陡坡是使渠道水流沿坡面急流而下的倾斜渠槽,如图 6-24 所示。一般在下述情况下选用:

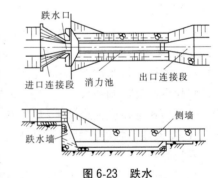

图 6-23　跌水

(1)跌差较大,坡面较长,且坡度比较均匀时多用陡坡。

(2)陡坡段系岩石,为减少石方开挖量,可顺岩石坡面修建陡坡。

(3)陡坡地段土质较差,修建跌水基础处理工程量较大时,可修建陡坡。

(4)由环山渠道直接引出的垂直等高线的支渠、斗渠,其上游段没有灌溉任务时,可沿地面坡度修建陡坡。

一般来说,跌水的消能效果较好,有利于保护下游渠道安全输水;陡坡的开挖量小,比较经济,适用范围更广一些。具体选用时,应根据当地的地形、地质等条件,通过技术经济比较确定。

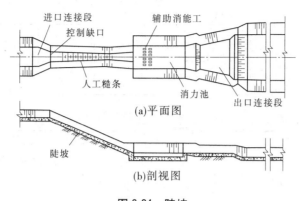

图 6-24　陡坡

五、量水建筑物

灌溉工程的正常运行需要控制和量测水量,以便实施科学的用水管理。在各级渠道的进水口需要量测入渠水量,在末级渠道上需要量测流向田间灌溉的水量,在退水渠上需要量测渠道退泄的水量。可以利用水闸等建筑物的水位—流量关系进行量水,但建筑物的变形以及流态不够稳定等因素会影响量水的精度。在现代化灌区建筑中,要求在各级渠道进水闸下游安装专用的量水建筑物或量水设备。

典型量水
建筑物

量水堰是常用的量水建筑物,三角形薄壁堰、矩形薄壁堰和梯形薄壁堰在灌区量水中被广为使用。巴歇尔量水槽也是被广泛使用的一种量水建筑物,虽然结构比较复杂、造价较高,但壅水较小,行近流速对量水精度的影响较小,进口和喉道处的流速很大,泥沙不易沉积,能保证量水精度。

任务五　管道工程

一、低压管道输水灌溉工程

低压管道输水灌溉工程是以管道代替明渠输水灌溉的一种工程形式。由于管道系统工作压力一般不超过 0.4 MPa,故称为低压管道输水灌溉工程。

(一)低压管道输水灌溉系统的组成

低压管道输水灌溉系统由水源与取水工程、输水配水管网和田间灌水系统三部分组成,如图 6-25 所示。

(1)水源与取水工程。水源有井、泉、沟、渠道、塘坝、河湖和水库等,水质应符合《农田灌溉水质标准》(GB 5084—2005)。取水工程应根据用水量和扬程大小,选择适宜的水泵和配套动力机、压力表及水表,并建有管理房。

(2)输水配水管网系统。是指管道输水灌溉系统中的各级管道、分水设施、保护装置和其他附属设施。在面积较大的灌区,管网可由干管、分干管、支管和分支管等多级管道

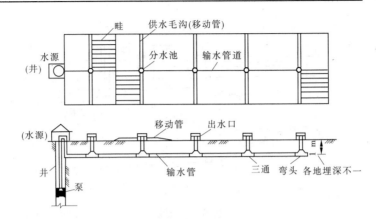

图 6-25　低压管道输水灌溉系统组成图

组成。

（3）田间灌水系统。指出水口以下的田间部分。灌溉田块应进行平整,使田块坡度符合地面灌水要求,畦田长短应适宜。

（二）低压管道输水工程的优点

（1）节水节能。低压管道输水减少了输水过程中的渗漏损失和蒸发损失,与明渠输水相比可节水 30% ~ 50%。对于机井灌区,节水就意味着降低能耗。

（2）省地、省工。管道埋入地下代替渠道,减少了渠道占地,可增加 1% ~ 2% 的耕地面积。管道输水速度快,避免了跑水、漏水现象,缩短了灌水周期,节省了巡渠和清淤维修用工。

（3）成本低、效益高。所需投资远小于喷灌或微灌的投资。能适时适量供水,满足作物生长需水要求,起到增产增收作用。

（4）适应性强、管理方便。低压管道输水属有压供水,受地形限制小,配上田间地面移动软管,可解决零散地块灌溉问题,且施工安装方便,便于群众掌握,便于推广。

（三）低压管道输水灌溉工程的分类

低压管道输水灌溉工程可按输配水方式、管网形式、固定方式、输水压力和结构形式等进行分类。通常按管网形式和固定方式来分类。

1.按管网形式分类

（1）树状网。管网呈树枝状,水流通过"树干"流向"树枝",即从干管流向支管、分支管,只有分流而无汇流。目前,国内低压管道输水灌溉系统多采用树状网。

（2）环状网。管网通过节点将各管道连接成闭合环状网。根据给水栓位置和控制阀启闭情况,水流可做正逆方向流动。

2.按固定方式分类

（1）固定式。水源和各级管道及分水设施均埋入地下,固定不动。给水栓或分水口直接分水进入田间沟、畦,没有软管连接。一次性投资大,但运行管理方便,灌水均匀。有条件的地方应逐渐推广这种形式。

（2）移动式。除水源外,管道及分水设备都可移动,机泵有的固定,有的也可移动,管道多采用软管,简便易行,一次性投资低,多在井灌区临时抗旱时应用。但是劳动强度大,管道易破损。

（3）半固定式。一般是水源固定，干管或支管为固定地埋管，由分水口连接移动软管输水进入田间。这种形式工程投资和劳动强度介于移动式和固定式之间，经济条件一般的地区宜采用这种系统。

二、喷灌工程

喷灌是一种利用喷头等专用设备把有压水喷洒到空中，形成水滴落到地面和作物表面的灌水方法。

（一）喷灌系统的组成

喷灌系统主要由水源工程、水泵及动力设备、输配水管网系统、喷头和附属工程、附属设备等部分组成，如图6-26所示。

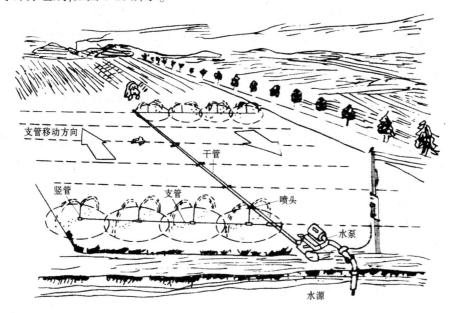

图6-26 喷灌系统示意图

（1）水源工程。河流、湖泊、水库、井泉及城市供水系统等都可以作为喷灌的水源，但需要修建相应的水源工程。水源水质应满足《农田灌溉水质标准》（GB 5084—2005）的要求。

（2）水泵及动力设备。利用水泵将水提吸、增压、输送到各级管道及各个喷头中，并通过喷头喷洒出来。通常由电动机、柴油机为水泵提供动力，动力机功率大小根据水泵的配套要求确定。

（3）输配水管网系统。管网的作用是将压力水输送并分配到所需灌溉的种植区域。管网一般包括干管、支管两级水平管道和竖管。

（4）喷头。喷头将管道系统输送来的有压水流通过喷嘴喷射到空中，分散成细小的水滴散落下来，灌溉作物，湿润土壤。喷头一般安装在竖管上，是喷灌系统中的关键设备。

(5)附属工程、附属设备。为了使用方便和系统安全,喷灌系统通常还需要设置拦污栅、进排气阀、调压阀、安全阀、真空表、压力表和水表等附属工程、附属设备。

(二)喷灌的特点

1.喷灌的优点

(1)省水。喷灌可以避免产生地面径流和深层渗漏,一般比地面灌溉节省水量30%~50%。

(2)省工。喷灌便于实现机械化、自动化,还可以结合施入化肥和农药,大量节省劳动力。

(3)节约用地。喷灌无须田间的灌水沟渠和畦埂,比地面灌溉更能充分利用耕地,一般可增加耕种的面积7%~10%。

(4)增产。喷灌便于控制土壤水分,使土壤湿度维持在作物生长最适宜的范围,还可以调节田间的小气候,有利于植物的呼吸和光合作用,达到增产效果。

(5)适应性强。喷灌对各种地形的适应性强,特别是土层薄、透水性强的砂质土,非常适合使用喷灌。

2.喷灌的缺点

(1)投资较高。喷灌需要一定的压力、动力设备和管道材料,单位面积投资较大,成本较高。

(2)能耗较大。喷灌所需压力通过消耗能源获得,所需压力越高,耗能越大,灌溉成本就越高。

(3)受风的影响较大。在有风的天气下,水的飘移损失较大,灌水均匀度和水的利用程度都有所降低。

(三)喷灌系统的分类

1.管道式喷灌系统

管道式喷灌系统指的是以各级管道为主体组成的喷灌系统。

(1)固定式。动力、水泵固定,干管和支管均埋入地下。喷头可以常年安装在竖管上,也可以按轮灌顺序安装使用。其优点是操作管理方便,便于自动化控制,生产效率高;缺点是投资大,竖管对机耕有一定影响,设备利用率低。

(2)移动式。动力、水泵、管道和喷头全部可以移动,可在多个田块之间轮流喷洒作业。其优点是设备利用率高;缺点是劳动强度大,生产效率低,设备维修保养工作量大,可能损伤作物。

(3)半固定式。动力、水泵和干管固定,干管上装有许多给水栓,支管和喷头是移动的。支管和喷头在一个位置喷灌完毕后,可移至下一位置。设备利用率较高,运行管理比较方便,是目前国内使用较为普遍的一种管道式喷灌系统。

2.机组式喷灌系统

机组式喷灌系统是将喷灌系统中有关部件组装成一体,组成可移动的机组进行作业。

(1)轻型、小型喷灌机组。在我国主要是手推式或手台式轻型、小型喷灌机组,行喷式喷灌机一边走一边喷洒,定喷式喷灌机在一个位置上喷洒完后再移动到新的位置进行喷洒。

（2）中型喷灌机组。中型喷灌机组多见的是卷管式（自走）喷灌机、双悬臂式（自走）喷灌机、滚移式喷灌机和纵拖式喷灌机。

（3）大型喷灌机组。控制面积可达百亩，如平移式自走喷灌机、大型摇滚式喷灌机等。

三、微灌工程

微灌是利用专门设备将有压水流变成细小的水流或水滴，湿润作物根部附近土壤的灌水方法，通常包括滴灌、微喷灌和涌泉灌等。

（一）微灌系统的组成

微灌系统由水源工程、首部枢纽、输配水管网和灌水器组成，如图6-27所示。

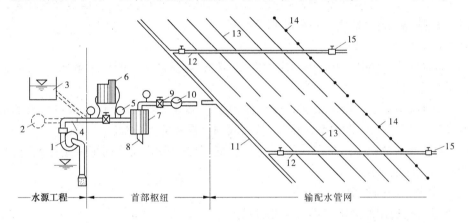

1—水泵；2—供水管；3—蓄水池；4—逆止阀；5—压力表；6—施肥罐；7—过滤器；8—排污管；
9—阀门；10—水表；11—干管；12—支管；13—毛管；14—灌水器；15—冲洗阀门

图6-27 微灌系统示意图

（1）水源工程。河流、湖泊、沟渠、井泉等，只要水质符合微灌要求，均可作为微灌的水源。为了充分利用各种水源进行灌溉，往往需要修建引水、蓄水和提水工程，以及相应的输配电工程。

（2）首部枢纽。首部枢纽由水泵及动力机、控制阀门、水质净化装置、施肥（药）装置、测量和保护设备等组成。首部枢纽担负着整个系统的驱动、检测和调控任务，是全系统的控制调度中心。

（3）输配水管网。输配水管网一般分干、支、毛三级管道。通常干管、支管埋入地下，也有将毛管埋入地下的，以延长毛管的使用寿命。

（4）灌水器。灌水器安装在毛管上或通过小管与毛管连接，有滴头、微喷头、微喷带、涌水器和滴灌带等多种形式，或置于地表，或埋入地下。

(二)微灌系统的特点

1. 微灌的优点

(1)省水、省地。用水量相当于地面灌溉用水量的 1/8~1/6、喷灌用水量的 1/3。干管、支管全部埋在地下,可节省渠道占用的土地(占耕地的 2%~4%)。

(2)省肥、省工。随水滴施化肥,减少肥料流失,提高肥效;减少修渠、平地、开沟筑畦的用工量。

(3)节能。与喷灌相比,要求的压力低、灌水量少,抽水量减少和抽水扬程降低,从而减少了能量消耗。

(4)灌水效果好。能适时地给作物供水供肥,不会造成土壤板结和水土流失,且能充分利用细小水源,为作物根系发育创造良好条件。

(5)适应性强。微灌可控制灌水速度,适应各种土质,使其不产生地面径流和深层渗漏;靠压力管道输水,对地面平整程度要求不高。

2. 微灌的缺点

(1)灌水器容易堵塞。由于灌水器的孔径较小,容易被水中的杂质堵塞。因此,微灌用水需进行净化处理。

(2)限制根系发展。由于微灌只湿润作物根区部分土壤,加上作物根系生长的向水性,因而会引起作物根系向湿润区生长,从而限制了根系的生长范围。

(3)会引起盐分积累。当在含盐量高的土壤上进行微灌或是利用咸水微灌时,盐分会积累在湿润区的边缘。

(三)微灌系统的类型

微灌通常按选用的灌水器进行分类,可分为以下几类。

1. 滴灌

滴灌是利用塑料管道和安装在直径约 10 mm 毛管上孔口非常小的灌水器(滴头或滴灌带等),消杀水中具有的能量,使水缓慢均匀地滴在作物根区土壤中进行局部灌溉的灌水方式。滴灌只湿润滴头所在位置的土壤,水主要借助土壤毛管张力入渗和扩散。它是目前干旱缺水地区最有效的一种节水灌溉方式,其水的利用率可达 95%,因此较喷灌具有更高的节水增产效果,同时可以结合灌溉给作物施肥,提高肥效 1 倍以上。它适用于果树、蔬菜、经济植物及温室大棚灌溉,在干旱缺水的地方也可用于大田作物灌溉。

2. 微喷灌

微喷灌是利用塑料管道输水,通过微喷头将水喷洒在土壤或作物表面进行局部灌溉的灌水方式。与喷灌相比,工作压力明显下降,有利于节约能源、节省设备投资,同时具有调节田间小气候的优点,又可结合灌溉为作物施肥,提高肥效,可使作物增产 30%。与滴灌相比,流量和出流孔口都较大,水流速度也明显加快,大大减小了堵塞的可能性。可以说,微喷灌是扬喷灌和滴灌之所长、避其所短的一种理想灌水形式。微喷灌主要应用于果树、花卉、草坪、温室大棚等的灌溉。

3. 涌泉灌

涌泉灌又称为涌灌、小管灌溉,是通过从开口小管涌出的小水流将水灌入土壤的灌水方式。由于灌水流量较大(但一般不大于 220 L/h),有时需在地表筑埂来控制灌水。此灌水方式的工作压力很低,不易堵塞,但田间工程量较大,适用于地形较平坦地区的果树等灌溉。

4.渗灌

渗灌是利用修筑在地下的专门设施(地下管道系统)将灌溉水引入田间耕作层,借毛细管作用自下而上湿润土壤,所以又称地下灌溉。其优点主要是灌水质量好,不破坏土壤结构,蒸发损失少,少占耕地,便于机耕;但地表湿润差,不利于种子发芽及幼苗和浅根植物生长,地下管道造价高,容易堵塞,检修困难。

任务六　水泵与水泵站

泵是把动力机的机械能转换为所抽送液体的能量(位能、压能、动能)的机械。泵主要用于抽水,故称水泵,又叫抽水机。泵是一种通用机械,不单用于水利,在农业、建筑、电力、石化、冶金、轻工、矿山、国防等行业都有很广泛的用途。它是提升和输送水的重要机械设备。

水泵站是安装水泵和动力设备以及有关附属设备的建筑物。它由输水渠道、进水池、机房、压力管道和出水池等建筑物组成。

一、水泵类型及性能

水泵的种类很多,根据其作用原理可分为叶片式泵、容积式泵、射流泵和水锤泵等,而叶片式泵在工程中最常见,应用范围最广,故本节主要介绍叶片式泵。此外,工程上常见的水泵还有长轴井泵、潜水电泵、水轮泵。

(一)叶片式泵

叶片式泵是一种靠泵中叶轮高速旋转的机械能转换为液体的动能和位能的一种机械,根据叶轮对液体作用力的不同可分为离心泵、轴流泵、混流泵等,如图6-28所示。

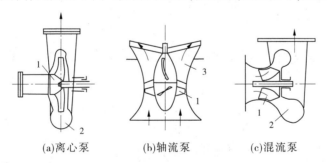

(a)离心泵　　　(b)轴流泵　　　(c)混流泵

1—叶轮;2—蜗形体;3—导叶

图6-28　叶片式泵

1.离心泵

离心泵主要由叶轮、泵壳、泵轴、轴承和进出水管等工作部件组成,如图6-29所示。离心泵工作原理示意图如图6-30所示。

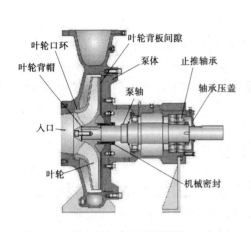

图 6-29　离心泵剖视图

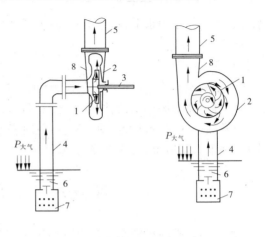

1—叶轮；2—泵壳；3—泵轴；4—进水管；
5—出水管；6—底阀；7—滤水网；8—扩散管

图 6-30　离心泵工作原理示意图

在水泵启动之前，首先在泵壳内和吸水管中灌满水，并排净里面积存的空气。当叶轮在电动机带动下高速旋转时，充满于叶片之间流道中的水受到离心力的作用从叶轮的中心甩向叶轮边缘，并汇集在泵壳内，由于先被甩出去的水不断受到后被甩出去的水的顶挤，于是水就获得了动能和压力能（可以转换为动能和位能）。另外，当叶片中的水从叶轮的中心甩向叶轮边缘时，叶轮中心附近形成负压，叶轮进口处也就形成真空状态，在大气压力作用下，进水池中的水就可以源源不断地通过进水管被吸到叶轮内，在叶轮的连续旋转下，水就不断地被甩出和吸入，被甩出的水则沿出水管流向远处或高处。

离心泵具有结构简单、体积小、效率高、供水均匀、扬程较大、使用维修方便、流量和扬程在一定范围内可以调节等优点，故应用范围最广。

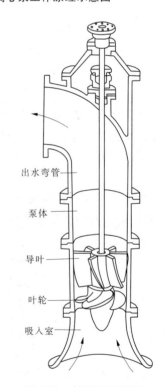

图 6-31　轴流泵剖视图

2. 轴流泵

轴流泵也是常用的一种水泵，如图 6-31 所示。这种泵的水流在泵内流进流出的方向都是沿叶轮的轴线方向，故称轴流泵。轴流泵的工作原理和离心泵不同，离心泵的抽水是靠离心力的作用；而轴流泵的抽水则是靠叶轮上流线形的叶片高速旋转时所产生的推力作用。又由于其叶轮形状和螺旋桨推进器很相似，所以又称旋桨式水泵。

轴流泵具有流量大、扬程低、结构简单、体积小、质量轻、效率高、启动前不需要灌水、操作方便等特点。由于它的扬程一般不超过 10 m，故多在低扬程、大流量的泵站中使用。轴流泵由于转轴位置的布置不同，可以分为立式、卧式和斜式三种。大流量轴流泵多为立式。

3.混流泵

混流泵的外形和构造与离心泵很相似,只是它的叶轮形状一半似离心泵,一半似轴流泵。这种泵的水流沿轴向流入叶轮,沿斜向流出叶轮,与泵轴成一定的角度。水流在叶轮中既受离心力的作用又受推力的作用,故称混流泵。混流泵的特点是流量较大、扬程较低。当叶轮直径相同时,它是一种扬程、流量都介于离心泵和轴流泵之间的水泵。

混流泵是一种单级单吸卧式水泵,其构造简单,能适应扬程变化较大的要求,易于启动,检修较方便,是一种较常用的泵型。

(二)其他常见形式的水泵

1.长轴井泵

长轴井泵仍属于叶片泵,它是把动力机安装在井口上,靠长传动轴(安放在出水管内)带动浸没于井水中的叶片泵抽水,是我国井泵站应用最普遍的一种水泵。

2.潜水电泵

潜水电泵是一种将水泵和电动机合为一体,并置于水下工作的抽水泵,也是我国井泵站应用最普遍的一种水泵。

3.水轮泵

水轮泵是一种将水轮机和水泵合为一体的抽水机械。它在有一定的水头时,利用水力的冲力来推动水轮机转动,水轮机带动同轴的水泵叶轮旋转而抽水。

二、水泵的工作参数

为了了解水泵的性能,必须理解水泵的有关工作参数,其主要有流量、扬程、功率、效率、转速、允许吸上真空高度等。

(一)流量

流量是指单位时间内从水泵出口所输出的水体的量,常用单位为 m^3/s、m^3/h。水泵运行时,从泵出口实际流出的流量称实际流量,水泵铭牌上所标示的流量为泵的设计流量,又称额定流量。泵在该流量下运行时效率最高,所以实际运行时应力争使水泵处于额定流量或接近额定流量运行。

(二)扬程

扬程是指被抽送的单位重量的水体从水泵进口到水泵出口获得的能量,用 H 表示,单位为 mH_2O。可根据水泵进出口压力表的读数进行泵扬程的计算,计算出的扬程为水泵实际工作时的扬程,而泵的铭牌上的扬程为泵的设计扬程,也称额定扬程。实际工作扬程与额定扬程往往不等,因为实际工作扬程受工作条件、水位等的影响。

(三)功率

功率是指水泵在单位时间内对液流所做功的大小,单位为 W 或 kW。水泵的功率包括轴功率、有效功率和动力机配套功率等。

(1)轴功率是指动力机经过传动设备后传递给水泵主轴上的功率,即水泵的输入功率。通常水泵铭牌上所列的功率均指的是水泵轴功率。

(2)有效功率是指单位时间内,流出水泵的液流所获得的能量,即水泵对被输送液流所做的实际有效功。

（3）动力机配套功率是指与水泵配套的原动机的输出功率，考虑到水泵运行时可能出现超负荷情况，所以动力机的配套功率通常选择比水泵轴功率大。

（四）效率

水泵传递能量的有效程度称为效率。水泵运行过程中，在水泵内部将产生各种损失，根据损失产生的原因不同，将其分为机械损失、容积损失和水力损失，原动机传给泵轴上的功率即水泵的输入功率不可能完全传给水泵所输送出去的水体，必然有一部分要消耗在克服水泵内部各种损失上，剩下的才传给水泵所输出的水体。

实际上水泵的效率就是用来反映泵内损失功率的大小及衡量轴功率 P 的有效利用程度的参数，即有效功率 P_e 与轴功率 P 的比值的百分数为水泵的效率。目前，离心泵的效率大致范围为 0.45~0.9，轴流泵的效率范围为 0.7~0.9。

（五）转速

转速是指水泵轴或水泵叶轮每分钟旋转的次数，通常用符号 n 表示，单位为 r/min。水泵是按一定转速设计的，因此配套的动力机除功率要满足水泵运行的要求外，在转速上也要与水泵的转速相一致。

目前，我国常用的水泵转速为：中小型离心泵一般在 730~2 950 r/min，中小型轴流泵一般为 250~1 450 r/min，大型轴流泵一般为 100~250 r/min。

（六）允许吸上真空高度

允许吸上真空高度表示离心泵能够吸上水的高度，常用单位为 m。一般每台离心水泵在铭牌上都写有一个允许吸上真空高度，如果水泵安装的吸水高度加上吸水损失扬程在这个限度之内，水泵能正常工作；如果超过这个限度，水就抽不上来了。

三、泵站的选址

（一）泵站的类型

按照泵站的作用可分为灌溉泵站、排水泵站、排灌结合泵站、跨流域调水泵站、可逆式机组（既能抽水又能发电的机组）的多功能泵站。

按照取水的水源可分为从河流、湖泊或灌溉渠道中取水的泵站，从水库中取水的泵站，从深井中取水的泵站。

（二）泵站的站址选择

对于泵站的站址选择，不同类型的泵站，须考虑的因素各异。以灌溉泵站为例，应考虑以下因素：

（1）地形。站址的地形应平坦、开阔，便于泵站枢纽各建筑物的总体布置，且减少施工时的挖方、填方工程量。对于灌溉泵站，宜选择较高地形，便于控制全部灌溉面积。

（2）地质。站址应选在岩土坚实及抗渗性能良好的地段，尽量避开松软地基及有断裂带的岩层，泵房基础尽可能在地下水位以上，以保证工程安全并降低工程造价。

（3）水源。水源有河流、渠道、水库、地下水等，无论在什么水源地取水，都应保证水质、水量和水温满足用水部门的要求。

（4）取水口。取水口位置应选在河岸稳定、无淤积的位置，并保证引水要求，且有利防洪、防沙、防冰及防污。从河流中取水时,进水口应选在河床稳定的河流弯道凹岸顶点稍偏下游的地方。

（5）其他。站址应交通方便、靠近乡(镇)、靠近电源,以方便材料运输、运行管理和减少输电变电工程的投资。

四、水泵站的枢纽布置

(一) 泵站的枢纽建筑物

各种泵站的用途虽不同,但建筑物及组成基本相同。一般由取水建筑物,进水建筑物,水泵站机房,出水、泄水建筑物及其附属的水工建筑物组成,另外,还有交通、变电站等建筑物。这些建筑物组成了水泵站枢纽工程,如图6-32、图6-33 所示。

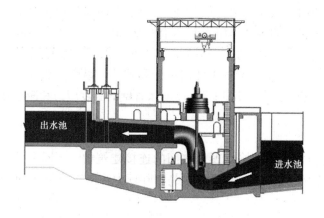

图 6-32　立式轴流泵泵站剖面图

泵站及泵房

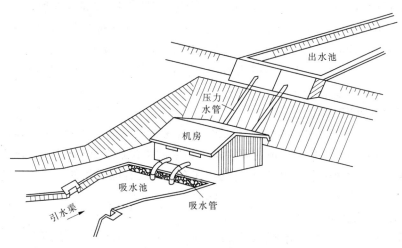

图 6-33　泵站的枢纽建筑物

1.进水建筑物

进水建筑物包括进水闸、引水渠、分水闸(拦污栅)、前池、进水池、吸水管等。进水闸的作用是当河流水位变化时,控制入渠的水流大小,并保证泵站不被淹没;引水渠的作用是将水流平顺、均匀地输送到前池;前池的作用是平顺地扩散水流并均匀地输送到进水池;进水池的作用是消除漩涡和回流,为水泵提供良好的吸水条件。

2. 出水建筑物

出水建筑物包括压力水管、压力水管支承、出水池(或压力水箱)等。水泵压出的水流通过压力水管输送到出水池,然后流进输水渠道,送至用水部门。

1)压力水管

压力水管是指从水泵至出水池之间的出水管道。常用的压力水管有钢管、铸铁管和钢筋混凝土管等。金属管多露天铺设,以便安装检修,且不易生锈。钢筋混凝土管可埋设于地下,也可露天敷设。

2)压力水管支承

露天铺设的压力水管一般由支墩和镇墩支承,支墩和镇墩常用浆砌石或混凝土材料建造。它们的作用都是承受水管上的各种作用力并传给地基,但它们又各有不同。支墩的作用主要是支承压力水管的重量;镇墩的作用不单是支承压力水管的重量,它的主要作用是将水管完全稳固在地基上,保证水管不发生任何位移和转动。镇墩一般设置在水管的转弯处和过长的直管段,两镇墩之间可设伸缩节,以消除管壁的温度应力和减小作用在镇墩上的轴向力。

3)出水池(或压力水箱)

出水池(或压力水箱)是压力水管和输水渠道之间的连接建筑物。不同之处仅在于出水池为开敞式,而压力水箱为封闭式。它们的作用是消除压力管出流的余能,使水流平顺地流入渠道。

3. 水泵站机房

水泵站机房简称泵房,它是安装水泵和动力机及其附属设备的建筑物,是水泵站的主体工程。其主要作用是给机组运行和管理人员操作提供良好的工作条件。泵房的类型按结构形式可分为固定式泵房和移动式泵房。固定式泵房一般指建筑在地基基础上的泵房;移动式泵房可分为缆车式和浮船式两种,它们是可随水源水位变化而随时升降的泵房,适用于取水口水位变化较大的情况。

(二)泵站的枢纽布置

泵站的枢纽布置(或称总体布置)形式应综合考虑泵站的功能和特性、站址的地形和地质条件、综合利用要求和泵房形式等因素。要尽量做到紧凑、安全、科学、经济、美观、少征地、少移民等。以灌溉泵站为例,常见的枢纽布置形式有以下几种。

1. 从河流、湖泊或灌溉渠道中取水的泵站

1)有引水渠的布置形式

有引水渠的布置形式适用于岸边坡度较缓、水源水位变幅不大、水源距出水池较远的情况。为了缩短出水管长度和减少工程投资,尽量将泵房靠近出水池,用引水渠将水引至泵房。但在季节性冻土区应尽量缩短引水渠长度。对于水位变幅较大的河流,渠首应设置进水闸,以控制引水渠内的水位,以免洪水淹没泵房。

2)无引水渠的布置形式

当河岸坡度较陡、水位变幅不大,或灌区距水源较近时,常将泵房与取水建筑物合并,直接建在水源岸边或水中。这种布置形式省去了引水渠,习惯上称为无引水渠泵站枢纽,如图 6-34 所示。对一些中小型泵站,如果漂浮物较少,吸水管不长,则可采用水泵直接吸水的形式,如图 6-35 所示,可省略前池和进水池。

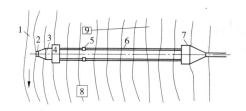

1—河流;2—进水闸;3—前池和进水池;4—泵房;
5—镇墩;6—压力水管;7—出水池;8—管理室;9—变电站

图 6-34　无引渠泵站枢纽布置图

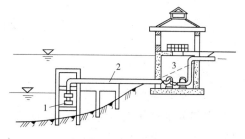

1—取水头部;2—水平吸水管;3—泵房

图 6-35　直接吸水式泵站枢纽布置图

2. 从水库中取水的泵站

1) 从水库上游取水的泵站

其布置形式与有引水渠、无引水渠的布置形式相同。因水库的水位变幅比较大,设置固定式泵站抽水比较困难,一般是采用浮船式或缆车式移动泵站。

2) 从水库下游取水的泵站

其布置形式一般有明渠引水和有压引水两种方式。明渠引水是将水库中的水通过泄水洞放入下游明渠中,水泵从明渠中取水,如图 6-36 所示。有压取水是将水泵的吸水管直接与水库的压力放水管相连接,吸水管内为有压水流,此时可利用水库的压能,以减小泵站动力机的功率。由于有压取水的泵站不设进水池,因而在每个吸水管路上均设闸阀。这样,可提高水泵安装高程,或省去抽真空设备,如图 6-37 所示。

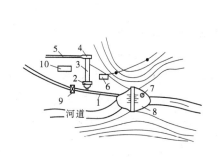

1—放水明渠;2—泵房;3—压力水管;4—侧向出水池;
5—输水渠道;6—变电站;7—放水塔;8—土坝;
9—控制闸;10—管理室

图 6-36　水库下游明渠引水泵站布置图

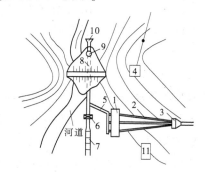

1—泵房;2—压力水管;3—出水池;4—变电站;
5—有压引水管;6—控制闸;7—跌水;8—放水洞;
9—放水塔;10—进水口;11—管理室

图 6-37　水库下游有压引水的泵站布置图

3. 从深井中取水的泵站

从深井中取水的泵站通常将泵房布置在井旁的地面上。如果井水位离地面较深,超过水泵允许吸上真空高度时,可将泵房建在地下。

在水泵站枢纽的规划布置中,应根据当地自然条件及水泵站工程建设的技术经济条件,尽可能做到方案合理、效益显著、持续发展,既要满足当前的用水需要,又要考虑将来的发展需求,应提出几个方案进行综合经济比较,择优选定。

练习题

一、简答题

1. 农田水利工程的任务是什么?

2. 有坝取水枢纽是由哪些建筑物组成的? 各自的作用是什么?

3. 简述灌溉渠道系统的组成。

4. 灌溉渠道常用的防渗材料有哪些? 混凝土防渗有何特点?

5. 膜料防渗的特点有哪些?

6. 按建筑物的作用划分,渠系建筑物有哪些? 各自的作用是什么?

7. 水泵的工作参数有哪些? 各自的含义是什么?

8. 简述低压管道输水灌溉工程的优点。

9. 喷灌系统主要由哪些部分组成?

10. 与地面灌溉相比,喷灌的缺点主要体现在哪些方面?

11. 简述滴灌、微喷灌和涌泉灌的异同点。

12. 简述微灌的主要缺点。

二、单选题

1. 当河道枯水期的水位和流量都能满足引水要求时,可以采用(   )方式取水。

    A. 有坝取水   B. 无坝取水   C. 水库取水   D. 抽水取水

2. 下列渠首工程中属于无坝取水枢纽的是(   )。

    A. 四川都江堰工程   B. 陕西渭惠渠渠首

    C. 湖北漳河水库渠首   D. 江苏江都排灌站

3. 当河道枯水期的流量能满足引水要求,但水位较低不能自流引水,或在枯水期需引取河道大部分或全部来水不能满足自流引水时,可以采用(   )方式取水。

    A. 有坝取水   B. 无坝取水   C. 水库取水   D. 抽水取水

4. 下列渠首工程中属于有坝取水枢纽的是(   )。

    A. 四川都江堰工程   B. 陕西渭惠渠渠首

    C. 湖北漳河水库渠首   D. 江苏江都排灌站

5. 当河流的年径流量能满足灌溉用水要求,但其流量过程与灌溉季节所需的水量不相适应时,只能选择(   )方式取水。

    A. 有坝取水   B. 无坝取水   C. 水库取水   D. 抽水取水

6. 当河流水量比较丰富,但灌区位置较高,河流水位和灌溉要求水位相差较大,修建其他自流引水工程困难或不经济时,可就近采用(   )方式取水。

A.有坝取水　　　B.无坝取水　　　　C.水库取水　　　　D.抽水取水

7.低压管道输水灌溉工程的工作压力不超过(　　　)。

A.0.1 MPa　　　B.0.2 MPa　　　　C.0.3MPa　　　　D.0.4 MPa

8.下列哪种管道式喷灌系统更便于自动化控制?(　　　)

A.移动式　　　B.固定式　　　　C.半固定式

9.下列不属于微灌灌水方式的是(　　　)。

A.滴灌　　　　B.微喷灌　　　　C.渗灌　　　　　D.喷灌

三、多选题

1.改变和调节地区水情的措施,一般可分为(　　　)。

A.蓄水保水措施　B.排水措施　　　C.灌溉措施　　　D.调水排水措施

2.调节农田水分状况的措施,一般可分为(　　　)。

A.蓄水保水措施　B.排水措施　　　C.灌溉措施　　　D.调水排水措施

3.农田水利工程一般包括(　　　)。

A.取水工程　　　B.输水配水工程　C.排水工程

4.取水枢纽工程有两大类:一是自流取水枢纽;二是机械抽水枢纽。自流取水枢纽又分为(　　　)枢纽。

A.无坝取水枢纽　B.有坝取水枢纽　C.水库取水枢纽　D.水泵站枢纽

5.由于渠道过水断面和渠道沿线地面的相对位置不同,渠道断面有(　　　)几种形式。

A.U 形断面　　　B.填方断面　　　C.半挖半填断面　　D.挖方断面

6.经过防渗处理的明渠可选择的断面形式有(　　　)。

A.梯形　　　　　B.弧形底梯形　　　C.弧形坡脚梯形

D.复合形　　　　E.U 形　　　　　F.矩形

7.渠道穿越河流、沟谷、洼地、道路或排水沟时,需要修建交叉建筑物。常见的交叉建筑物有(　　　)。

A.渡槽　　　　　B.倒虹吸　　　　　C.涵洞　　　　　D.桥梁

8.在水利工程中常用的叶片式泵有(　　　)。

A.离心泵　　　　B.轴流泵　　　　　C.混流泵

9.低压管道输水灌溉系统由(　　　)组成。

A.水源　　　　　B.取水工程　　　　C.输水配水管网　　D.田间灌水系统

10.按可移动程度分类,低压管道输水灌溉工程可以分为(　　　)。

A.移动式　　　　B.固定式　　　　　C.管道式　　　　D.半固定式

11. 下列属于喷灌的优点有(　　　)。

　　A. 适应性强　　　B. 能耗低　　　　C. 省水省工

　　D. 节约用地　　　E. 增产

12. 下列哪些属于滴灌的缺点?(　　　)

　　A. 滴头容易堵塞　　　　　　　B. 根系发展受限

　　C. 灌水效果好　　　　　　　　D. 盐分容易积累

项目七　河道治理与防洪工程

【学习目标】
　　1. 了解河床演变的主要因素、平原河流河床演变特点。
　　2. 熟悉河道整治规划的原则、内容及主要参数。
　　3. 掌握河道整治建筑物的材料及分类。
　　4. 掌握常用的防洪工程措施和非工程措施。
【技能目标】
　　能识别常见的河道治理工程措施及防洪工程措施。

任务一　河床演变特点

　　河床演变是水流与河床以泥沙为媒介永不停止的相互作用的结果,水流与河床二者相互制约、相互依存,通过水流中泥沙的淤积(冲刷)使河床升高(降低)。河床变形的过程也就是组成河床的泥沙与水流中所挟带的泥沙运动和交换的过程。

一、河床演变分类

　　河床演变是指河道在自然条件下或受人工干扰时所发生的空间位移和随时间的变化。不同类型的河段,或同一河段的不同时期,河床演变的现象往往不尽相同。为了研究的方便,从工程角度考虑,冲积河流的河床演变形式按其特征分类如下。

　　(一)按河床演变空间特征分类

　　按河床演变空间特征分为纵向变形和横向变形。纵向变形是指河床沿水流流程在纵深方向发生的冲淤变化,表现为河床因冲刷而降低,或因淤积而升高。横向变形是指河床横断面所发生的冲淤变化。在河床发生横向变形的同时,其平面形态也必然发生变化。

　　(二)按河床演变的时间特征分类

　　按河床演变的时间特征分为单向变形和复归性变形。单向变形是指河床在长期内只是单一地朝某一方向发展的演变现象,即河床在此期间,只有冲刷变形,或只有淤积变形,不存在冲刷变形与淤积变形交替发生的现象。例如,黄河下游河段之所以成为"地上悬河",就是长期朝着单一的淤积变形方向发展的结果。然而,单向变形是相对平均情况而言的,即使在持续淤积(冲刷)的演变过程中,也会出现冲刷(淤积)现象。因此,严格的单向变形是不存在的。复归性变形则是指河床在一定时期内处于淤积(冲刷)变形发展状态,而后一定时期内又处于冲刷(淤积)变形发展状态,如此周期性往复发展的演变现象。

　　(三)按河床演变的影响范围分类

　　按河床演变的影响范围分为长河段变形和短河段变形。长河段变形是指河床在较长距离内的普遍冲刷或淤积现象。短河段变形是指在较短距离内局部河床的冲淤变化。同时,在各种局部水流条件的影响下,还会出现各种形式的局部变形。

上述各种变形往往错综复杂地交织在一起,再加上各种局部变形,构成了复杂多变的河床演变现象。

水流与河床的相互作用是以泥沙为纽带进行的,河流来水来沙的不恒定性或河道受到人工干扰时都会引起河床发生变化。影响河床演变的主要因素有:

(1)河段进口的来水来沙条件,包括来水量、来水过程、来沙量、来沙过程及来沙组成。

(2)河段出口的条件,即河段出口的水位—流量关系。

(3)河段所在河谷的地质地貌情况,包括河道形态、河道比降等。

(4)人类活动。

河段进口的来水来沙条件是一个决定性的因素,它和河段出口条件构成了来沙量与挟沙能力之间的对比关系。这种对比关系影响河床的变化,而河床的变化又会影响它们之间的对比关系。所以,各因素之间的内在联系异常复杂,由它们决定的河床演变过程也随之复杂多变,使得不同的河流乃至同一河流的不同河段、不同时期的演变过程也各具特色。尤其是人类活动对河流系统的影响日益显著,对河床演变的影响也日趋严重。例如,大型水利枢纽工程、引水工程等建筑物的修建,改变了天然的来水来沙条件和出口的河床边界条件,致使下游河床演变受控于工程的运用方式。在这些情况下,人类活动变成了影响河床演变的主要因素。

二、平原河流河床演变特点

冲积平原河流按照平面形态和运动特性分为四种河型:顺直型、弯曲型、分汊型和游荡型。顺直型河段是最简单的河型,且往往与其他河型的河段连在一起,并受其影响。

(一)弯曲型河段

弯曲型河段是冲积平原河流中常见的一种河型。由于河岸的抗冲能力较强,且具有可冲性河段,所以河道蜿蜒曲折。在国外,美国的密西西比河下游以典型的弯曲型河段著称于世;我国长江下荆江河段也素有"九曲回肠"之称,如图7-1所示。

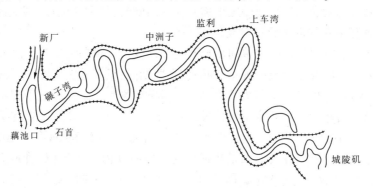

图 7-1　长江下荆江弯曲型河段

1. 弯曲型河段特性

1) 平面形态

弯曲型河段是由一系列具有一定曲率而正反相间的弯道和较顺直的过渡段衔接而成的,可用河湾半径 R、河湾中心角 θ、河湾摆幅 T_m 等来描述其平面特征,如图 7-2 所示。

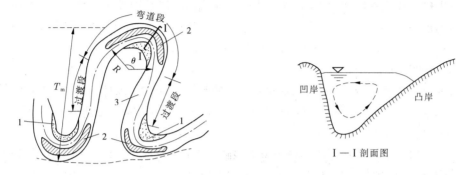

1—边滩;2—深槽;3—过渡段浅滩

图 7-2　弯曲型河段平面图

弯曲型河段以上、下两个过渡段中点为标准,沿河槽的曲线长度与两点间的直线长度之比称为河湾的曲折系数。曲折系数越大,其弯曲越甚。

2) 弯曲型河段横断面形态

弯道段河床横断面呈不对称的三角形,凹岸水深坡陡、凸岸水浅坡缓;过渡段横断面呈不对称的抛物线形或梯形。

3) 弯曲型河段纵断面形态

河床纵断面沿程深槽(河湾段)与浅滩(过渡段)的深泓高程(河道每个横断面最低点连线高程)一般不相同,具有波浪起伏的形态特征。

2. 弯曲型河段的水沙特性

1) 水流运动特点

由于弯道的存在,水流受到重力和离心惯性力的双重作用,结果产生从凹岸指向凸岸的水面横比降和弯道横向环流运动,环流上部指向凹岸、下部指向凸岸,见图 7-2。一般横比降在弯顶附近最大,向上、下游两个方向逐渐减小。弯道内横向环流与纵向流动合成就形成了螺旋流。

弯曲河道主流线位置具有很强的规律性。主流线在弯道进口段附近偏靠凸岸;进入弯道后,主流线则向凹岸偏移,到达弯顶稍上部,偏靠凹岸而行。主流逼近凹岸的位置叫顶冲点。自顶冲点以下相当长距离的弯道内,主流紧贴凹岸而行,然后逐渐脱离。

弯道段主流线的另外一个特点是"低水傍岸,高水居中",即"低水走弯,高水走滩"。顶冲点的位置则出现"低水上提,高水下挫"的特点,也就是低水时顶冲点位置在弯顶附近或弯顶稍上,高水时顶冲点则在弯顶以下。

2) 泥沙运动特点

由于弯道内水流为螺旋流,表层含沙量较小的水流冲向凹岸并潜入河底,同时从凹岸挟带大量泥沙斜向流往凸岸,泥沙向凸岸不断输移,造成凹岸冲刷、凸岸淤积,形成弯曲型河段横向输沙不平衡。

　　3. 弯曲型河段演变特点

　　横向输沙不平衡是引起弯曲型河段河床演变的根本原因。演变的主要特点如下:

　　(1)凹岸崩退、凸岸淤长。

　　由于横向环流的作用,表层含沙量小的水流流向凹岸并造成凹岸冲刷,加之纵向水流对凹岸的顶冲,使横断面变形的结果是凹岸不断坍塌后退形成深槽陡岸;坍塌下来的泥沙被底部水流带往凸岸,使凸岸不断淤积前进形成平缓边滩。

　　(2)洪冲枯淤。

　　河道纵向变形是弯道段洪水期冲刷、枯水期淤积,而过渡段则相反。年内这种冲淤量虽然不能达到完全平衡,但就较长时期的平均情况而言,纵向输沙是基本平衡的。

　　(3)发展与蠕动。

　　由于凹坍凸淤及弯道顶冲点向下游的移动,弯曲型河段弯道的平面变化表现为弯曲程度加剧,河湾不断发展而扭曲,且向下游缓慢弯曲蠕动。

　　(4)弯道消长。

　　当弯道急剧发展形成曲率较大的锐弯或狭颈时,如遇大洪水漫滩就可能将其冲开,发生自然裁弯现象。裁弯后,老河的淤积发展过程相当快。初期由于流量减小,流速减缓,水流挟沙能力迅速降低,使老河沿程普遍淤积,但弯道仍然洪冲枯淤。当分流比小于 0.5 时,即转化为单向淤积过程。末期,老河由于上下口门泥沙淤积而断流,形成牛轭湖,最终趋于消亡。

　　裁弯后初期,新河由于比降大,且引入的是表层水流,沙少而细,故水流挟沙能力很大,使新河很快被冲深拓宽,发展迅速;随着新河的发展,比降被逐渐调平,则断面不断扩大并且形成不对称三角形,同时向凹岸单侧展宽,凸岸出现淤积现象,新河逐渐形成弯道;当比降调平接近完成时,新河的演变与一般弯道的演变规律相似,河床平行向凹岸方向移动。

　　裁弯后,老河道淤废,可能形成牛轭湖;新河发展成为主河道,又会向弯曲方向发展。这种发展和消亡的演变过程在弯曲型河段是普遍存在的。

　　(二)分汊型河段

　　分汊型河段一般位于河流的中下游比较宽阔的河谷中,通常沿岸组成物质不均匀,且在河段的上游往往有比较稳定的河道边界或有节点控制,并且流量变幅不大、含沙量不大。这种河型在我国黑龙江流域的松花江、珠江流域的北江、东江和长江中下游都广泛分布。

　　1. 分汊型河段的平面形态

　　分汊型河段平面形态有三类:顺直型分汊(各股汊道都较顺直)、微弯型分汊(至少有一个汊道弯曲系数较大)和鹅头型分汊(平面上呈鹅头状),如图 7-3 所示。

　　分汊型河段的中水河槽呈宽窄相间的藕节状,宽段常有一个或多个江心洲将水流分成多汊;窄段为单一河槽。在分流区和汇流区常有环流存在,且断面多呈中间部位凸起的马鞍形;分汊段则为江心洲分隔的复式断面。

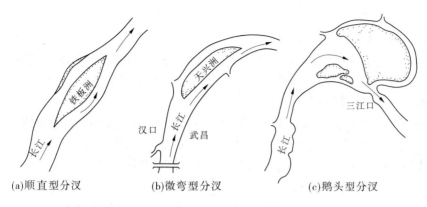

(a)顺直型分汊　　　(b)微弯型分汊　　　(c)鹅头型分汊

图 7-3　分汊河道的类型

2.分汊型河段的演变特点

1）洲滩的移动与分合

洪水漫过江心洲时,由于洲面水深小、流速低,一部分悬移质泥沙在其上淤积,使洲面不断淤高。江心洲头部由于水流的顶冲和分流区环流的作用不断崩塌后退;尾部在螺旋流作用下淤积延伸,整个江心洲缓慢向下游移动。在移动过程中,往往通过几个江心洲的合并,体积不断扩大;遇大水时,大的江心洲也可能被水流冲开,分成几个较小的江心洲。随着汊道的衰亡,江心洲靠向一岸转化为河漫滩。

2）汊道的兴衰和交替

汊道中具有微弯的外形者,往往因分流比小、分沙比大而逐渐衰弱;而直汊道则趋于发展,甚至成为主汊,发展成为单一河道。但这种局面往往是暂时的,由于主汊的不断展宽,又会在江中淤积成江心洲,形成分汊河道;汊道形成之后,又会进行新的一轮演变。演变的过程见图7-4。

（三）游荡型河段

1.游荡型河段特性

游荡型河段一般比较顺直,长距离呈藕节状,即宽窄相间,呈现"宽、浅、散、乱"的特点,即河床宽浅、沙滩密布、汊道交织、水流湍急而散乱。

图 7-4　陆溪口汊道演变

2. 游荡型河段的演变特点

1) 年内冲淤变化

游荡型河段年内的冲淤变化一般是汛期槽冲滩淤,非汛期槽淤滩冲。汛期时,含沙量较大的水流自主槽漫入滩地,在滩地上落淤,水流的含沙量减小,加之汛期水流流速较大,主槽水流挟沙能力较大,致使主槽冲刷。

非汛期主流归槽,但因流量小、挟沙能力小,加之滩坎被冲刷坍塌下来的泥沙,促使主槽淤积;滩地横向坍塌后退,每经过一个汛期,洪水漫滩,滩面就会抬高。一年内反复如此,在长时间内,表现为主槽和滩地淤积抬高,滩槽高差变化不大。

2) 游荡型河段平面变化规律

游荡型河段主流摆动不定,摆幅大,导致河势变化剧烈。表现如下:

(1) 河床淤积抬高,主流夺汊。在汊沟纵横、沙滩密布的河槽中,主流流经的河槽较低,由于泥沙的淤积,河床抬高,水位抬高,水流流向较低汊道。一场大水便可改流汊道,原主汊逐渐淤塞。

(2) 洪水漫滩,主流易道。洪水漫滩时,水面坡降大,水流冲刷能力大,易切滩冲出一条汊道,使其逐渐成为主河道。

(3) 洲滩移动,主流变化。河床泥沙颗粒较细,且河床中沙滩密布,在较强水流作用下,冲刷下移,变化迅速,同时会使主流发生变化。

(4) 上游主流方向改变。由于某种因素引起的上游主流方向变化,势必影响下游主流的流向,造成河床的改变。

3) 宽窄相间的游荡型河段对水流的影响

宽河段,沙滩密布,汊道交错;窄河段,水流顺直而集中,起着控制河势变化的作用,一般可使下游主流比较稳定,这样的狭窄段被称为节点。图7-5所示即为汛期游荡型河段的演变过程。

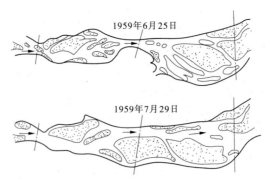

1959年6月25日

1959年7月29日

图7-5　黄河花园口游荡型河段的演变过程

总之,游荡型河段易冲易淤,河床演变复杂多变,给河床变形预测和控制带来了较大的难度,也是河道整治的难点所在。因此,必须进行彻底的治理。

任务二 河道治理工程

一、河道整治规划

河道整治是人类为了满足社会发展中的某些要求而对天然河流进行的改造、治理。河道整治规划为一个长期目标的规划，是流域规划的一个组成部分，包括防洪、航运、灌溉、河渠稳定、环境平衡等与水沙调节相关的一系列整治目标的规划。

(一) 河道整治规划的原则

不同的河流、不同的河段在不同时期整治的目的不尽相同，因此河道整治规划必须从宏观、全局、长远的发展目标出发，全方位考虑沿河上下游、左右岸人类活动对河流的影响与要求，结合河道的发展与演变规律，制定出切实可行、经济合理、体现整体利益的河道整治规划。

河流治理涉及面广，不同整治目的对河道整治有不同要求。防洪要求每一河段必须有足够的泄洪断面，且河道顺畅无过分弯曲和过分束窄段，同时河岸线稳定，以确保通过相应的洪水和承受相应的水位，保证为增加泄洪断面而修筑的堤防工程的稳定与安全。航运要求深槽稳定，水流平顺无险恶流态，具有足够的航宽、通航水深和流速。取水口对河道的要求是取水工程所在的河道稳定，无严重的淤积和冲刷，引水的质和量应满足要求。河道稳定，水流比较平顺，无严重折冲水流冲刷河床是桥渡对河道的要求。

同时，河流具有自我调节的功能，它的演变与发展遵循着一定的规律。因此，根据河势的发展和经济发展的需要，制定科学的整治规划，才能对整治工程措施做出合理安排。

河道整治规划必须遵循的原则是全面规划、综合治理、因势利导、因地制宜。全面规划就是要有全局观点，对河道上下游、左右岸、干支流等各方面的要求通盘考虑，合理解决各方面的矛盾，使整体效益最大。综合治理是指对不同河段、不同目的的整治要求，结合本河段的特点，分清轻重缓急，兼顾各方面的要求进行河道的整治，以求效益最大。因势利导是针对河流在发展中的演变规律，提出适宜的整治规划，以利各方面的要求。根据河道发展的趋势，抓住有利时机及时整治，兴利除弊。因地制宜则要求在制定河道整治规划时，一定要根据本河流、本河段的形态、特性和发展演变规律，结合上下游、左右岸的要求和整治目标，有步骤、有阶段地对重点河段进行整治，由点至线，逐渐形成整体。根据当地的适宜情况采取有效的整治措施来整治建筑物，合理布置，切不可生搬硬套其他河流和其他整治工程的形式。

河道整治规划不仅要着眼于现状，也要放眼于今后的发展与变化，这样才能提出一个各方面都能接受的总体规划。

(二) 河道整治规划的内容

河道整治规划应该包括整条河流或某个较长河段的河势控导规划和一些重点部位的局部整治工程规划。具体内容包括以下几个方面。

1. 分析河道特性

分析河流的地质、地理地貌和水文泥沙等影响河床演变的各种因素，综合研究它们之间的联系,找出河道发展趋势、演变规律及影响本河段河势的关键因素。对于河道上已建有调水调沙工程、河道整治工程、支流汇入等造成输水输沙情况的改变,必须引起足够的重视,在分析中应予以详尽的研究。对于河道特性分析所采用的分析方法,应根据河段的重要程度和实际情况具体选用,以期得到正确的河势、河道发展规律。

2. 确定河道整治方案

根据河道整治规划及其整治原则和整治目的,确定所采用的工程措施和有关的设计参数。河道整治方案包括指定河流或河段的整治程序、整治工程的整体布置、局部整治建筑物的结构形式,并根据所采取的工程措施预估河流可能产生的反应,据此修改整治设计方案以达到满足各方面对整治要求及与自然的协调,编制河道整治设计方案报告和整治工程的投资概预算报告。

(三) 造床流量与河相关系

河床处于不变形的输沙平衡状态是相对的。这种相对不变的平衡状态虽然不是一成不变的,但就来水来沙条件和地质条件而言,它是一种具有代表性的、稳定的形态,也是冲积河流河道整治的依据。

1. 造床流量

来水来沙的大小及其过程直接影响河床的演变。对于相对平衡的河流,可以用某一恒定流量来代替它的变化过程,这个特征流量称为造床流量,在该流量的作用下所塑造的河床与天然造床过程的结果完全一样或相当,即造床作用相当于多年流量过程的综合造床作用的流量为造床流量。在自然条件下,河道枯水期的流量作用时间长,但流量小,故造床作用小;洪水期的流量大,造床作用也大,但时间短,且洪水漫滩后,水流分散,造床作用降低;当水位达到平滩水位时,流量大而集中,且平滩流量出现的概率大,所以综合造床作用是最大的。因此,一般把水位与河漫滩滩面齐平时所对应的流量作为造床流量,这种方法称为平滩流量法。由于造床流量在河道整治工程设计中是一个重要参数,往往需要通过多种方法综合分析确定。

2. 河相关系

能够自由发展的冲积平原河流的河床,在水流的长期作用下,有可能形成与所在河段具体条件相适应的某种平衡形态,表示河道形态(河床形态的因素:河宽、水深、比降等)和来水来沙条件(水力泥沙的因素:流量、含沙量、粒径等)、河床地质条件的特征物理量之间存在函数关系,这种关系称为河相关系。

在工程中,常常只考虑造床流量下的形态,目的是利用这些较稳定的形态关系去整治河道,使整治后的河道能够相对稳定。河相关系是河道整治的主要依据。

河道水面宽度与水深之间的关系称为横断面河相关系。把河流纵断面沿程的变化规律称为纵向河相关系。天然河湾在水流与河床的长期作用下,所具有的平面形态特征称为平面河相关系。

3. 河床稳定性

河床稳定与否取决于水流对组成河床的泥沙的作用情况。如果水流较急,床沙较细,河床则不稳定;反之,河床较稳定。

水流对河床泥沙的拖曳力与床面泥沙抵抗运动的摩阻力之间的相互作用决定着河床

的纵向稳定性。河床的横向稳定性取决于河流主流的走向和岸壁土壤抗冲能力的大小。如果将河床的纵向、横向稳定性综合考虑来确定河床的稳定程度,则称为综合稳定性。

(四)河道整治规划设计的主要参数

河道整治规划设计的主要参数有设计水位及设计流量、设计河宽和治导线。

1. 设计水位及设计流量

在河道整治规划中,相应于不同整治河槽对应有不同的设计水位和设计流量。

1)枯水河槽的设计水位及设计流量

枯水河槽的治理主要是保证枯水期的航运和取水所需的水深和流量。枯水河槽的整治一般限于过渡段即浅滩的整治。浅滩常造成航深不足,而且可能由于滩地的崩塌引起引水口脱溜而不能正常引水。一般确定这一河槽整治相应的设计水位、设计流量的方法有:

(1)由长系列日平均水位的某一水位的保证率来确定,保证率一般采用90%～95%。

(2)采用多年平均枯水位或历年最枯水位作为枯水河槽的设计水位,其相应的流量为枯水设计流量。

2)中水河槽的设计水位及设计流量

中水河槽是在造床流量作用下形成的,因此设计流量即为造床流量,相应于造床流量下的水位即为中水河槽的设计水位。在此流量下的造床作用是最大的,它与河床演变、河势的发展及河道的整治关系都很密切。

3)洪水河槽的设计水位及设计流量

洪水河槽主要是从宣泄洪水的角度来考虑的,设计流量根据某一频率的洪峰流量来确定,其频率的大小根据保护区的重要程度而定。相应于设计流量下的水位即为洪水河槽的设计水位。

2. 设计河宽

天然河道的横断面是在水流与河床的相互作用下形成的,存在着一定的河相关系。在河道整治过程中,通过治导线控制横断面尺寸,而控制的横断面尺寸往往只限于河宽。设计河宽是河道整治后相应于特征水位下的水面宽。

1)枯水河槽设计河宽

枯水河槽设计河宽是为满足航运要求,一般只限于过渡段即浅滩的设计。采取浅滩疏浚工程挖出碍航部分的泥沙、河岸突嘴与石嘴,保持和增加航宽和航深。所需的航宽和航深按航运部门的要求而定。

2)中水河槽设计河宽

中水河槽主要是在造床作用下形成的,其设计河宽是河道整治后与设计流量(造床流量)相应的直河段宽度,也叫整治河宽。一般通过实测资料分析得出的经验公式确定。

3)洪水河槽设计河宽

洪水河道横断面尺寸主要从能宣泄洪水的角度来考虑。由于洪水经过时,水流漫滩,造床作用不显著,洪水河床的宽度与深度之间无显著的河相关系。洪水河槽的设计河宽取决于设计洪水流量和堤防之间的距离。

3. 治导线

1) 治导线概念

治导线又名整治线,是河道经过整治后,在设计流量下的平面轮廓,也是整治工程体系临河面的边界连线。治导线一般用两条平行线表示,它给出了流路的大体平面位置,而不是某河段固定的水边线。治导线是布置河道整治建筑物的依据。

相应于不同的设计流量,有不同的治导线。对应于设计枯水、中水、洪水流量,有枯水、中水、洪水治导线。其中,中水治导线在河道整治中具有重要的意义,它是与造床流量相对应的经过整治后的河槽的治导线,反映了中水流路。如果控制了中水河槽及这一时期的水流,则一般就能控制整个河势的发展,稳定河道。

2) 治导线规划设计

治导线的形式是从河道演变分析中得出的,一般为圆滑的曲线,曲率半径是逐渐变化的,曲线和曲线之间连以适当的过渡直线段。曲线形式有单一圆弧形、双圆弧形和三圆弧相切而成的复合圆弧形。

治导线主要设计参数包括设计流量(造床流量)、设计水位(设计流量下当年当地水位)、设计河宽(整治河宽)、排洪河槽宽度(排洪河宽)及河湾要素。河湾要素包括弯曲半径 R、中心角 φ、过渡段长度 L、河湾跨度 L_m 及摆幅 T_m,可根据有关经验公式确定。一般治导线河湾形态见图7-6。

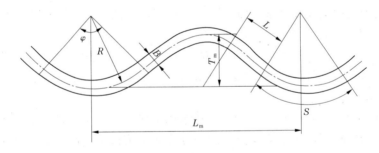

图 7-6 一般治导线河湾形态

治导线拟定是一项相当复杂的工作。首先,要清楚河势变化、弯道之间的关系,根据设计河宽、河湾要素之间的关系并结合丰富的治河经验,在充分了解河段两岸国民经济各部门对河道整治要求的基础上,由整治河段进口至河段末端绘出治导线;其次,检查、分析各弯道形态、上下弯道之间关系、控导河势的能力,已建工程利用程度以及对国民经济各部门照顾程度等,论证拟定治导线的合理性;最后,随着时间的推移,考虑河势的变化及国民经济各部门要求的变化,几年后还要对治导线进行调整。一个切实可行的治导线往往需要若干次调整后才能确定,甚至需要模型试验进行验证。

二、河道整治建筑物

河道整治工程是为稳定河槽、缩小主槽游荡范围、改善河流边界条件及水流流态采取的工程措施。要实现河道整治的目的,需要采取工程措施,即在河道上修建工程建筑物。凡是以河道整治为目的所修建的建筑物,称为河道整治建筑物,简称整治建筑物或河工建筑物。

(一)整治建筑物材料

常用的整治建筑物材料有竹、木、苇、梢等轻型材料,土、石、金属、混凝土等重型材料。金属包括铅丝笼、钢丝网罩等。除金属、混凝土中的水泥外,其他材料可在当地获取,并且应优先选择当地材料。上述的各种建筑材料,有的可以直接用来修筑整治建筑物,有些是用来制成修建整治建筑物的构件。

1. 传统材料

(1)梢龙。由梢、秸、苇和毛竹等材料用铅丝捆扎而成。细长者称为梢龙,短粗者称为梢捆。梢龙主要用于扎制沉排和沉枕,梢捆用于做坝和护底。

(2)沉枕。用梢料层或苇料层做外壳,内填块石和淤泥,束扎成圆形枕状物,用于护脚、堵口和截流等。

(3)杩权。是用三根或四根直径 12~20 cm、长 20~60m 的木头扎成三足架或四足架(每两足之间用撑木固定),可用作水工建筑物的施工围堰,临时调节水量的拦河堰等。著名的都江堰工程用其修建了不透水的临时拦水坝和导水坝。

(4)石笼。用铅丝、木条、竹篾和荆条等材料制成各种网格的笼状物,内填块石、砾石,多用于护脚、修坝、堵口和截流。

(5)沉排。沉排又叫柴排、沉褥,是用梢料制成的大面积排状物,用块石压沉于近岸河床之上,来保护河床、岸坡免受水流淘刷。沉排护脚的优点是整体性好和柔韧性强,能适应河床变形,且坚固耐用,具有较长的使用寿命。

(6)编篱。在河底上打木桩,用柳枝、柳把或苇把在木桩上编篱。如果为双排或多排编篱,篱间可填散柳、泥土或石料,缓流落淤效果好。

2. 土工合成材料

近年来,新材料不断被用于河道整治建筑物中。作为崭新的土工建筑材料——土工合成材料应用的历时虽短,发展却极为迅速。土工合成材料主要有土工织物、土工膜、土工格栅、土工格室和土工模袋等。

(1)土工织物。也叫土工布,是一种透水材料,分为织造(机织)型土工织物和非织造型土工织物。织造型土工织物又称有纺土工织物,采用机器编制工艺制造而成。非织造型土工织物又称无纺土工织物,通过黏合工艺加工而成,具有强度高、耐腐蚀、无方向性、渗透性强等特点。

(2)土工膜。是一种人工合成材料。它是聚乙烯或聚氯乙烯、聚丙烯等高分子材料,加入增塑剂、防老化剂及其他填充材料,经喷塑或压延形成,是坝、闸理想的防渗材料。

(3)土工格栅。是经冲孔、拉伸而成的带长方形孔或方形孔的板材。其强度高而延伸率低,因此是加筋的好材料。

(4)土工格室。是由强化的高密度聚乙烯宽带,每隔一定间距以强力焊接而形成的网状格室结构。格室张开后,可填以土料。用于软弱地基、沙漠固沙和护坡等。

(5)土工模袋。是由上下两层土工织物制成的大面积连续带状材料,袋内充填混凝土或水泥砂浆,凝固后形成整体板,可用于护坡。

在河道整治中使用土工合成材料时,要了解其抗拉强度、顶刺破强度、孔隙率、渗透特性及耐久性等性能指标,使土工合成新材料在河道整治中发挥更大的作用。

(二)整治建筑物分类

1.整治建筑物的类型

按照建筑材料和使用年限,其可分为轻型(临时型)整治建筑物和重型(永久型)整治建筑物。轻型(临时型)整治建筑物是由轻型材料(竹、木、苇、梢等)修建的,抗冲和抗朽能力差,使用年限短。重型(永久型)整治建筑物是由重型材料(土、石、金属、混凝土等)修建的,抗冲和抗朽能力强,使用年限长。新型材料修建的河道整治建筑物多采用土工织物(又称无纺布)修建,其抗冲、抗朽能力和使用年限介于轻型建筑物和重型建筑物之间。选择整治建筑物的类型应根据整治建筑物的使用寿命,所处位置的水流、泥沙、气候和环境条件,材料来源,施工条件、施工技术和施工期等情况来确定。

按照整治建筑物的作用,其可分为护坡建筑物、护底建筑物、环流建筑物、透水建筑物和不透水建筑物。直接在河岸、堤岸、库岸的坡面、坡脚和整治建筑物的基础上用抗冲材料做成连续的覆盖保护层,用以防御水流冲刷的一种单纯防御性工程建筑物称为护坡、护底建筑物。用人工的方式激起环流来调整水、沙的运动方向以达到整治目的而修建的建筑物叫作环流建筑物。透水建筑物是指本身透水的整治建筑物;不透水建筑物是指本身不允许水流通过的整治建筑物。这两种建筑物对水流都起导流和挑流的作用,但透水建筑物还有缓流落淤的作用,只是挑流、导流作用比不透水建筑物弱一些。选择时应根据当地的建筑材料和整治目的确定整治建筑物的类型。

按照整治建筑物与水位的关系,其可分为淹没整治建筑物和非淹没整治建筑物。淹没整治建筑物是指在一定水位下可能遭受淹没的建筑物;在各种水位下都不会被淹没的整治建筑物,则称为非淹没整治建筑物。

按照建筑物的外形(作用),将整治建筑物分为坝、垛(矶头)类和平顺护岸类。由于它们的形状不同,因此所起的作用也不同。一般枯水整治常用丁坝、顺坝、锁坝、潜坝;中水整治常用丁坝、垛(矶头)、顺坝等坝类整治建筑物。护岸类工程在中水河槽、洪水河槽整治中都适用。

2.丁坝、垛

1)丁坝的分类

丁坝是河道整治建筑物中最常用的一种,是一端与河岸相连,另一端伸向河槽的坝形建筑物,在平面上与河岸连接成丁字形。丁坝可以束窄河床、调整水流、保护河岸,具有挑流、导流的作用,故又名挑水坝。垛是短的丁坝,轴线长度一般为 10~20 m,导流作用较弱而护岸作用较强,也称为矶头、堆等。垛对来流方向适应广,对水流干扰小,具有削减河势迎托水流的作用,常建在工程的上段。垛的平面形式较多,有抛物线形、鱼鳞形、月牙形等。

丁坝按修建的材料不同分为透水丁坝和不透水丁坝。用不透水材料修建的实体丁坝,其主要作用是挑流和导流,而用透水材料修建的透水丁坝还具有缓流落淤的作用。

按丁坝坝顶高程与水位的关系分为淹没式丁坝和非淹没式丁坝。淹没式丁坝经常处于水下,坝身与河漫滩相连,坝顶高程一般与滩唇齐平,常用于枯水整治。非淹没式丁坝用于中水的整治,其坝顶高程有的高出设计洪水位而略低于堤顶,有的略高于滩面,一般不被洪水淹没,即使被淹没,历时也很短。

根据丁坝对水流的影响程度分为长丁坝和短丁坝。长丁坝坝身较长,不仅能护坡、护岸,还能束窄河床,将主流挑向对岸。短丁坝由于坝身较短,只能局部将水流挑离岸边,迎托水流外移,起护岸、护坡作用。

按照丁坝结构形式分为抛石丁坝、沉排丁坝和土心抛石丁坝。丁坝在平面上呈丁字形,按照丁坝坝轴线与水流方向交角 θ(见图7-7)的大小分为:上挑丁坝 $\theta>90°$,正挑丁坝 $\theta=90°$,下挑丁坝 $\theta<90°$。丁坝轴线与水流的夹角不同,对水流的结构影响不同。对于非淹没式丁坝,当水流绕过丁坝时,上挑丁坝坝头水流流态紊乱,对河床的局部冲刷较强;下挑丁坝坝头水流平顺,对河床的冲刷较弱。对于淹没式丁坝,当水流漫过上挑丁坝时,在坝后形成沿坝身方向指向河岸的平轴螺旋流,将泥沙带向河岸,在靠近岸边附近发生淤积;而水流漫过下挑丁坝时,在坝后形成的水平轴螺旋流方向沿坝身指向河心,将泥沙带向河心,从而使坝后产生冲刷。因此,非淹没式丁坝以选择下挑丁坝、淹没式丁坝选择上挑丁坝较适宜。

2)丁坝、垛的平面形式

丁坝平面由坝头、坝身和坝根三部分组成,如图7-7所示。坝与堤或滩岸连接部分为坝根,坝头是丁坝深入河中前头部分,由上跨角、坝前头和下跨角组成,坝身是坝根与坝头之间的部分,平面形状常采用两条平行线组成的直线形。

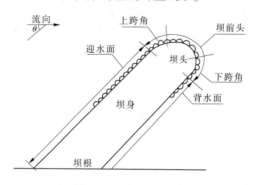

图7-7 丁坝平面组成

丁坝平面形式主要取决于坝头形式,坝头平面形式对流势控制能力、坝身的安全及工程的投资都有影响,研究坝头的平面形式在生产上意义重大。由于历史因素和条件的控制,坝头形态各异,差别较大。目前,采用的坝头形式有圆头形、拐头形、流线形、斜线形和椭圆弧形,见图7-8。

(a)圆头形   (b)拐头形   (c)流线形   (d)斜线形   (e)椭圆弧形

图7-8 丁坝平面形式

圆头形丁坝坝头为半圆,圆的半径为1/2坝顶宽度,能较好地适应各种来流方向,且施工简单,但控制流势的能力差,坝下回流大,多用于工程的上段以适应来流方向;拐头形丁坝坝头有一折向下游的拐头段,迎流条件好,坝下回流小,但坝上游回流大,多用于工程的中下段;流线形丁坝坝头为一条光滑拟合曲线,迎流、送流条件好,坝下回流小,工程耗资少,但施工复杂,坝顶宽度小,抢险后易变形;斜线形坝头由于迎流、送流条件较上述两种差,且易出险,虽施工简单,但已较少使用;椭圆弧形丁坝是一种新型的坝形,坝头有两段椭圆曲线和一段圆弧拟合而成,迎流、导流、送流条件好,易加高,但施工放样复杂,多用于工程下段以增加送流能力。

3) 丁坝的剖面结构

丁坝的剖面是由坝体、护坡和护根三部分组成的。坝体一般用土筑成,在外围用抗冲材料加以裹护,称为护坡。为防止河床冲刷、维护坝体稳定而在护坡下修筑的基础工程称为护根。丁坝的剖面结构形式不同,其坝体、护坡和护根形式也不同。

(1)传统的结构形式。

①抛石丁坝。采用乱石抛堆,表面用砌石或较大的块石抛护。在细砂河床上需用沉排护底,其范围应伸出坝脚一定长度,上游伸出坝脚约 4 m,下游 8 m,坝头部分 12 m。顶宽一般为 1.5~2 m,迎水坡和背水坡边坡系数一般为 1.5~2.0,坝头部分可放缓为 3~5。抛石丁坝较坚固,适用于水深流急、强溜顶冲及石料来源丰富的河段。

②沉排丁坝。是用沉排叠成的,最低水位以上用抛石覆盖,坝根部位要进行衔接处理。坝顶宽一般为 2~4 m,上游边坡系数一般为 1.0,下游为 1.0~1.5。这种结构以往在欧美和我国采用较多,但近年来已被其他材料所代替。

③土心抛石丁坝。采用砂土或黏土料填筑坝体,用块石护脚护坡,沉排护底。不同河段、不同河型、不同作用的丁坝,坝顶宽度不一,顶宽有 3~5 m,也有 10~15 m,用于堆放材料。如为淹没式,尚需护顶。上下游不裹护的土坝坝基边坡系数一般为 2~3,坝头的边坡系数大于 3。丁坝根部与河岸的衔接长度为顶宽的 6~8 倍,其上下游均须护岸防冲,坝脚一般抛投铅丝石笼和柳石枕防护,如图 7-9 所示。

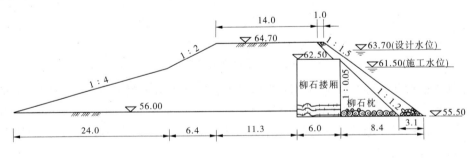

图 7-9　土心抛石丁坝　(单位:m)

(2)新型结构形式。

①钢筋混凝土框架坝垛。采用预制的钢筋混凝土结构组件,其上部为三角形透水框架结构。将其放置在护岸处,具有迎托水流和缓流落淤的作用。

②混凝土透水管桩坝。沿坝轴线按间距 0.7~11 m 单排布桩孔,用潜水钻造深 16~20 m 的孔,然后将长 4~10 m、外径 0.5~0.55 m 的空心钢筋混凝土管用法兰盘、硫黄胶泥或焊接方法依次连接沉入孔内成桩,形成以桩间空隙为 0.2~0.5 m 的透水坝。透水管桩

坝起缓流落淤的作用,其在黄河下游的花园口险工应用中取得了可喜的成果。

4)丁坝护坡

(1)散抛块石护坡。

散抛块石护坡是在已修好的坝体外,按设计断面散抛块石而成。这种护坡坡度缓,坝坡稳定性好,能较好地适应基础的变形,施工简单,险情易于暴露,便于抢护。但坝面粗糙,需要经常维修加固。

(2)砌(扣)石护坡。

砌(扣)石护坡是用石料在坡面上按垂直坡面方向砌筑或扣筑而成的。这种护坡坡度较缓,抗冲能力强,坝体稳定性好,用料较少,水流阻力小;但对基础的要求高,一旦出险,抢护困难。因此,新坝必须在散抛块石护坡经过几年沉蛰及抛石整修,且基础稳定后,才能改做砌(扣)石护坡。

(3)重力式砌石坝护坡。

重力式砌石坝护坡是用石料垒砌成实体挡土墙,在其后密填腹石而成的。它凭借自重来承受坝体的土压力和抵抗水流的冲刷。重力式砌石坝坝坡陡,易于抛石护根,表面平整,砌筑严密,整齐美观。但坝体大,用料多,对基础承载力要求高,见图7-10。

5)丁坝、垛的护根

护根是为了防止河床冲刷,维持护坡的稳定而在护坡下修筑的基础工程,亦称根石。

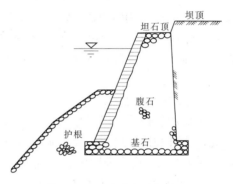

图7-10　重力式砌石坝护坡

一般用抗冲性强、能够较好地适应基础变形的材料来修筑。在修建坝、垛之后,局部水流条件被改变,坝、垛迎水面一侧形成壅水,在其头部产生折向河床的下冲水流,其与环流共同作用使坝头附近受到淘刷,形成椭圆形的漏斗状冲刷坑,如图7-11和图7-12所示。

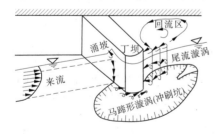

图7-11　丁坝坝前流场及冲刷坑

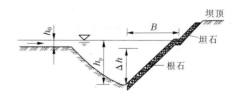

图7-12　稳定冲刷坑及根石

如果冲刷坑不能及时填充、稳固,将导致建筑物破坏。同时,传统的坝、垛的根基是随着水流不断淘刷而逐步加固的,并非在施工阶段即能完成。因此,正确估计冲刷坑可能达到的深度和范围,是确定坝头的防护措施和基础防护范围的依据。

影响冲刷坑大小、深浅的因素很多,主要有单宽流量、来流方向与坝轴线的夹角、坝长、坝型、坝面坡度、河床组成以及水流含沙量等。单宽流量大,冲刷严重;来流方向与坝轴线的夹角大,则壅水高度大,冲刷愈强烈;坝愈长,挑流愈重,冲刷愈强烈;坝头边坡愈陡,折向河底的下冲水流的冲刷力愈大。由于影响因素的复杂性,目前还没有可靠的确定冲刷坑的计算公式。

为了保证坝、垛安全,通常采取的措施是及时向冲刷坑内抛投块石、铅丝笼、柳枕等,将冲刷坑稳定保护起来;或在坝、垛施工期采用土工织物做成软体排覆盖在土基附近的河床上进行保护,这些措施称为护根。

(1)柳石护根。

柳石护根是传统的护根措施,采用材料为柳枕、块石等。坝、垛的根基在施工阶段不可能一次完成,随着冲刷坑的加深扩大,经过多次抢护、抛枕、抛石,逐步形成稳定的护根。

(2)充沙土工织物软体排护根。

土工织物是一种新型的材料,其强度高、柔性好、耐久性好、价格低廉。软体排具有较好的适应变形的能力,能够如影随形地贴附在河床上,使丁坝基础免受水流冲刷,且可一次性做成,是实现新修丁坝少抢险的新型工程措施。

尽管土工织物有其突出的优点,但本身在空气中抗老化的性能比较差,因此充沙土工织物软体排应采取适当的措施进行保护,如采用坦石裹护或采用水土覆盖等,使软体排免于暴露在空气中。

(3)塑料编织袋护根。

塑料编织袋护根是用塑料编织袋装土覆盖于坝前进行水下护根的。它替代了石料,有一定的柔性和适应局部变形的能力,具有较好的应用前景。

(4)化纤编织袋沉排护根。

将1:10水泥土装于长化纤编织袋内,袋与袋之间用化纤绳编网连成一体,做成沉排坝。沉排坝的护根抗冲作用非常明显。

(5)长管袋构筑沉排坝。

用土工织物做成长为60~140 m的长管袋,内填充泥浆,由坝基坡脚生根,垂直铺向河中,管袋下铺一层反滤布。若干个长管袋联结成排体,在水下具有比较好的护根防冲作用。

(6)网罩护根。

网罩护根是防止根石被水流冲走的护根技术。在铺设好根石的坝坡上,铺设铅丝网罩。网罩护根技术整体性强,适应变形能力强,防根石走失效果好,对有根石基础的加固效果显著,其剖面见图7-13。

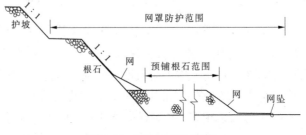

图7-13　网罩护根剖面图

(三) 其他整治建筑物

1. 顺坝

顺坝坝身方向与水流平行,上游坝根与河岸相连,下游坝头与河岸相连或留有缺口。为防止顺坝与河岸间产生纵向水流,引起顺坝内坡脚的冲刷和促进顺坝与河岸之间的淤积,常在顺坝与河岸间修建格坝。顺坝的主要作用是导流、束窄河床和护岸,有时也可做控导工程的联坝。顺坝亦分为淹没式和非淹没式。若整治枯水河床,则坝顶高程略高于枯水位;若整治中水河床,则坝顶与河漫滩齐平;若整治洪水河床,则坝顶高于洪水位。

2. 锁坝

锁坝是一种横亘于河中,在中水位和洪水位时允许水流溢过的坝。锁坝的主要作用是调整河床,堵塞支汊,是堵塞串沟和支汊、加强主流、增加航深的常用整治工程。在枯水期,锁坝具有塞支强干的作用。锁坝是淹没式整治建筑物,因此坝顶应用石料或草皮等材料修筑,以防止冲刷。

3. 潜坝

坝顶高程在枯水位以下的丁坝、锁坝均称为潜坝。一般潜坝建在局部冲刷严重的深潭处,用以增加河床的糙率、缓流落淤、平顺水流。潜丁坝具有保护河底、保护顺坝的外坡脚及丁坝的坝头免受冲刷破坏的作用。在河床较低的河道凹岸,丁坝和顺坝的下面做出一段潜丁坝,可以调整水深和深泓线,见图 7-14。

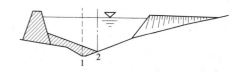

1—原深泓线;2—调整后深泓线

图 7-14 与顺坝相连调整深泓线的潜丁坝

4. 黄河埽工

埽工是我国黄河两岸的劳动人民在治理河流的过程中实践经验的结晶。埽工是以土、石、秸、苇和柳枝等材料,以桩绳为联系的一种河工建筑物。它用来抗御水流的冲刷,防止堤岸坍塌,还可以用来堵覆溃决的堤岸。

黄河埽工的组成特点是"土为肉、料为皮、桩为骨头、绳为筋"。埽工所用的材料如梢秸料,本身具有弹性,修成的整体埽工具有较好的柔韧性能和适应不均匀变形的能力,比块石、混凝土等材料更能适应冲淤河流。同时,埽体糙率较大,可以减缓水流的纵向流速,用于堵决,比石料闭气效果更好。因此,在防汛抢险、截流堵口以及临时性河道整治工程中至今仍被广泛应用。

任务三 防洪工程

我国幅员辽阔,是一个洪涝灾害十分严重的国家。据史书记载,从公元前 206 年至 1949 年中华人民共和国成立的 2155 年间,大水灾就发生了 1 029 次,几乎每 2 年就有一次。洪涝灾害不仅严重威胁着人们的生命和财产,还对社会和经济的发展造成了极大的不利影响,甚至还会造成社会的不稳定。因此,防洪减灾对我国具有重要的现实意义。中华人民共和国成立以来,进行了大规模的水利工程建设,修建了大量的防洪工程,对主要江河进行了治理,初步形成了完善的洪涝灾害防治体系,成效显著。但洪涝灾害目前仍是我国大部分地区经常遭受的主要灾害之一,所造成的损失是第一位的。防洪就是根据洪水规律与洪灾特点,研究并采取各种措施与对策,以防止或减轻洪水灾害的水利工作。

一、洪水和洪水灾害

洪水是暴雨、急骤融冰化雪、风暴潮等自然因素引起的江河湖海水量迅速增加或水位迅猛上涨的自然现象。洪水具有利害两重性,当洪水不太大时,它所挟带的一些营养物质有利于农作物的生长;但是洪水较大时,会威胁人们的生命和财产以及影响社会经济活动,从而造成灾害。

由于我国的地形和气候特点,中东部地区一般为河流的中下游,洪水频繁,易产生洪水灾害,这部分地区的洪水灾害主要由暴雨和沿海风暴潮形成,加之这部分地区经济发达,洪水造成的损失严重,是江河治理和防洪的主要地区;西部地区主要由融冰化雪和局部地区暴雨形成混合型洪水,洪水灾害较少,且由于该地区人口少、经济欠发达,因此洪灾所造成的灾害较小,频次也较少,但对局部地区可能造成严重损失;此外,在北方某些地区,冬季可能出现冰凌洪水,对局部河段造成灾害。

二、防洪规划

防洪建设首先要进行防洪规划,根据当地河流流域的地理和社会情况,并考虑洪水规律、洪灾特点、工程现状、地区内经济发展情况及重要性、河流下游情况等问题,按照国家的方针政策和对防洪工作的要求,制定出合理的防洪标准和防洪方案,以指导日后的防洪工程建设。

防洪方案包括工程措施和非工程措施。工程措施是防洪减灾的基础,通过工程建筑来改变不利于防洪的自然条件。防洪工程措施包括筑堤防洪、河道整治、分洪工程、蓄洪和水土保持等,通过这些工程措施可以拦蓄洪水、扩大河道泄量、疏浚洪水,从而达到减轻洪水灾害的目的;防洪非工程措施主要指洪水预报和警报、洪水风险分析、防洪区管理等,通过这些措施可以预报或避开洪水的侵袭,更好地发挥工程措施的作用,减轻人民群众生命财产的损失。根据国家批准的防洪规划,进行防洪工程措施建设和防洪非工程措施建设。

三、防洪工程措施

(一)筑堤防洪

筑堤防洪是平原地区历史最悠久的防洪措施,堤防又是现代江河防洪工程体系的重要组成部分,是防止洪水泛滥、增加河道泄量的基本措施。由于一些大江大河至今还没有建成对下游防洪起决定性作用的控制性水库,在这些河道上,堤防在防洪工程体系中仍起着主要作用,也是汛期主要的防守对象。防洪堤的作用是保护河流两岸平原洼地的农村和城市,使它们不受洪水淹没;防洪堤一方面扩大了河道的过水断面,增加了泄水能力,另一方面增加了河道本身的蓄水容积;此外还可约束水流、稳定河床。

按堤坝的作用或功能可分成江河堤防、湖泊围堤、圩垸围堤、城市防洪堤。按堤身材料又可分为土堤、石堤、混凝土堤、钢筋混凝土防洪墙等。

土堤造价低、便于就地取材,应用最广。土堤按其填筑方法又分为在陆地上用人工或机械填筑和压实的土堤及用挖泥船筑填的土提;石堤大多用于堤防的面墙,如洪泽湖大堤的石工面墙就是用条石浆砌的,四川鳃江堤防大部分面板是卵石浆砌的;混凝土堤在我国一般用得较少,混凝土也往往只用于表层,北京郊区永定河左堤就是混凝土面板护堤;钢筋混凝土防洪墙一般多用于城市防洪墙,以减小堤身断面和减少占地。

堤防工程形式的选择应按照因地制宜、就地取材的原则,根据堤段所在的地理位置、重要程度、堤址地质、筑堤材料、水流风浪特性、施工条件、运用和管理要求、环境景观、工程造价等因素,经过技术及经济比较,综合确定。

(二)河道整治

河道整治是为扩大河道的过水能力,使洪水能畅通下泄,而进行的河道整治工作。

(三)分洪工程

分洪工程是通过工程建筑物调节径流的方法。把超过河道安全泄量的洪峰分流到其他河流、湖泊或海洋,称为减洪;也可把超过河道安全泄量的洪峰暂时分泄在河道两岸的适当地区,待洪峰过后,再流入原河道,称为滞洪。分洪建筑物有分洪闸、分洪道、泄洪闸、分洪区围堤。

1. 减洪工程

减洪工程的形式有减流工程及改流工程。

(1)减流工程。是在平原河道的适当位置建分洪闸,开发新河,使原河道无法安全宣泄的洪水直接入海、入湖,如图 7-15 所示。这种形式多用于处于河道下游入海口处的地区,特别是当河道上游流域面积大,而入海河道又比较小,洪水溢流出槽,严重威胁下游地区安全时,采用这种形式更为适宜。

(2)改流工程。是把原河道无法安全宣泄的洪水,经由引河引入邻近的其他河流,而这部分水流不再流入原河道,以减轻原河道下游的负担,如图 7-16 所示。这种形式多用于在平原河道附近有泄洪能力较大河道的情况下。

图 7-15　减流示意图

图 7-16　改流示意图

2. 滞洪工程

滞洪工程是在河流上建闸,由分洪闸或分流渠将洪水引入湖泊、洼地,待洪峰过后,再汇入原河道,如图 7-17 所示,这种形式应用广泛。

我国黄河、长江中下游都设有分洪区,工程效果十分显著,如图 7-18 所示。

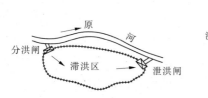

图 7-17　滞洪示意图

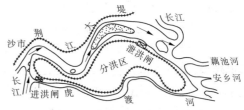

图 7-18　荆江分洪工程

(四) 蓄洪

利用水库或湖泊洼地来调蓄洪水,防止洪水灾害的的措施称为蓄洪。

水库是一种重要的防洪工程。水库一般还具有发电、供水、旅游、养殖等综合效益,但防洪往往是水库的首要任务。根据事先制定的调度办法,水库可以调蓄入库洪水,降低出库洪峰流量,或错开下游洪水高峰,使下游被保护区的河道流量保持在一定的安全限度之内。

山丘区往往是暴雨洪水的主要发源地,水库也大都修建在河道的上中游山丘区,水库库容一般受淹没损失和移民安置的限制。在平原地区也有修建水库的,平原水库大都是在湖泊洼地周围加筑堤防而形成的。

许多江河的洪水威胁必须通过修建水库才能缓解和消除。尤其是能在河道上找到优越的地理位置,修建控制性水库,就可以对流域防洪起到关键性作用,大大提高下游的防洪标准。

(五) 水土保持

防治江河洪水,应当保护、扩大流域林草植被,涵养水源,加强流域水土保持综合治理。搞好水土保持,把工程措施与生物措施紧密结合起来,不仅可以保护和合理利用当地水土资源,改变水土流失地区的自然和经济面貌,建立良好的生态环境,而且对下游江河防洪和减少泥沙淤积有积极作用。

江河防洪工程是一个巨大的系统工程。防治江河洪水,应当蓄泄兼施,充分发挥河道行洪能力和水库、洼淀、湖泊调蓄洪水的功能,加强河道防护,因地制宜地采取定期清淤疏浚等措施,保持行洪畅通。河道堤防是江河防洪工程系统中的基础措施;水库可以拦蓄洪水、削减洪峰,对下游防洪有不同程度的控制作用,提高下游防洪能力,除害结合兴利;蓄滞洪区在江河防洪系统中是对付较大洪水的应急措施,在一般常见洪水时并不使用。

四、防洪非工程措施

所谓防洪非工程措施,是通过法令、政策、经济手段和工程以外的其他技术手段,以减少洪灾损失的措施。防洪工程措施是按照人们的要求采取工程手段去改变洪水的特征、洪水的时空分布,以防治和减少洪水所造成的灾害,又称为改造自然的措施。防洪非工程措施并不去改变洪水的天然特性,而是去力求改变洪水灾害的影响,以达到减少损失的目的,又可称为适应自然的措施。

防洪非工程措施的基本内容大体可概括为洪水情报预报和警报、洪水风险分析、防洪区管理、洪水保险、防洪抗洪等。

（一）洪水情报预报和警报

在洪水到来以前及时收集各种防洪信息，准确地进行洪水预报，及时发布防洪警报，可使防洪工作主动、有序地进行，这是一项很重要的防洪非工程措施。

1. 防洪信息的收集和监视

将分散在各地的有关防洪的信息，正确、及时地收集到各级防汛指挥部门并随时进行监视。防洪信息包括天气、水文（雨情、水情）、工情信息、防洪现场信息、洪水泛滥区及其受灾信息等。防洪信息收集后，必须进行翻译、整理、加工，制成各种图表，使其比较直观地监视各类防洪信息的变化和发展的趋势。

2. 洪水预报

洪水预报是防洪决策的科学依据之一。洪水预报必须做到正确、及时（要有有效的预见期）。正确的调度都是依赖正确、及时的水情预报和反馈的信息。

3. 防洪警报

防洪警报主要是对可能受淹地区的居民发出警报并进行有计划、有组织地转移。

预报的关键问题是预报的精度和准确性。预报的目的是及早做好各种准备工作，如提前疏散群众、转移物资、加固必需的工程等。

（二）洪水风险分析

洪水风险分析是指在防洪措施中引进概率的概念，定量地估计某地出现某种类型洪水的可能性，也可做超长期洪水预报（概率预报）。这既是防洪问题的一种战略评价，又是一项防洪非工程措施。

洪水风险分析可使洪泛区居民了解自己所处位置的洪灾风险概率和受灾的严重程度，提高防洪意识；可提高洪泛区管理水平，是洪泛区策划方案及项目设计的重要基础；是洪泛区内进行建设开发可行性的依据，也是防汛调度运用和防洪决策的科学依据之一。

（三）防洪区管理

加强对防洪区特别是对洪泛区和蓄滞洪区的管理，对减少该区域内的洪灾损失作用很大，这也是一项很重要的防洪非工程措施。加强管理主要是搞好政策法规、技术指导和防洪保险系统建设。

对洪泛区和蓄滞洪区都应进行洪水风险分析和绘制出洪水风险图。使该区居民了解自己所处位置的风险概率和可能受灾的程度；在洪泛区、蓄滞洪区内建设非防洪建设项目，应当就防洪建设项目可能产生的影响和非防洪建设项目对防洪可能产生的影响做出评价，编制洪水影响评价报告，提出防御措施；对避洪措施、自适应防洪措施和避水楼房等的结构形式、建筑标准和避水、防水要进行技术指导；要逐步建立起各蓄滞洪区和较大的洪泛区的管理委员会，负责规划实施和管理区内安全建设设施。

（四）洪水保险

洪水保险是按契约方式集合相同风险的多数单位，用合理的计算方式聚资，建立保险基金，以备对可能发生的事故损失实行互助的一种经济补偿制度。实行洪水保险可以减缓受洪灾居民和企业的损失，使其损失不是一次承受而是分期偿付。这是一种改变损失承担的方式，是一项主要的防洪非工程措施。实行洪水保险是我国救灾体制和社会防洪保障的重大改革，这对安定广大人民生活、稳定社会生产秩序、减轻国家负担起到很好的作用。

洪水保险是洪泛区洪水风险管理的重要手段,它投资省、效益也明显、风险小。保险的功能是把不确定的、不稳定的和巨额的灾害损失风险转化为确定性的、稳定的和小量的开支。

(五)防汛抗洪

防汛抗洪是依据洪水的实际情况,按照防御洪水方案的各项要求和规定,通过运用防洪工程调度洪水,以及防洪抢险、转移和疏散受灾居民和财产等,以防止和减轻洪水灾害,并使灾后生活、生产秩序尽快恢复正常。这也是一项防洪非工程措施。

1. 防洪调度

防洪调度是运用防洪工程或防洪系统的各项工程措施及非工程措施,有计划地控制调节洪水的工作。防洪调度的基本任务是力争最有效地发挥防洪工程或防洪系统的作用,尽可能减免洪水灾害。

2. 防御洪水方案的编制

为了防治和减轻洪水灾害,做到有计划、有准备地抗御洪水、调度洪水,根据流域综合规划、防洪工程实际状况和国家规定的防洪标准,有防汛任务的有关人民政府应按规定制订防御洪水方案。

防御洪水方案应该是根据实际情况,针对可能发生的各类洪水灾害,并在现有防洪工程措施和防洪非工程措施的条件下,为防止和减少洪水灾害而预先制订的防洪方案、对策和措施,是各级防汛指挥部门实施指挥决策、防洪调度、抢险救灾的依据。

防御洪水方案编制的主要内容是确定重点防护对象,要根据其重要程度划定不同等级,并要求重点防护对象除总体防洪安排外,还要有自保措施;根据不同类型、不同典型年的暴雨、洪水特性,结合现有防洪工程标准、防洪能力及调度原则,确定河道、堤防、水库、蓄滞洪区的运用方式和程度;按照蓄泄兼施的原则,合理安排洪水的调蓄、宣泄和分滞。

3. 救灾

一旦洪水造成了灾害,要做好善后救济工作,主要包括受灾群众的生活安排和救济、灾后重建和恢复生产、水毁工程的修复、灾后防疫等。

4. 防洪意识教育

加强对全民的防洪意识教育是搞好防洪斗争的重要保证。要采取多种形式,因地制宜,针对不同对象,经常性地开展教育活动。

练习题

一、简答题

1. 河道整治规划中的整治线线形一般是什么线形?试从不同河型稳定性的差异分析这种线形的合理性。

2. 影响河床演变的主要因素有哪些?

3. 蜿蜒性河道存在的问题有哪些?请分别从防洪、航运等角度分析之。

4. 洪水整治线与堤线有什么关系?

5. 什么叫裁弯比? 为什么裁弯比太大和太小都不好?

6. 为什么要整治游荡型河道? 黄河上面出现的横河、斜河、滚河分别是什么?

7. 什么叫险工? 什么叫控导工程?

8. 丁坝为什么叫丁坝? 丁坝的主要功能是什么? 丁坝由哪些部分组成?

9. 防洪工程措施及非工程措施有哪些?

二、单选题

1. 河流注入临近水体的河段称为(　　　)。

　　A. 河口　　　　　　B. 河槽　　　　　　C. 河谷　　　　　　D. 入海口

2. 直接参与河床变化的是(　　　)。

　　A. 冲泄质　　　　　B. 推移质　　　　　C. 床沙质　　　　　D. 非造床质

3. 输送流域水沙产物的通道叫(　　　)。

　　A. 河道　　　　　　B. 河流　　　　　　C. 河床　　　　　　D. 河水

4. 河水在单位时间内流过的距离叫(　　　)。

　　A. 流速　　　　　　B. 流量　　　　　　C. 单宽流量　　　　D. 径流量

5. 河床演变是通过(　　　)。

　　A. 人工　　　　　　B. 自然条件　　　　C. 人工和自然条件　D. 以上都不是

6. 含有(　　　)的水称为浑水。

　　A. 土　　　　　　　B. 泥　　　　　　　C. 沙　　　　　　　D. 泥沙

7. 对塑造河床起最大作用的流量是(　　　)。

　　A. 河道流量　　　　B. 单宽流量　　　　C. 洪水流量　　　　D. 造床流量

8. 下列属于干砌石护坡优点的是(　　　)。

　　A. 整体性好　　　　B. 质量坚固　　　　C. 排渗性能好　　　　D. 工程效果好

9. 当洪水达到堤脚时的水位称为(　　　)。

　　A. 保证水位　　　　B. 设防水位　　　　C. 警戒水位　　　　D. 死水位

10. 在防洪工程措施中属于治标措施的是(　　　)。

　　A. 河道整治工程　　B. 堤防工程　　　　C. 分蓄洪工程　　　　D. 水库防洪

◆◆◆ 项目八　生态与环境水利工程

【学习目标】

1. 了解人类对生态环境的需要,熟悉闸坝对生态的破坏和影响,掌握具体的生态工程类型。

2. 了解水污染的原因和危害,了解水污染防治法,掌握水环境处理的几种方法。

3. 了解水景观设计的基本知识。

【技能目标】

能够认识生态水利工程类型,能提出改善水环境、减少水污染的具体方案,认识常见的城市水景观。

◆ 任务一　生态水利工程

一、水利工程对生态的不利影响

水利工程在防洪、灌溉、发电、供水、航运、养殖和旅游等诸多方面对于保障社会安全,促进经济发展发挥了巨大的作用。这些工程设施的建设和运行,对于河流生态系统具有双重影响。一方面,筑坝形成水库,为干旱、半干旱地区的植被和生物提供了较为稳定的水源;另一方面,对河流生态系统形成了一定的负面影响。这些影响包括:①工农业及生活污染物质对河流造成污染;②从河流、水库中超量引水,使得河流本身流量无法满足生态用水的最低需要;③土地利用方式的改变,农业开发和城市化进程改变了水文循环的条件;④对湖泊、河流滩地的围垦以及上游毁林造成水土流失,导致湖泊、河流的退化;⑤由于引进、贸易、移民、战争等诸多因素,在河流、湖泊和水库中不适当地引入外来物种造成生物入侵;⑥水利工程造成河流地貌特征的变化以及水文、水力学条件的变化,引起动物栖息地质量的改变,这是生态水利工程关注的重点。

如何保护和修复河流生态系统?需要指出,现代生态学理论已经摒弃了曾经流行的"维持生态平衡"观念,单纯的"保护生态"理念也已经被淡化。这些传统理念所以被改变,有两层含义。第一点认为,生态系统始终处于一种动态的演替过程中,变化是绝对的,而平衡和稳定是一种例外,所以人们要适应变化。第二点认为,要承认在生态系统承受能力范围内人类合理开发自然资源的合理性,同时要认识到在许多情况下当代人类活动是对生态系统的主要胁迫因子,需要主动对生态系统进行修复和补偿,以维护生态系统的完整性和可持续性。现在,更多提倡对于生态系统的综合管理,在自然−社会−经济复合生态系统中探讨社会系统和自然系统二者的可持续发展,以实现人与自然的和谐。

二、水利工程的生态保护技术措施

(一)水利规划中要充分考虑生态保护

在水利规划设计中,首先要研究经济社会可持续发展,以此为基础研究并确定流域或区域内的生态环境目标,确保流域或区域内基本的生态用水量,在此前提下,实现水资源在经济部门之间的优化配置。

在水资源分配中,必须掌握的原则是:当生态用水与经济用水发生矛盾时,应优先保证生态用水。当经济用水受到很大限制时,应充分考虑水资源条件,要么积极采取节约用水措施,要么大力调整区域工农业生产结构和布局,做到以供定需,而不是以需定供。

(二)水库调度运用要优先保证下游生态用水

在河流上修建水库工程,毫无疑问改变了原始的水文过程,进而将引起生态系统的演变。因此,在对水库工程的论证、建设及其调度运用的过程中,都要高度重视可能引发的生态系统的演变特性及趋势,把水库下游基本的生态用水需求放在首先满足的地位。

对已经建好的工程,要充分利用现有设施泄放生态用水。如果现有的工程设施无法满足生态放水要求,就要进行必要的改造,以满足生态放水要求,使河流不出现断水现象。

(三)禁止在湿地中引排水和在湿地上游河流上修建水库工程

水在湿地环境和动植物生活中起主导作用,在湿地中地下水位通常接近或达到地表,或地表被浅水覆盖。因此,应禁止在湿地中修建一切排水工程。由于在湿地中修建了引水工程,其渠堤将阻断水陆连续性,所以湿地中应限制一切引水工程穿越。

湿地是调蓄洪水的巨大贮库,汛期洪水到来时,湿地以其自身的庞大容积、深厚疏松的底层土壤(沉积物)及糙率很大的水生植物蓄滞洪水,削减洪峰,均化洪水过程,汛后又缓慢排除多余水量,对河川径流进行调节。因此,湿地不是防洪对象,在其上游的河流上不需要修建拦洪工程。

在开发、利用水资源时,除满足城乡居民生活用水外,也要兼顾生态环境用水需要。在干旱和半干旱地区开发、利用水资源,应当充分考虑生态环境用水需要。进行跨流域调水,应当进行全面规划和科学论证,要防止对生态环境造成破坏。

(四)过鱼设施的研究与应用

国外大量实践已经证明,永久性拦河闸坝建设对河流的阻隔和温度等影响,可以通过过鱼设施、分层取水口设置等加以减缓或补偿。发达国家(如日本、澳大利亚等)的过鱼设施技术已比较成熟,以保护经济价值较高的鲑鱼、鳟鱼和鳗鲡等洄游性鱼种为主。美国的哥伦比亚河流域中下游河段及其支流蛇河下游河段的鱼类保护和恢复计划、欧洲莱茵河"鲑鱼-2000"计划,在科学研究了鲑鱼、鳟鱼等鱼类洄游习性的基础上,通过多年反复设计与改进,在多个梯级电站上采用了包括水轮机流道、岸边式鱼道、溢洪道和机动运输等多种适应性的过鱼设施和诱鱼系统,有效补偿了鱼类下行和洄游生境。

我国在20世纪80年代以前仅修建了60多座过鱼设施,并且由于设计理论欠缺,过鱼设施运行、管理和维护不力等原因,都未能持续发挥作用。目前,我国过鱼设施的基础理论、技术研究和工程设计等工作尚不深入,特别是结合具体工程的鱼类保护目标、鱼类生态习性等方面的长期监测和系统研究十分薄弱,技术上难以保证过鱼设施有效地发挥作用。因此,对于缺乏过鱼设施的堤坝要研究是否需要新建过鱼设施,如何对已建的过鱼设施实施改造使其发挥作用;另外,高坝过鱼以及梯级电站过鱼的策略及相关技术问题也要研究。

《中华人民共和国水法》规定,在水生生物洄游通道、通航或竹木流放的河流上修建永久性拦河闸坝,建设单位应当同时修建过鱼、过船、过木设施,或经国务院授权的部门批准采取其他补救措施,并妥善安排施工和蓄水期间的水生生物保护、航运和竹木流放。在不通航的河流或者人工水道上修建闸坝后可以通航的,闸坝建设单位应当同时修建过船设施或者预留过船设施位置。

(五)分层取水和浮动进水口等技术的研究与应用

通过对已建工程水库水温的实际观测以及相关研究,水库蓄水后,水库垂向水温基本呈逐渐递减分布。为减缓水库蓄水后下泄低温水对下游水生生态及农业灌溉产生不利甚至有害的影响,可在水电站进口设置分层取水设施,尽量下泄表层水,减小低温水的危害,实现人与环境的和谐发展。

在分层取水方面,日本对水电工程的分层取水设施开展了较多的研究,重点是对已建工程进行改建,形式也有多种。高坝分层取水设施的案例不多,美国科罗拉多河上格兰峡分层取水口问题具有代表性,该工程改建两台机组的进水口,需投资 8 000 万美元,目前正在探讨新的体制,以期能减少投资。我国在溪洛渡水电站、糯扎渡水电站、光照水电站建设中已经成功应用了分层取水口。

在一些小型水电站中,还应用了浮动式进水口。吉林省永吉县永红水库,在参考日本取表层水浮子式进水结构的基础上,研制了浮子的新型进水结构。这种结构在灌溉期可充气排除浮子中的水,使其浮于水面进行取水,冬季则可打开气阀自动充水排气,沉入水底越冬,避免冻害。这种结构能充分取出水面表层高温水,取水效果好,且能随水面自由升降,不用设专人管理。

水库表层取水
设施的布置

(六)加强生态调度,补偿河流生态,缓解环境影响

调整水利水电工程的运行方式,把生态调度纳入工程的统一调度管理,是保护生态与环境的重要和必要手段。生态调度以补偿河流生态系统对水量、水质、水温等需求为目标,通过科学调度减缓下游流量人工化、下泄低温水、过饱和气体等不利环境影响对河流生态系统的胁迫。发达国家以修复河流自然径流过程为基础,经过多年生态调度的实践,取得了良好效果。法国、美国、日本、德国、澳大利亚等国家在保障防洪安全,不显著改变发电、灌溉等工程效益的条件下,调节下泄流量的时间序列,尽可能恢复下游水流的自然节律过程,通过人造洪峰等在一定程度上恢复自然水位涨落特征,并调节水质、水温和泥沙冲淤,恢复自然生境。

合理补偿工程建设对生态与环境的不利影响,近年来在我国也开始得到重视。水利水电设计部门及业主在工程的设计规划阶段开始考虑生态保护问题,如通过设计分层取水设施调整下泄水温,通过泄流调度保持一定的洪水脉冲等。长江流域在规划龙盘水电工程时,确定发电的下泄流量不得低于生态基流 300 m^3/s,以满足下游基本生态需水和景观要求;黄河流域已连续多年实施统一调度,保证入海水量,消除了枯水季节河道断流的

情况;丹江口水电站为控制汉江下游水体富营养化,加大枯季下泄流量;太湖流域调整河网地区闸坝运行方式,促进水流交换改善水质等,这些都是生态调度的有益尝试。

(七) 水电工程施工过程中的环境保护

工程施工前,要做好充分的调研,充分考虑施工可能引起的不利生态影响,将施工前期各阶段对生态环境可能产生的影响纳入施工管理组成部分。

建设单位要将环境保护措施纳入工程招标投标中,在施工中将环境保护内容纳入工程监理中。

工程建设中,可能对环境或生态造成不利影响的因素有废水、废气、噪声、固废、水土流失等,要根据工程环境影响报告书提出的处理目标和措施,尽量采用环保材料,利于生物生长和活动的材料,落实环境影响报告书中确定的生态保护措施。

此外,工程施工中,还应注意不要阻绝生物物种的自然通道,保护坝址区原有的水网体系。

工程建设完工后,必须根据工程情况、对当地的生态环境影响等情况,采取必要的工程措施进行生态环境恢复,如恢复植被、自然景观的恢复、鱼类的人工繁殖和放流等。

(八) 切实做好移民安置环境保护工作

根据当地自然资源、生态环境和社会环境等特点,结合城镇化规划和要求,分析移民安置方式环境适宜性。对涉及重大移民安置的环保工程,应开展与主体工程同等深度的方案比选,并开展相关专题研究工作。

水库蓄水前,要做好库底清理环保工作。对工业固体废物、危险废物、废放射源以及固体废物清理后原址被污染的土壤等按有关规定采取处理措施,在专项设计基础上进行无害化处置,防止二次污染。库底清理工作须作为水库蓄水阶段环保检查的重要内容。

任务二　环境水利工程

河流湖泊污染和富营养化严重影响了河流湖泊的环境。水环境恶化的重要原因之一是外界输入到水体的有机物质和营养物质负荷过量,超过了河湖自身的纳污和自净能力。治理河湖水污染的根本途径是河湖外部的工业、生活、农业等各类污染源的有效控制以及污染排放的总量控制。

本任务重点学习生物-生态类治污技术,或称水环境修复生态工程。

一、人工湿地技术

人工湿地是一种由人工建造和调控的湿地系统,通过其生态系统中物理、化学和生物作用的优化组合来进行废水处理。人工湿地一般由人工基质和生长在其上的水生植物(如芦苇、香蒲、苦草等)组成,形成基质-植物-微生物生态系统。当污水通过该系统时,污染物质和营养物质被系统吸收、转化或分解,从而使水体得到净化。人工湿地具有投资低、运行维护简单和美化景观等优点,有较好的经济效益、生态效益和广阔的推广应用前景。

（一）人工湿地类型

人工湿地按水流形态分为三种基本类型，即表面流人工湿地、潜流人工湿地和复合垂直流人工湿地。

1.表面流人工湿地

表面流人工湿地，即向湿地表面布水，水流呈推流式前进，整个湿地表面形成一层地表水流，流至终端而出流，完成整个净化过程，见图8-1。湿地纵向有坡度，底部不封底，土层不扰动，但其表层需经人工平整置坡。废水引入湿地后，在流动过程中，与土壤、植物，特别是植物水下根、茎部生长的生物膜接触，通过物理、化学及生物反应过程得到净化。这类湿地没有堵塞问题，可以承受较大的水力负荷。

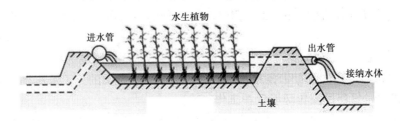

图 8-1　表面流人工湿地

2.潜流人工湿地

潜流人工湿地由土壤或不同类型介质和植物组成。床底有隔水层，纵向有坡度。进水端沿床宽构筑有布水沟，内置砾石。废水从布水沟引入床内，沿介质下部潜流呈水平渗滤前进，从另一端出水沟流出。在出水砾石层底部设置多孔集水管，可与能调节床内水位的出水管连接，以控制、调节床内水位。床体内填充砂砾、炉渣、陶粒等水力传导性能及吸附性能良好的填料，生态床上部种植常绿水生植物，通过介质吸附和微生物的作用来强化系统的除磷脱氮效果，见图8-2。潜流人工湿地是目前国际上较多应用的一种湿地处理系统，但此系统的投资比表面流系统略高。该系统去除氮、磷效果较好。

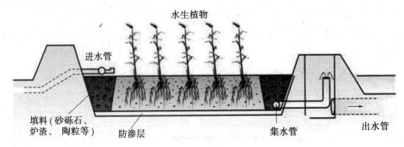

图 8-2　潜流人工湿地

3.复合垂直流人工湿地

复合垂直流人工湿地，即以上行-下行流为主要单元，克服了传统的单一平流式或立流式的湿地系统。复合流湿地系统中水流不仅呈垂向流动，而且向水平向流动，在湿地两侧地下设多孔集水管以收集净化出水。此类湿地可延长废水在土壤中的停留时间，提高出水水质。该类型湿地可充分发挥水平和垂直两个方向的净化作用,污水在池中流动不需要动力,依靠两池的水位差推动。

(二)人工湿地的组成

1. 湿地床

湿地床一般由表土层、中间砾石层和底部衬托层三层组成。当地表层土可作为湿地床表层材料,表层以下用碳酸岩或硅酸盐碎石材料添装。湿地床总厚度一般控制在0.6 m左右。根据湿地床底部受力状况和中间层粒径选择衬托层材料和粒径。衬托层粒径一般要小于中间层粒径而且要对防渗层有保护作用。

传统湿地所用的填料以砂、砾石、碎石为主,但这些填料的吸附、交换性能以及防止填料发生堵塞的性能不够理想。近年来,人们提出了一些新型填料,特别是使用新产品诸如某些工业副产品作为湿地的填充材料是一种趋势,如石英砂、煤灰渣、高炉渣、水沸石和陶粒等。具有多孔性的陶粒可为微生物提供较高的比表面积,从而增加微生物活性,提高污染物净化能力。水沸石具有特殊结构,可快速吸附氨离子。氨离子吸附饱和的水沸石可通过缓释和微生物的作用,恢复其吸附容量。为防止湿地系统因渗漏而对地下水造成污染,一般要求在施工时尽量保持原状土层,并采取防渗措施。

2. 人工湿地的植物

在人工湿地系统设计中,应尽可能增加湿地植物的种类,提高湿地生态系统的稳定性,有利于系统抵抗病虫害等外界干扰因素的破坏,提高湿地的净化功能,延长其寿命。在植物选取方面,要综合考虑废水性质、当地气候、地理实际状况等因素,根据植物的生长特性、耐污能力、污染物去除速度和景观、经济价值等方面选择适宜的水生植物,同时必须考虑生物安全性、不同植物搭配等,以尽可能选用乡土种植物为主,防止发生植物入侵。可用于人工湿地的植物有芦苇、营蒲、菱白、水花生、水葱、水蕴草、美人蕉、水芹菜、水葫芦、满江红、浮萍、狐尾藻等。将不同生活习性(挺水、漂浮、沉水、浮叶)的植物合理配置,实现植物群落多样性,保证湿地功能的长久正常发挥。

二、河道直接净化技术

在河道上直接采取措施进行净化处理,削减污染物负荷,此类技术称为河道直接净化技术,主要包括河道生物接触氧化技术、水层循环技术、人工浮岛技术等。

(一)河道生物接触氧化技术

生物接触氧化法指在河床内添加对氮、磷具有吸附特性,对微生物具有亲和性的滤材并实施适当曝气,从而利用滤材去除水中的悬浮物、氮、磷,由附着在滤材上的生物膜降解有机污染物(包括有毒有机污染物)的方法。

河道生物接触氧化技术是通过在河道或支路内添加载体材料,为水体中的微生物、原生动物、藻类等提供附着表面积,同时为水体昆虫等提供活动及避难场所,可以起到改善水体生态系统状况,提高水体自净能力的作用。

该技术借鉴污水处理技术中的生物接触氧化技术,属于生物膜法。其特点是在河道内设置具有多孔性、高比表面积的载体材料,利用载体上形成的生物膜对水体中的污染物进行降解转化。严重缺氧的河道,可在载体底部进行适量曝气,为生物膜充氧并促进新生物膜的活性。曝气使水体处于流动状态,保证水中污染物同载体上的生物膜充分接触,提高生物接触氧化工艺的效率。

河道生物接触氧化法具有以下特点:

(1)装置运行成本低。利用河流水头,水体自然流入、流出生物接触氧化装置,节约能源。载体材料一般为天然石料、陶粒和聚乙烯高分子材料,长久耐用。除为防止堵塞需定期清淤作业外,平时无须专人看护管理。

(2)专用占地面积小。在河道或河床以下空间布设载体材料,缓解用地紧张难题,使得在城市河道中应用该技术成为可能。由于这种装置布设在水下,对河道景观影响小。

(3)抗冲击破坏性能好。生物接触氧化装置具有较高的容积负荷,遇有偶发的水力、污染负荷冲击,装置仍能保持良好的稳定性,即使载体上的生物膜遭到破坏性损失,在短时间内可快速恢复正常,故对水质水量的骤变有较强的适应能力。

(二)水层循环技术

水库水体温度的分层现象,使上下水层对流减缓,造成水体下层溶解氧不足。特别是有机物污染比较严重的水体,有机物的分解要消耗大量的溶解氧,从而进一步加剧了底部水体的缺氧程度。水体底部溶解氧的降低使底泥表层还原电位降低,促使底泥中的污染物如氮、磷和硫化氢等向水体释放有害物质。同时,好氧类生物的环境受到了破坏,水体生态系统失去平衡,一些生物减少或消失,而另外一些物种又大量繁殖,如藻类的爆发现象,致使水体功能丧失。可采取水层循环技术等人为干预方式促使上下水层循环,以期解决上述问题。

目前,比较通用的曝气方法包括鼓风曝气法、机械曝气法以及鼓风-机械联合曝气法。鼓风曝气是将由空压机送出的压缩空气通过一系列的管道系统送到安装在曝气池底部的空气扩散装置,空气从那里以微小气泡的形式逸出,使水体处于混合、搅拌状态,其装置又分为小气泡型、中气泡型、大气泡型、水力剪切型、水力冲击型和空气升液型等类型。机械曝气则是利用安装在水面上、下的叶轮高速转动,剧烈地搅拌水面,产生水跃,使空气中的氧转移到混合液中去,并促进水体上下层的循环。

国内外的成功经验表明,河道水体人工曝气是治理污染河流的一种有效技术。河道曝气技术具有占地面积小、设备投资少、运行简单、处理水量大等优点,且无二次污染,其费用仅为达到同样处理效果的污水处理厂投资的1/4以下。

(三)人工浮岛技术

人工浮岛技术,也称为生物浮床技术,就是以浮岛作为载体,将高等水生植物或改良的陆生植物种植到富营养化水体的水面,通过植物根部的吸收、吸附作用和物种竞争相克机制,削减富集水体中的氮、磷及有机物质,从而净化水质,并可创造适宜多种生物生息繁衍的栖息地环境,重建并恢复水生态系统,并可通过收获植物的方法将其搬离水体,使水质得到改善。

人工浮岛一般由植物栽培基盘(浮床)和固定系统(锚桩)构成。人工浮岛可分为有框架和无框架两种,前者的框架一般可由纤维强化塑料、不锈钢加发泡聚苯乙烯、特殊发泡聚苯乙烯加特殊合成树脂、混凝土等材料制作而成,无框架浮岛一般可由椰子纤维编织而成,或者用合成纤维作植物的基盘,然后用合成树脂进行包裹。

一般而言,浮岛形状多采用四边形,也可采用三角形、六角形或各种不同形状的组合,边长通常为 2~3 m。各浮岛单元之间预留一定的间隔,相互间用绳索连接。固定系统要根据地基状况来确定,常用的有重量式、锚固式等。为了保持浮岛的正常运行,通常在浮岛周边设置警示标志。

三、土壤渗滤技术

土壤渗滤技术也称土壤含水层处理,属于土壤处理技术之一。土壤渗滤技术是一种以土壤为介质的净化污水方法,通过农田、林地、氧化和植物吸收等综合作用,固定与降解污水中的各种污染物,使水质得到不同程度的改善,同时通过营养物质和水分的生物地球化学循环,促进绿色植物生长,实现污水资源化与无害化。该系统对土质的要求较高,一般以土质通透性能强、活性高、水力负荷大、处理效率好为原则,也可以用砂、草炭及耕作土人工配置成滤料,制成人工滤床。

根据土壤渗滤系统中水流运动的速率和轨迹的不同,土壤渗滤系统通常可分为四种类型:慢速渗滤系统、快速渗滤系统、地表漫流系统和地下渗滤系统。

(一)慢速渗滤系统

慢速渗滤系统是让污水流经种有作物的渗透性良好的土地表面,污水缓慢地在土地表面流动并向土壤中渗滤,一部分污水直接被作物吸收,一部分渗入土壤中,从而使污水得到净化。系统中的水流途径取决于污水在土壤中的迁移及处理场地下水的流向。污水的投配方式可采用畦灌、沟灌及可升降的或可移动的喷灌系统。该系统适用于渗水性能良好的土壤,如砂质土壤和蒸发量小、气候湿润的地区。

(二)快速渗滤系统

将污水有控制地投配到具有良好渗滤性能的土壤表面,污水在向下渗透过程中由于生物氧化、硝化、反硝化、过滤、沉淀、氧化和还原等一系列作用而得到净化。系统中的水流向由污水在土壤中的流动和处理场地下水流向确定,通常采用淹水、干化交替运行。该系统具有污染物去除效果好、投资省、管理方便、占地面积小、可常年运行、处理出水可回用或回灌地下水等优点。但该系统对地质条件要求较高,对总氮去除效率不高,处理出水中的硝态氮可能导致地下水污染;去除大肠菌的能力强,可达 99.9%。

(三)地表漫流系统

将污水有控制地投配到种植有植物、坡度和缓、土壤渗透性低的坡面上,污水在地表以薄层沿坡面缓慢流动,在此过程中污水得到净化。该系统以处理污水为主,兼有种植植物功能。在处理过程中,只有少部分水分因蒸发和入渗地下而损失,大部分径流水汇入集水沟。地表漫流系统具有以下优点:适合分散居住地区生活污水和季节性排放的有机工业废水处理;预处理要求低,而出水可达二级或以上出水水质;投资省、管理简单;地表种植经济作物可综合利用,处理出水也可回用;相对其他土壤渗滤系统,对土壤渗透性要求低。但也有以下缺点:受气候、作物需水量和地表坡度影响大;冬季、雨季环境中的应用受到限制;处理的水力负荷受植物需水量影响;处理出水排放前需考虑消毒问题。

(四)地下渗滤系统

地下渗滤系统属于就地处理小规模土地处理系统。将污水有控制地投配到距地表一定深度、具有一定构造和良好扩散性能的土层中,污水在土壤的毛细管浸润和渗滤作用下向周围运动,在土壤-微生物-植物系统的综合净化作用下达到处理利用要求。地下渗滤系统有多种类型,可归结为土壤渗滤净化沟、土壤毛细管渗滤系统、土壤天然净化与人工净化相结合的复合工艺等。该处理系统运行管理费用低、负荷低、停留时间长、水质净化效果好且稳定,不影响地面景观。适用于分散的小规模污水处理,并可与绿化和景观建设相结合。但受场地和土壤条件影响较大,负荷控制不当存在堵塞问题,且工程由于在地下,其投资较其他土壤渗滤处理系统要高些。

土壤渗滤处理系统一般臭味较大、蚊蝇孳生,传染病的发病率较高。为了避免和减轻对人类健康的影响,处理场应与居住区保持一定的距离,建立卫生防护带。

植被的选择主要根据土质、气候条件及污水的水质来考虑。对有机污水可种植高度耐水的全年生牧草甚至农作物;对含有一定有毒成分或重金属的污水,为防止最终通过食物链积累、富集并转移到人体中,可种植薪炭或造纸的作物。

影响土壤渗滤处理效果的因素较为复杂,主要有土壤集配状况、植物生长状况、气候和污水性质等,其设计参数一般要根据小型规模试验确定。运行管理的主要任务是防止产生异味、蚊蝇、杂草和系统堵塞问题,并特别注意不得对地下水造成污染。

四、稳定塘净化技术

稳定塘按塘水中微生物的优势群体类型和塘水的溶解氧工况可分为好氧塘、厌氧塘、兼性塘、曝气塘等。

(一)好氧塘

好氧塘的水深较浅,阳光射入塘底,全塘皆为好氧态,塘水在有氧状态下净化污水,见图8-3(a)。好氧塘净化反应中的一个主要特征是塘内形成藻-菌-原生动物的共生系统,使污水得到净化。好氧塘的最大问题是出水中藻类含量高,好氧塘出水中藻类SS(固体悬浮物)含量可高达几十至几百毫克每升,如对藻类处理不当,会造成二次污染。

(二)厌氧塘

厌氧塘全塘大都处于厌氧态,塘水在无氧状态下净化污水,见图8-3(b)。厌氧塘水深较深,有机负荷高,塘中微生物为兼性厌氧菌和厌氧菌,几乎没有藻类。在厌氧状态下,可生物降解的颗粒性有机物质被胞外酶水解而成为可溶性有机物,可溶性有机物再通过产酸菌转化为乙酸,接着在产甲烷菌的作用下,将乙酸转变为甲烷和二氧化碳。厌氧塘除对污水进行厌氧处理外,还能起到污水初次沉淀、污泥消化和污泥浓缩的作用。

(三)兼性塘

兼性塘是目前应用最广泛的稳定塘,一般水位深1~2.5 m,塘内存在三个区域,塘的上层类似于好氧塘阳光能透射,藻类光合作用旺盛,溶解氧充足,由好氧微生物对有机物进行氧化分解,见图8-3(c)。

(四)曝气塘

曝气塘采用人工曝气装置向塘内污水充氧,并使塘水搅动,实际上是一种设有曝气充氧设备的好氧塘或兼性塘,主要适用于土地面积有限,不足以建设完全以自然净化为特征的塘系统的情况。根据曝气装置的数量、安装密度和曝气强度,曝气塘可分为完全混合曝

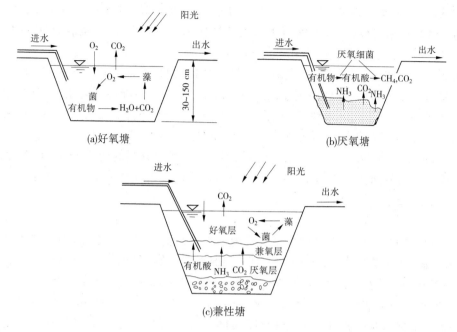

图 8-3　稳定塘的类型

气塘和部分混合曝气塘两种。完全混合曝气塘中曝气装置的强度使塘内的全部固体呈悬浮状态,并使塘水有足够的溶解氧供微生物分解有机污染物;部分混合曝气塘不要求保持全部固体呈悬浮状态,部分固体沉淀并进行厌氧消化。由于采用了人工曝气,生物塘的供氧及混合均可由人工控制,曝气塘的净化功能、净化效果以及工作效率都明显高于一般类型的稳定塘。曝气的方式主要有鼓风曝气和机械曝气两种。

任务三　水景观

水景观是指以自然水体为主构成的景观,具有观赏、游乐、康疗、度假等旅游功能。

一、城市河流的自然化

城市河流的自然化,是城市河流景观工程的第一位重点工作。城市河流在长期治理过程中,主要服从于防洪、排涝、供水和航运等功能需要,对于河流进行了大规模的人工改造,使河流的自然形态发生了巨大的变化,主要表现为:因城市发展侵占河流滩地引起河床缩窄、滩地湿地消失;一些城市河流被迫进入地下涵洞,往往变成排污通道;建设大量闸坝控制工程,阻隔了河流与湖泊、水塘和湿地之间水流的流通;裁弯取直工程把蜿蜒的河流变成了直线化的人工运河;用混凝土和砌石护岸造成的岸坡硬质化,进一步把河流变成了人工渠道或人工运河;过多的园林景观失去了其独立的自然属性而变成了人类的附庸。凡此种种,导致了河流生境异质性的降低,不可避免地导致河流生态系统功能的下降。特别严重的是,随着经济的发展和城市化进程的加快,工业废水和生活污水的排放造成城市河流的严重污染,城市水系环境不断恶化。河流生态景观工程,要以恢复生态学和景观生态学为基础,以恢复自然河流生态系统的结构为目标,从提高生境的空间异质性着手,把提高河流地貌形态多样性、增强河流水系连通性作为主要任务,以期完善河湖的生态功能。

城市河流自然化,不能简单地理解为岸坡种草植树,或者放养鱼类水禽,保证清水流淌等。城市河流生态工程包括以下几个方面内容:①扩大河流滩地空间,既可提高防洪能力,又可增强河流的侧向连通性,扩大湿地面积。②河湖水系连通工程,配合改善城市水系的闸坝调度,必要时拆除一部分多余的闸坝,保证水系的流通性。③提高生境的空间异质性,力求恢复河流的蜿蜒性、河流横断面的多样性和护岸材料的通透、多孔性能,建设生态型护岸。④恢复河流廊道的乡土物种,辅助以必要的植物种植和其他生物措施。

二、展现美学价值

河流自身固有无与伦比的自然美学价值。无论是高山峡谷、飞流瀑布,还是碧波万顷、烟波浩渺,或是茂林修竹、曲水流觞;或是江枫渔火、荷塘月色,无不蕴藏着深厚的自然之美。古往今来,那些名山大川、河流湖泊曾是多少诗人灵感的源泉,画家创作画卷的风骨,音乐家著名乐章的底蕴。可惜的是,在一个城市的发展历史过程中,人们不但按照自己实用的经济价值观改造河流,同时把自己的美学观点强加给河流,让河流屈服于人类的审美需求。在现在的城市里,经常看到的河流是混凝土或者块石衬砌的灰色渠道;如果美化,则是被雕龙画凤的楼台亭阁所盘踞的水道;如果被休闲利用,则是充满了塑料、金属机械游艺设施的戏水广场或者裸露出金属管道干枯的喷泉池;如果被旅游开发,一个小小湖泊的外围则被密集的度假村所包围,内圈则被咖啡厅和酒吧所占据。对于生活在城市里的人们,河流的自然美只剩下一组空洞的符号,一种奢侈的想象。孩子们已经无法体验"泉眼无声惜细流,树阴照水爱晴柔。小荷才露尖尖角,早有蜻蜓立上头"的野趣,以及"空山新雨后,天气晚来秋。明月松间照,清泉石上流"的恬静。孩子们听不到鸟鸣、蛙声与蝉声的交响,代替的是公园里播放的通俗歌曲和摊贩出售模拟蟋蟀声的电磁玩具。

三、发掘人文精神

一条河流往往是一个城市文明诞生与发展的见证者,文明都与河流有着水乳交融的关系。河流流经不同的地域,被赋予了不同的文化内涵。人类文明发展到今天,更加注重建筑与河流景观的协调,更加注重流域和地域历史文化特征的发掘与传承。在城市发展布局中,将具有区域特色的水文化有机地融入其中,使河流自然风貌与人文特征有机地结合起来,已经成为现代城市建筑规划追求的目标之一。

唐代著名文人王勃在《滕王阁序》中所说的"物华天宝""人杰地灵",指出了广义的生态环境与当地社会经济文化发展之间的关系。众所周知,许多著名流域是人类文明的摇篮,河流哺育了人类文化,诞生了许多影响深远的伟人和文化名人。河流又是历史的大舞台,在这里上演过无数惊心动魄或委婉曲折的历史故事。正是这种文化与历史的传承发展,造就了河流流域或地域特有的人文精神。在治河工程中和城市规划中,要突破当前以技术挂帅的规划设计理念,需要发掘和继承具有地域特色的人文精神和传统,将其注入城市规划和河流治理规划设计之中。

河流文化也体现在不同流域和区域的居民,形成了世代相传的习俗,构成了特有的民俗文化。包括民居、饮食、服饰、节日、礼仪、婚嫁等,挖掘这些民俗文化,在城市河流规划中保护和发扬,比如沿河保留一部分传统民居地区,建设小型民俗博物馆等都是一些可以选择的举措。城市河流的生态景观工程还应该包括建设适合当地居民风俗和休闲习惯的小型设施,体现以人为本的精神。

悠久的治河历史为今人留下了丰富的治水遗迹,分散在各个流域的不同角落,是一笔丰富的文明遗产。这包括古代的涵闸、桥梁、名泉、古井、治水名人祠堂、量水设施、石碑古籍、治水法律和地方志等。在城市治水工程中,应在文物部门的指导下,妥善加以保护。要明确文物的等级以及保护范围、保护主体和保护责任,以科学的方法和"修旧如旧"的原则进行修复。这些治水文物的保护与修复,会为城市河流平添几分文化底蕴。

四、河流、湖泊景观的分区

穿越城市的河流一般有几千米至十几千米长,河流的构成包括河床、水流、河坡、滩地、防洪堤和绿化带等。河流的构成千变万化,即使在一条河流中也同样是充满变化的,表现为河床宽窄不一,水流急缓相间,岸坡滩地错落有致。至于两岸的自然与人文景观更是丰富多样,诸如森林、农田、草原、荒滩、道路、住宅区、工厂区、公共建筑、商场、历史古迹等。因此,在进行河(湖)生态整治或景观工程改造时,需要进行景观分区,在此基础上进行详细的规划设计。

(一)景观分区规划方法

对河流的不同河段进行功能区划,提出主题,并进行分区命名,阐述其主要理念和内容。其命名的方法多种多样,有的按地理位置称为西部景区、中部景区、东部景区;有的按生态功能和社会功能分区,如湿地区、岸边植被区、湖湾区、休闲区、居民区等;也可按景区所在地的地名称谓。对于风景区可以采取文学手法赋予诗意的表达,典雅含蓄,立意深邃,更会突出景区的文化内涵。具体手法不妨吸收历代文人游历当地时留下的文章、诗句、对联,或者取材于地方民间传说,予以浓缩、演变形成。当游人身在风景中,山回路转,蓦然回首,看到某一匾额或石刻,令人浮想联翩,足以起到画龙点睛之功。

(二)景观分区规划步骤

(1)进行实地考察和资料收集。考察的范围为河流本身及两岸滨河带。一条河流因穿越的地段不同,与河流有关的滨河带的宽度也不相同。在开始规划前,要与当地规划部门进行沟通,使工程项目与相关规划协调。实地考察的主要内容为河流的形态、历史洪水、径流量、水位、水质、污水管(渠)入河口、雨水管(渠)入河口、地下管线、道路、树木、房屋、水生动植物现状及历史沿革、水工建筑物、桥梁、文物古迹以及沿岸居民社会结构等。广泛收集社会经济状况、历史文化、民俗以及地理地质等资料。考察的成果应该是一份内容翔实的报告。

(2)收集、掌握各类正式批准的规划报告,尤其重要的是城市总体规划报告,其次是各种专业规划报告。

(3)建立多专业的合作机制。景观工程是一项系统工程,应有多种专业协作配合,在划区时,如果是以水利工程师为主进行,则宜征询生物、林业、园艺、建筑、工艺美术、历史、地理、民俗等方面的专家意见。

（4）拆迁量评估。工程项目的拆迁包括地下管线、地面建筑物和输电线、高压线铁塔等。此项工作宜细致进行，有可能因拆迁量过大，而不得不修改规划方案，导致前功尽弃。

（5）确定景观主题。确定中心区的主题，这个主题可以是以历史文化为主的，例如绍兴的古运河整治；也可以是以展示现代的城市形象为主的，例如上海的黄浦江外滩两岸的改造；也可以是两者的结合，例如北京的菖蒲河恢复整治工程。

（6）总体布局。根据主题，确定景观分区数量、占地面积、景观要素和附属设施的位置，并绘制总体布置图。

（7）决定横断面形式。每一个景观分区都要给出一个或多个横断面形式，每一个横断面形式要根据内容来确定河床的宽度、河岸护坡的材质、滩地的景观内容、堤防的形式及筑堤的材料、堤后保护的范围及景观内容，并绘制横断面图，这也称为水体的竖向设计。

（8）细分景观分区。按地域分有乡村、城近郊、城区、繁华市区。按功能分有自然保护区、生态保护区、可开发利用区、亲水区、中心娱乐区、健身区。

（9）经济技术指标和游人容量预测。经济技术指标：依据拆迁及补偿评估报告、环境影响评估报告和水土保持评估报告，确定相关经济技术指标，包括总用地面积、水面面积、建筑总面积、容积率、建筑密度、绿化率、道路和广场面积、停车场面积和停车位、游人人均占有陆地面积、游人人均占有水面面积。

（三）城市河湖生态景观设计

景观设计应按照有关原则，在宏观整体规划和景观分区的基础上，进行细部设计，绘制效果图、设计图和施工图。其细部设计应体现城市河流景观特点，归纳起来包括8个方面的内容：

（1）清澈。要通过合理的水系规划和调控，改善水质，使之达到景观用水标准。

（2）多样。在时空上富于变化，以河流廊道为主线，形成具有较高空间异质性的生境，促进形成丰富的生物多样性。利用河流蜿蜒特性和地形起伏特征，形成三维岸边林带和草坪带，有节制地稀疏布置小型建筑物，如水榭、凉亭、栈桥等，切忌布置密集的建筑物造成河流的人工化。在时间变化上，充分考虑年内水文周期的丰枯变化，通过管理调度，保证河道的生态基流，使河流在枯水季节不断流。考虑河岸带植被色调随四季变化，春夏秋冬，色彩斑斓。北方地区的河岸带植被考虑搭配常青树种。

（3）格调。能反映当地独特的地方自然与人文特色，具有自身独特的风格。

（4）舒适。按照"以人为本"的原则，充分考虑市民的精神与文化需求，为市民提供休闲、度假、赏景、品茗、运动的清新空间和优美的人居环境。

（5）文化。充满文化、艺术与科学气氛，具有现代气息。建设供市民和艺术家进行文化交流、创作和活动的场所；建设当地历史、风俗、乡土文化的小型博物馆；建设唤起河流保护意识的场所。

（6）生命。保持河流的栖息地功能，使水生动植物以及岸边水禽、鸟类、昆虫和两栖动物的物种和生物量丰富，并且形成完整的食物链，营造一种生机盎然的氛围。

（7）亲水。考虑人与生俱来的亲水特性，满足人们在视觉、听觉、触觉方面审美需求，感受水的魅力，使人们能够欣赏水景，聆听水声和接触水体。乡村河流的石阶供人们汲水,城市河流的栈桥和亲水平台,使人们可以更靠近水。

(8)和谐。河湖生态景观的目标是最终能够体现人与水的和谐,人与自然的和谐,人与社会的和谐。

1.水边景观设计

水对于景观设计师来说是极具挑战性的工作,因为水赋予景观生命。湖泊水面的宁静,给人以遐想;而河流、瀑布、喷泉的流动姿态,则使人感受到舞动的力量。水边线的自然、蜿蜒、起伏给人一种飘逸的美感;潮涨潮落、湍流与缓流以及漫滩、停泊的船都是动态的景观要素。

30款绝美的
水景观设计

在进行城市河湖景观设计时,首先要面对的问题是水边设计。这里所谓的"水边"是一个广义词,它不仅涵盖了河流和湖泊的平面形态和断面形状,还包括护岸、堤防的材料与形式。

(1)防洪与亲水的协调。水边景观设计要体现亲水的理念,考虑人与生俱来的亲水特性,满足人们在视觉、听觉、触觉方面对美的需求,感受水的魅力。这就要求水边建筑物如堤防和防洪墙的建设要兼顾景观要求,它们不宜高出人们的视线,妨碍人们欣赏水景,聆听水声。同时,还应通过一些亲水设施的构建,使人能在岸边漫步休闲,接触水体。世界上一些著名的风景河流和湖泊,如泰晤士河、塞纳河、杭州的西湖、无锡的太湖,都具有这方面特点。

上海苏州河在整治中,在防洪安全评价的基础上,拆除了原来的高防洪墙,使河流美景能进入人们的视野。桂林桃花江整治后,沿江设置了小径,使沐浴着晨光上学的小朋友可以在岸边一边唱着晨歌行走,一边欣赏美景,呼吸新鲜的空气。

(2)河道岸线。河道景观设计的目标是彰示河道的自然之美,"肇自然之性,成造化之工"自然之美的展现强调结合自然地形进行规划设计,尽量少动土方,保留河道的蜿蜒平面形态、断面的多样性、两岸的天然植被,使用自然化材料和结构进行岸坡防护等。对于水体,亦以天然水体为前提,仅以疏浚、筑堤、堆岛方式来增加水面层次,丰富空间组合,成其大观。一些城市中,河道的格局早已定型,河道整治工程不太可能对河道形态进行较大的调整,以恢复其弯弯曲曲的自然形态。对此情况,宜通过一些修饰手法,通过断面形态的非均一化调整,使河道具有一定程度的蜿蜒特征。

(3)水边线的设计。除做好平面定线外,合理的横断面设计更为重要。河道生态景观设计需要增加河道横断面的多样性,采用天然断面、不对称断面或复式断面,摒弃把河道断面设计为简单的矩形或梯形的不适宜做法。采用多样化的河床断面,主要目的是为鱼类、两栖动物、水禽和水生植物创造丰富多样的生境,即提高河流生境的空间异质性。河道横断面的设计不能仅从传统的河道水力学计算公式或简化施工的角度来考虑问题,还需要结合生态学理论和地貌学原理,依自然河道地貌特征,做到河岸边坡有陡有缓,能缓则缓;堤线距水面有宽有窄,宜宽则宽,从而构成多样性地貌特征。依据不同的流量水平和水位,设置相应高程的亲水平台,充分满足人们亲水的要求,增加人同自然沟通的空间。在河道较宽的区域,构造河边湿地等自然特征,既可在汛期起到滞洪的作用,又可以在平时增加水体面积,满足不同的景观需求。

　　(4)防洪堤。按照洪水管理的理念,河道防洪工程建设标准应适度,这意味着要合理确定防洪堤的布置和堤顶高程,工程措施与非工程措施相结合,实现防洪、生态保护、文化景观建设等多目标。两岸堤线间距的布置宜遵循宜宽则宽的原则,左右岸的两条堤线尽量不要设计成平行线,尽量保留河漫滩区域。河漫滩的存在不仅有利于提高河道防洪能力,而且为汛期河流的侧向流通性提供了空间,为滩地的生物提供营养物质,并为一些鱼类提供避难所。脉冲式的洪水过程还是生命节律的信号,一些鱼类依据这种信号产卵。宽阔的河滩还为营造湿地提供了机会。从提高河流的美学价值角度来看,宽阔的滩地有助于提高河流廊道的景观透明度,为人文景观规划提供更多的布置空间。另外,河漫滩区域也可在不显著影响行洪条件下进行适当的景观和经济开发。

　　(5)植物造景。长期以来,人们在城市河道整治工程中习惯采用传统的砌石、现浇混凝土板、预制混凝土块体等硬性护坡结构形式。从生态学角度分析,不透水的硬质护坡阻碍了地表水与地下水的连通,不利地下水的补给。同时,鱼类无法在光滑、硬质的护坡表面上产卵,一些无脊椎动物及小型水生动物失去栖息地。在卵石、块石表面,由微生物形成一种生物膜,可以对水体中的污染物发挥吸附、降解作用,从而具有净化水体的功能。而硬质、光滑的护坡与卵石、块石护坡相比,其表面积小,生成生物膜的外部条件下降,这样也降低了河床本身对水体的自净功能。从工程造价和安全性能分析,采用这类岸坡防护结构不仅成本高,还易因基土的不均匀沉陷而发生大面积坍塌破坏。从提高河流美学价值角度分析,这类结构缺乏自然属性,难以满足人们的自然审美情趣。把植物和天然材质的造景功能引入岸坡防护设计的做法,已经成为当今河道整治和景观建设的发展趋势。植物造景,尤其是人工植物群落景观的营造,从生态角度、经济价值、艺术效果和功能等方面,都应成为河流生态景观建设的重要内容。目前,很多发达国家或地区,如欧美、日本、韩国等均在推广采用土体生态工程技术或自然工法进行岸坡防护,摒弃原来的硬性护坡结构形式,见图8-4。

　　2.河道植物选择应考虑的因素

　　(1)适应性强。对于河道环境有较强的适应性,生长速度快,建设和管理费用低。

　　(2)亲和力强。选择的植物对于河道植物亲和力强,既不会被原有的植物群落所抑制而不能生长,也不会因为其生长过分影响其他原有植物的生长,可以形成物种间良好的相容关系。

　　(3)功能广泛。被选植物在净化水质、固土抗冲、经济价值等方面具有独特的功能。

　　(4)观赏价值。被选的植物物种组合可以具有多彩的观赏价值,给人以视觉享受。在植物的配置方面,应注意在河道的不同水位下选择不同的植物物种。在常水位以下且水流平缓部位,种植外形美观的水生植物,其作用是净化水质以及为水生动物提供栖息和活动场所,主要选择沉水植物、浮水植物、挺水植物。

　　还需按照其生态习性合理配置,可以采用混合种植与分块种植相结合的方法。常水位至洪水位之间的区域,往往是河道水土保持的重点,该区域种植的植物应兼有固堤、保土和美化作用,区域下部以湿生植物为主,上部规划可用短期耐水淹的植物。河道植物的配置应注意生态位互补,上下有层次,左右相连接,根系深浅相错落。以多年生草本和灌

(a)联锁式生态护坡　　　　　　　　　　　　　　　(b)人工草皮护坡

(c)生态袋护坡　　　　　　　　　　　　　　　　(d)自嵌式植生型挡土墙

图 8-4　几种常见的生态护坡

木为主体,在不影响行洪的前提下,可以种植少量乔木树种。洪水位以上是河道植物绿化的亮点,是河流景观的主要营造区域。其群落的构建应选择以当地可以自然形成片林景观的树种为主,物种多样,可适当增加常绿植物比例,借以弥补冬季植物萧条的不足。

要因地制宜地选择植物护坡结构。完全的植物护坡景观效果好,而且经济,具有其技术优势,但其抗冲刷能力较硬质护岸差,往往适用于流速相对比较平缓的河段。具有重要防洪功能的河道在宣泄洪水时,往往有较高的流速,有时超过 2~3 m/s,而草皮护坡的允许流速仅有 1 m/s 左右。在这种情况下,就需要选择其他适宜材料和结构形式,如空心混凝土连锁块、无砂混凝土、土工织物植草袋、抛石与土工织物反滤垫层组合结构、木桩等。这类结构既抗冲刷,又适合植物生长发育。至于植物物种,除乡土植物外,也可根据景观设计要求,选择牧草、草本花卉等。

(四)跨河建筑物景观设计

城市河道水工建筑物一般包括各种水闸(如节制闸、分水闸、进水闸、分洪闸、船闸)、各种堤坝(如丁坝、顺坝、护岸、导流堤)、各种港工建筑物(如码头、船坞、船台、滑道、升船机、放木道、筏道及鱼道),另有取水口、跌水、渡槽、泵站、雨污水出口以及跨河桥梁等。这些建筑物是城市景观上的重要节点,其设计除功能要求外,还要尽可能符合美学原理。水工建筑物是依托于水的建筑物,它与水的关系或拦、或分、或导、或跨。设计中除满足功能需求外,如何遵循建筑美学的一般规律,已经成为当前水工建筑物设计探索的新课题。要正确处理好协调与统一、主从与重点、均衡与稳定、对比与微差、韵律与节奏、比例与尺度、色彩与质感、绿化与照明、个体与群体、建筑与环境等之间的关系。同时,水工建筑物与一般土木建筑物相比,还有其他特殊内涵,即与河流和水紧密联系在一起,在水流的动态中凸显河流自然美学价值与发掘水文化的内涵。就单个建筑物来看,和谐主要表现为体形、色彩、质地这三大因素之间的相容与协调,以及这三种因素自身各因素(如体形中部件造型的大小、比例,色彩中的彩度、明度、色调,质地中的软、硬等)的有机配合。建筑物只有遵循了美是和谐这一艺术规律才可能构造出其自身美,才称得上是成功的。

水闸和桥梁是典型的跨河建筑物,其美感中很重要的一个方面是各部分的比例关系。这种比例一般包括两个方面:一是整体或部分本身的长宽高之间的大小关系;二是整体与局部或局部之间的大小关系。在三维空间中具有和谐振动的比例关系,对跨河建筑的形式美有决定性作用。因为比例是以水工建筑各部分固有的功能联系和结构联系作为艺术构思的前提而产生的,并成为其蕴涵的思想内容的形象化和艺术化的表达手段。因此,跨河建筑物是否具有匀称的外观、合理的内在结构,是否具有高度的协调一致性和艺术完整性,很大程度上取决于设计者是否选择了合理的比例关系。只有比例得当、尺度协调才能成为美学意义上的建筑物。如果某些部分比例失调、尺度不当,都会影响到它的整体形象。如水闸,由间距相等的闸墩分割出几个或数十个闸孔,闸孔宽度与高度之间适当的比例是形成整个水闸和谐美的基础。

跨河建筑物的设计还要兼顾与人文景观的和谐。人文景观是历史积淀的产物,蕴含着丰富的历史文化内涵。水工建筑物如果建在人文景观附近,就需要设计者深入考察,分析其内在特点和风格,并在满足实用功能的前提下,努力使水工建筑物也与其协调,从而达到与人文景观的和谐。近年来,许多优秀的水工建筑物在这一点上的尝试十分成功。如果水闸建在古建筑群落或有历史遗迹的区域,可以把闸室建成仿古建筑。

练习题

一、简答题

1. 简述水利工程对生态环境可能造成的不良影响。
2. 分层取水和浮动进水口等技术在生态友好的水利工程中如何应用?
3. 什么是人工湿地?一般种植哪些植物?
4. 什么是稳定塘净化技术?有哪几种类型?
5. 城市河流如何自然化?

二、单选题

1. 以下(　　　)不是水利工程可能造成的不利影响。
   A. 水污染　　　　　　　　　　B. 改变水文循环条件
   C. 水土流失　　　　　　　　　D. 物种稳定
2. 当生态用水与经济用水发生矛盾时,应优先保证(　　　)。
   A. 生态用水　　　B. 工业用水　　　C. 发电用水　　　D. 航运用水
3. 人工湿地不包括(　　　)。
   A. 表面流人工湿地　　　　　　B. 海洋人工湿地
   C. 潜流人工湿地　　　　　　　D. 复合流人工湿地

4.在人工湿地系统设计中,应尽可能增加湿地植物的(　　　)。

　　A.数量　　　　　　B.密度　　　　　　C.种类　　　　　　D.经济效益

5.城市河流景观工程的重点工作是维持(　　　)。

　　A.河流的自然化　B.河流的人工化　C.河流水位的稳定　D.河流流量的稳定

◇◇ 项目九　海绵城市建设

【学习目标】

1. 熟悉海绵城市的概念和实现海绵城市的途径。
2. 熟悉低影响开发雨水系统的理念,以及在城市建设中如何纳入低影响开发的内容。
3. 掌握常见的低影响开发雨水系统技术措施。

【技能目标】

能在城市建设中认识海绵城市的技术措施。

随着我国城市化的快速发展,城市水利问题越来越突出。城市发展使得人口高度集中,城市居民用水量、工业废水与居民生活污水的排放量都将成倍增长,城市建设改变了当地的水文条件,加剧了洪涝灾害。海绵城市的概念就是针对上述城市水利问题提出来的。

◇ 任务一　海绵城市的概念

海绵城市,顾名思义就是指城市能够像海绵一样,在适应环境变化和应对自然灾害等方面具有良好的"弹性",水量太多时吸水、蓄水、渗水、净水,缺水时将蓄存的水"释放"出来并加以利用。

海绵城市不能简单地理解为仅仅是为了雨水集蓄回用,也不是为了水利防洪或排水防涝,从整体来看,它是以低影响开发为核心指导思想,尽量降低城市开发对水自然环境的影响,并以水生态、水环境、水安全、水资源为战略目标,通过综合运用各种技术措施,并辅之以科学的管理措施,实现城市可持续发展的一种开发模式。

海绵城市的建设途径有以下三方面:

(1)对城市原有生态系统的保护。

海绵城市建设应遵循生态优先等原则,将自然途径与人工措施相结合,在确保城市排水防涝安全的前提下,最大限度地保护原有的河流、湖泊、湿地、坑塘、沟渠等水生态敏感区,留有足够涵养水源,应对较大强度降雨的林地、草地、湖泊、湿地,维持城市开发前的自然水文特征,这是海绵城市建设的基本要求。

(2)生态恢复和修复。

在传统粗放式城市建设模式下,已经受到破坏的水体和其他自然环境,需要运用生态的手段进行恢复和修复,并维持一定比例的生态空间。

(3)低影响开发。

海绵城市的一个核心指导思想是低影响开发,即城市规划建设时,使水文、生态、环境影响最小或保持原状态不变。按照对城市生态环境影响最低的开发建设理念,合理控制开发强度,在城市中保留足够的生态用地,控制城市不透水面积比例,最大限度地减少对城市原有水生态环境的破坏。同时,根据需求适当开挖河湖沟渠、增加水域面积,促进雨水的积存、渗透和净化。

任务二　低影响开发雨水系统

低影响开发(low impact development,LID)是指在场地开发过程中采用源头、分散式措施维持场地开发前的水文特征,也称为低影响设计或低影响城市设计和开发。其核心是维持场地开发前后水文特征不变,包括径流总量、峰值流量、峰值流量出现时间等,见图9-1。图中曲线 A 为本区域开发前的水文特征曲线,地表面为自然地面,降雨后首先渗入地下,随着降雨量的增加,开始形成径流,且峰值流量不太大;曲线 B 为传统开发方式对水文特征的影响,由于城市地面硬化,降雨无法渗入地下,很快便形成径流,且径流流量很大;曲线 C 为低影响开发方式下的水文特征曲线,与开发前相比差别不大,这是一种理想的开发方式,也是海绵城市建设的理念。

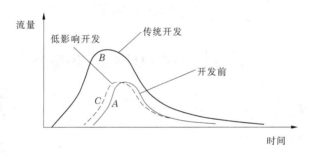

图9-1　低影响开发水文原理示意图

城市建设过程应在城市规划、设计、实施等各环节纳入低影响开发内容,并统筹协调城市规划、排水、园林、道路交通、建筑、水文等专业,共同落实低影响开发控制目标,通过渗、滞、蓄、净、用、排等多种技术,实现城市良性水文循环,提高对径流雨水的渗透、调蓄、净化、利用和排放能力,维持或恢复城市的"海绵"功能。

通过低影响开发,可以转变城市防洪排涝的方式。传统的城市防洪理念中,雨水排得越多、越快、越通畅越好,这种"快排式"的传统模式没有考虑水的循环利用。海绵城市把雨水的渗透、滞留、集蓄、净化、循环使用和排水密切结合,统筹考虑内涝防治、径流污染控制、雨水资源化利用和水生态修复等多目标,从而大幅度降低城市地表水的排放,增加下渗和集蓄利用,见图9-2。

由此可见,要做好海绵城市建设,首先要做好整体实施规划,做好具体实施方案设计;其次要做好协调,尤其是不同行业部门间的协商,各部门互相配合才能发挥海绵城市的效果;另外,还要因地制宜,加强各种措施的综合运用,单一的技术措施只能解决几个问题,综合运用才能更好地达到我们的建设目的。

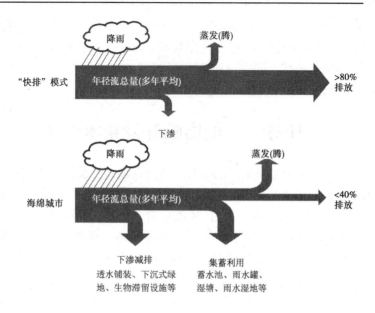

图 9-2　海绵城市建设对防洪排涝的影响

任务三　常见低影响开发雨水系统技术措施

住房和城乡建设部 2014 年发布的《海绵城市建设技术指南——低影响开发雨水系统构建(试行)》推荐了一些单项技术措施,按主要功能可分为渗透、滞留、蓄存、净化、排水、利用等几类。

下面分类介绍一些主要的技术措施。

《海绵城市建设技术指南——低影响开发雨水系统构建(试行)》

一、雨水渗透技术措施

传统的城市建设,到处都是水泥,改变了原有的自然生态条件。强化雨水向地下的渗透,不仅减少了雨水从水泥地面、路面汇集到管网里,同时涵养地下水,补充地下水的不足,还能通过土壤净化水质,改善城市微气候。而渗透雨水的方法多样,主要是改变各种路面、地面铺装材料,改造屋顶绿化,调整绿地竖向开发,从源头将雨水留下来然后"渗"下去。

(一)透水铺装

传统的城市开发中,城市路面一般采用不透水结构,雨水不能渗入地下,很容易形成径流;低影响开发方式中,路面结构采用透水材料,使雨水能渗入土壤。透水砖铺装和透水水泥混凝土铺装主要适用于广场、停车场、人行道以及车流量和荷载较小的道路,如建筑与小区道路、市政道路的非机动车道等,透水沥青混凝土路面还可用于机动车道。透水铺装按照面层材料不同可分为透水砖铺装(见图 9-3)、透水水泥混凝土铺装和透水沥青混凝土铺装,嵌草砖、园林铺装中的鹅卵石、碎石铺装等也属于渗透铺装。

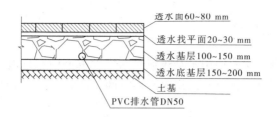

图9-3　透水砖铺装典型结构示意图

(二)渗透塘

渗透塘是一种用于雨水下渗补充地下水的洼地,具有一定的净化雨水和削减峰值流量的作用。渗透塘包括沉砂池、前置塘等预处理设施,其边坡坡度一般不大于1:3,塘底至溢流水位一般不小于0.6 m,底部构造一般为200~300 mm的种植土、透水土工布及300~500 mm的过滤介质层,且应设溢流设施,并与城市雨水管渠系统和超标雨水径流排放系统衔接。其典型结构见图9-4。

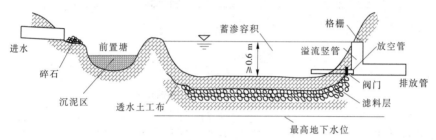

图9-4　渗透塘示意图

渗透塘适用于汇水面积较大(大于1 hm²)且具有一定空间条件的区域,但应用于径流污染严重、设施底部渗透面距离季节性最高地下水位或岩石层小于1 m及距离建筑物基础小于3 m(水平距离)的区域时,应采取必要的措施防止发生次生灾害。

雨水花园工作原理

(三)渗井

渗井是指通过井壁和井底进行雨水下渗的设施,为增大渗透效果,可在渗井周围设置水平渗排管,并在渗排管周围铺设砾(碎)石,见图9-5。

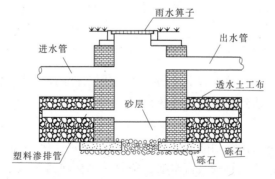

图9-5　辐射渗井构造示意图

二、雨水滞留技术措施

雨水滞留技术措施的主要作用是延缓短时间内形成的雨水径流量,例如通过微地形调节,让雨水慢慢地汇集到一个地方,用时间换空间。通过"滞",可以延缓形成径流的高峰。

(一)下沉式绿地

下沉式绿地具有狭义和广义之分,狭义下沉式绿地指低于周边铺砌地面或道路在200 mm 以内的绿地;广义下沉式绿地泛指具有一定的调蓄容积(在以径流总量控制为目标进行目标分解或设计计算时,不包括调节容积),且可用于调蓄和净化径流雨水的绿地,包括生物滞留设施、渗透塘、湿塘、雨水湿地、调节塘等,见图9-6。

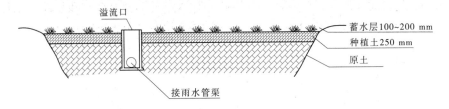

图9-6 狭义下沉式绿地典型构造示意图

下沉式绿地可广泛应用于城市建筑与小区、道路、绿地和广场内。对于径流污染严重、设施底部渗透面距离季节性最高地下水位或岩石层小于 1 m 及距离建筑物基础小于3 m(水平距离)的区域,应采取必要的措施防止次生灾害的发生。

(二)生态滞留设施

生态滞留设施是指在地势较低的区域,通过植物、土壤和微生物系统蓄渗、净化径流雨水的设施。

生态滞留设施与下沉式绿地类似,但不同的是,生态滞留区土壤对于工程技术要求相当严格,对于土壤和工程排水结构也都有明确的要求,并且根据位置的不同可分为生态滞留带、生态树池、生态滞留池等,见图9-7。图9-7(a)的街边生态滞留区,通过对街豁口将路面径流引流至收水区进行蓄留。

三、雨水蓄存技术措施

雨水蓄存技术措施是将雨水留下来的措施,按照自然的地形地貌,使降雨得到自然散落,并把降雨蓄起来,以达到调蓄和错峰的目的。

(一)蓄水池

蓄水池是指具有雨水储存功能的集蓄利用设施,同时具有削减峰值流量的作用,主要包括钢筋混凝土蓄水池,砖、石砌筑蓄水池及塑料蓄水模块拼装式蓄水池,用地紧张的城市大多采用地下封闭式蓄水池。蓄水池适用于有雨水回用需求的建筑与小区、城市绿地等,根据雨水回用用途(绿化、道路喷洒及冲厕等)不同需配建相应的雨水净化设施。

(a) 简易生态滞留设施

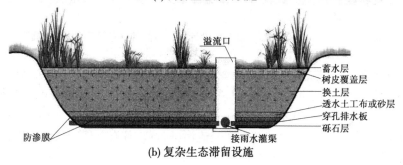

(b) 复杂生态滞留设施

图 9-7　生态滞留设施示意图

(二) 雨水罐

雨水罐也称雨水桶,为地上或地下封闭式的简易雨水集蓄利用设施,可用塑料、玻璃钢或金属等材料制成。

雨水桶是规模较小的雨水收集、沉淀、净化设施,设于地面之上,普遍用于住宅等建筑密度较低的区域。在建筑密度较高的区域也可以设置位于地下的储水箱。

四、雨水净化技术措施

通过土壤的渗透、植被、绿地系统、水体等,都能对水质产生净化作用。较为熟悉的净化过程分为三个环节:土壤渗滤净化、人工湿地净化、生物处理。

(一) 绿色屋顶

绿色屋顶也称种植屋面、屋顶绿化等,在承重、防水和坡度合适的屋面打造绿色屋顶,利于屋面完成雨水的减排和净化,见图 9-8。

图 9-8　Jean-philippe pargade 事务所设计的带有起伏绿色屋顶的巴黎校园

　　根据种植基质深度和景观复杂程度,绿色屋顶又分为简单式和花园式,基质深度根据植物需求及屋顶荷载确定,简单式绿色屋顶的基质深度一般不大于 150 mm,花园式绿色屋顶在种植乔木时基质深度可超过 600 mm。

　　绿色屋顶可有效减少屋面径流总量和径流污染负荷,具有节能减排的作用,但对屋顶荷载、防水、坡度、空间条件等有严格要求。

(二) 湿塘

　　湿塘是指具有雨水调蓄和净化功能的景观水体,雨水同时作为其主要的补水水源。湿塘有时可结合绿地、开放空间等场地条件设计为多功能调蓄水体,即平时发挥正常的景观及休闲、娱乐功能,暴雨发生时发挥调蓄功能,实现土地资源的多功能利用。湿塘一般由进水口、前置塘、主塘、溢流出水口、护坡及驳岸、维护通道等构成,见图 9-9。

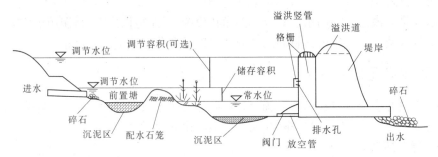

图 9-9　湿塘典型构造示意图

(三)雨水湿地

雨水湿地利用物理、水生植物及微生物等作用净化雨水,是一种高效的径流污染控制设施,雨水湿地分为雨水表流湿地和雨水潜流湿地,一般设计成防渗型以便维持雨水湿地植物所需要的水量,雨水湿地常与湿塘合建并设计一定的调蓄容积。

雨水湿地与湿塘的构造相似,一般由进水口、前置塘、沼泽区、出水池、溢流出水口、护坡及驳岸、维护通道等构成,见图9-10。

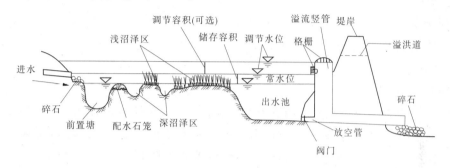

图9-10　雨水湿地典型构造示意图

(四)植草沟

植草沟是指种有植被的地表沟渠,可收集、输送和排放径流雨水,并具有一定的雨水净化作用,可用于衔接其他各单项设施、城市雨水管渠系统和超标雨水径流排放系统。转输型三角形断面植草沟如图9-11所示。

图9-11　转输型三角形断面植草沟

五、排水技术措施

经过雨水花园、生态滞留区、渗透池净化之后蓄起来的雨水一部分用于绿化灌溉、日常生活,一部分经过渗透补给地下水,多余的部分就经市政管网排进河流。不仅降低了雨水峰值过高时出现积水的概率,也减少了第一时间对水源的直接污染。

六、雨水的利用

经过土壤渗滤净化、人工湿地净化、生物处理多层净化之后的雨水要尽可能地被利用。雨水利用的典型途径有以下几种：

(1)建筑施工。

(2)绿化灌溉。

(3)洗车。

(4)家庭卫生。

(5)消防。

(6)景观用水。

以上介绍了常见低影响开发雨水系统技术措施。建设实践中，需要根据当地气象、水文、地质地形、开发现状等特点，综合运用这些措施，可实现径流总量控制、径流峰值控制、径流污染控制、雨水资源化利用等目标。图 9-12 为建筑与小区海绵城市措施衔接关系。

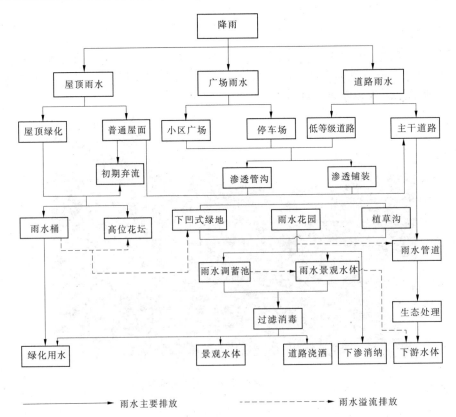

图 9-12　建筑与小区海绵城市措施衔接关系

任务四　海绵城市建设案例

一、上海世博城市最佳实践区低影响开发雨水系统建设项目

(一)项目概况

上海世博城市最佳实践区位于世博园区浦西部分,占地面积 16.85 hm², 包括北区和南区两个片区。在 2010 年上海世博会期间展示宜居家园、可持续的城市化和历史遗产保护与利用等内容。后世博时代,城市最佳实践区旨在打造一个充满活力的复合街坊和富有魅力的城市客厅,其建设目标是达到美国绿色建筑委员会颁发的 LEED-ND(Leadership in Energy and Environmental Design for Neighborhood Development)铂金级认证,该认证是目前国际上最为先进和具有实践性的绿色建筑认证评分体系。根据 LEED-ND 铂金级认证体系中针对雨水收集利用的考核指标要求,需将园区 90% 雨水收集利用并在 3 d 内用完,具体解释为通过渗透、蒸发(腾)或集蓄利用等措施维持项目地范围内至少 90% 的降雨。

管理措施包括但不限于雨水收集及回用系统、透水砖铺装下渗、雨水花园、绿色屋顶、渗透塘、渗井。

除雨水收集和回用外,渗透等措施的排空时间应限在 72 h 内。

项目运营后,应分季节定期对低影响开发雨水系统进行维护。

(二)低影响开发雨水系统设计方案

1.城市最佳实践区北区低影响开发雨水系统设计方案

世博城市最佳实践区北区面积 7.13 hm², 雨水收集量为 929 m³, 其中可利用雨水量 89 m³/d(包括绿化灌溉、冲厕、道路及广场冲洗、洗车用水),3 d 利用水量为 267 m³, 其余 662 m³ 雨水需要在 3 d 内就地下渗。2010 年上海世博会期间,在世博城市最佳实践区北区内设计展示了一个微缩版的成都活水公园案例,因此利用成都活水公园的水流循环系统蓄水,并将活水公园内的荷花池改造成雨水渗透塘,实现本区域收集的雨水在 3 d 内就地下渗,总体设计方案如图 9-13 所示。

根据工程前期对场地下渗速率的现场观测,确定雨水下渗速率的设计参数为 2.3×10^{-5} m/s(场地表层土为孔隙率较大的人工回填土,下渗速率较大)。北区荷花池下渗改造如图 9-14 所示,采取渗管下渗的方式。下渗管设有盖板,可人工启闭。需要下渗时,盖板打开,荷花池内的水通过下渗管引入碎石层中下渗;如果连续晴天不降雨,为保持荷花池内的景观用水,则将下渗管上部的盖板关闭。

2.城市最佳实践区南区低影响开发雨水系统设计方案

世博城市最佳实践区南区面积 9.72 hm², 共需收集雨水量 1 375 m³。与北区不同,南区没有成都活水公园这样的可以蓄水和改造下渗的荷花池。根据南区实际情况,提出利用南区 3# 地块的绿地空间,在绿地下面形成蓄水下渗空间,实现南区雨水就地下渗。总体设计方案如图 9-15 所示。

根据工程前期对场地下渗速率的现场观测,确定雨水下渗速率的设计参数为 6.48×10^{-6} m/s。实际使用绿地面积为 1 845 m², 满足下渗设计要求。南区绿地增渗系统的空间

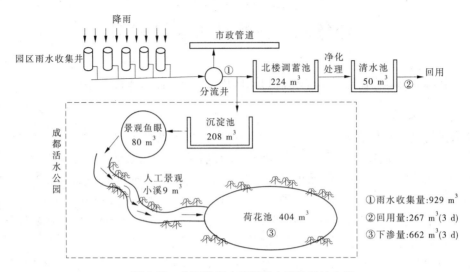

图 9-13　北区低影响开发雨水系统设计方案

(a)示意图　　　　　　　　　　　(b)实景图

图 9-14　北区荷花池下渗改造

设计如图 9-16 所示。增渗绿地主要通过蓄水模块蓄水(见图 9-17),其材质及特性为:高品质 100%优质回收聚丙烯(PP)材质;具有较强的硬度和韧性;水浸泡,无异味,无析出物;较强的耐强酸、强碱性;孔隙率大,便于蓄水。

(三) 综合效益

(1)项目已获得美国绿色建筑委员会 LEED-ND 铂金级预认证授牌,成为北美地区以外首个获得该级别认证的项目。对于实践城市低影响开发雨水系统,将产生良好的示范效应。

(2)示范区年径流总量控制率达 90%,有效减少雨水径流产生量以及径流污染带来的城市水环境污染。

二、北京市顺义区某住宅区低影响开发雨水系统建设项目

(一)项目概况

某住宅区位于北京市顺义区潮白河的西岸,占地 234 hm²,其中景观湖占地 18 hm²,集中绿地和高尔夫球场占地 70 hm²。项目定位自然生态且场地空间布局适合低影响开

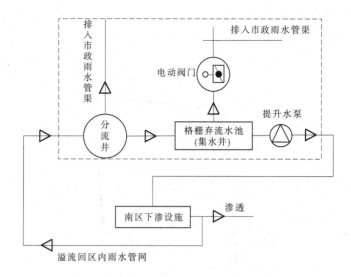

图 9-15　南区低影响雨水开发系统设计方案

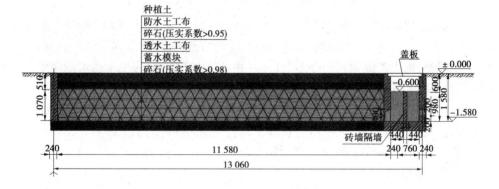

图 9-16　南区绿地增渗系统空间设计　（单位：mm）

(a) 绿地增渗平面位置　　　　　　(b) 绿地增渗系统现场施工

图 9-17　南区绿地增渗系统实景图

发雨水系统建设。项目所在地原为河滩淹没区,地势较低洼,建设期间周边无配套市政雨水或污水管线,内涝风险高。同时,在一期建设初步完成时,作为重要亮点的中心景观水体因自净能力差,出现水体富营养化、发臭、耗水量高等多重问题。

（二）低影响开发雨水系统设计方案

项目在控制投资成本前提下,通过方案比较,采用了低影响开发雨水系统,如图 9-18 所示。

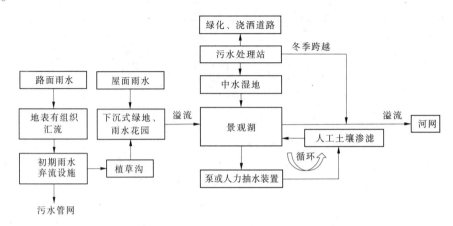

图 9-18　东方太阳城低影响开发雨水系统与水环境设计方案

项目利用多功能调蓄水体(景观湖)、雨水湿地、植草沟、雨水花园、初期雨水弃流设施等低影响开发设施进行径流雨水渗透、储存、转输与截污净化,实现径流总量减排、内涝防治、径流污染、雨水资源化利用等多重目标,并通过生态堤岸、人工土壤渗滤与中水湿地循环净化等保障了景观水体水质。此外,本项目未建设雨水管渠系统,而是通过有效的场地竖向设计实现雨水的地表有组织排放,同时道路、绿地可作为超标雨水径流排放通道。该项目投资合理、效果显著、便于运行管理,二期、三期同样采纳了低影响开发雨水系统的设计,并经受住了北京 2011 年"6·23"、2012 年"7·21"等暴雨事件的考验。

（三）综合效益

(1)项目利用低影响开发设施替代管渠系统,投资成本与传统开发模式持平,大大提高了小区内涝防治能力。

(2)每年利用雨水资源近 70 万 m^3,年径流总量控制率约 85%。

(3)通过低影响开发设施有效控制径流污染,入湖径流雨水水质大大改善;人工土壤渗滤和湿地循环净化系统使湖水水质得到明显改善。

(4)自然、生态设施的建设改善水体景观效果,为水生植物、动物提供了良好的栖息地。

练习题

一、简答题

1.什么是海绵城市?

2.什么是低影响开发雨水系统?

3.渗透塘的作用是什么?

4.什么是湿塘?有哪些结构组成?

5.雨水的利用途径有哪些?

二、单选题

1.低影响开发雨水系统的核心是维持场地开发前后(　　)不变。

　　A.雨水渗透量　　B.雨水蒸发量　　　C.水文特征　　　　D.径流总量

2.海绵城市建设应遵循(　　)等原则。

　　A.生态优先　　　B.节水优先　　　　C.安全第一　　　　D.排水优先

3.生态滞留区对于(　　)都有明确的要求。

　　A.土壤　　　　　　　　　　　　　B.工程排水结构

　　C.雨水处理结构　　　　　　　　　D.土壤和工程排水结构

4.绿色屋顶的基质深度根据(　　)确定。

　　A.植物需求及屋顶荷载　　　　　　B.植物需求

　　C.屋顶荷载　　　　　　　　　　　D.屋顶厚度

5.雨水湿地是一种高效的(　　)设施。

　　A.生态恢复　　　B.径流污染控制　　C.生态平衡　　　　D.径流调节

6.根据雨水回用用途(绿化、道路喷洒及冲厕等)不同,蓄水池需配建相应的(　　)设施。

　　A.雨水渗透　　　B.排水　　　　　　C.土壤净化　　　　D.雨水净化

参考文献

[1] 吕元平. 水利工程概论[M]. 北京:水利电力出版社,1984.

[2] 林继镛. 水工建筑物[M]. 北京:中国水利水电出版社,2009.

[3] 沈长松,王世夏,林益才,等. 水工建筑物[M]. 北京:中国水利水电出版社,2008.

[4] 辛全才. 水利工程概论[M]. 郑州:黄河水利出版社,2011.

[5] 沈振中. 水利工程概论[M]. 北京:中国水利水电出版社,2011.

[6] 何晓科,殷国仕. 水利工程概论[M]. 北京:中国水利水电出版社,2007.

[7] 王长远,叶舟. 水利水电工程概论[M]. 郑州:黄河水利出版社,2009.

[8] 魏松,王慧. 水利水电工程导论[M]. 北京:中国水利水电出版社,2012.

[9] 张彦法,张尧隆,刘景翼. 水利工程 [M]. 北京:水利水电出版社,1993.

[10] 华东水利学院. 水闸设计[M]. 上海:上海科学技术出版社,1985.

[11] 高本虎. 橡胶坝工程技术指南[M]. 北京:中国水利水电出版社,2006.

[12] 中华人民共和国住房和城乡建设部. 橡胶坝工程技术规范:GB/T 50979—2014[S]. 北京:中国计划出版社,2014.

[13] 张朝晖. 城市水工程建筑物[M]. 郑州:黄河水利出版社,2010.

[14] 罗全胜,梅孝威. 治河防洪[M]. 郑州:黄河水利出版社,2004.

[15] 水利部国际合作与科技司. 堤防工程技术标准汇编[G]. 北京:中国水利水电出版社,1999.

[16] 姚乐人. 江河防洪工程[M]. 武汉:武汉水利水电大学出版社,1999.

[17] 陈惠源. 江河防洪调度与决策[M]. 武汉:武汉水利水电大学出版社,1999.

[18] 孙东坡,李国庆,朱太顺,等. 治河及泥沙工程[M]. 郑州:黄河水利出版社,1999.

[19] 柳学振. 治河防洪[M]. 北京:水利电力出版社,1990.

[20] 谢鉴衡,丁君松,王运辉. 河床演变及整治[M]. 北京:水利电力出版社,1990.

[21] 李国英,21世纪我国水利发展的生态观[J]. 中国水利,2000(10):18-19.

[22] 贾金生,彭静,郭军,等. 水利水电工程生态与环境保护的实践与展望[J]. 中国水利, 2006(20):3-5.

[23] 刘佰富,李华廷. 表层取水结构研讨与实例[M]. 吉林水利,1994(9):19-20.

[24] 孙小利,田忠禄,赵云. 水力发电工程生态环境保护机制与技术的最新发展[M]. 北京:中国水利水电出版社,2009.

[25] 魏松,王慧. 水利水电工程导论[M]. 北京:中国水利水电出版社,2012.

[26] 司源. 水利水电工程对生态环境的影响及保护对策[J],人民黄河,2012,34(2):126-127.

[27] 徐泽平. 水电工程设计施工中的生态环境问题与对策[J]. 中国水利水电科学研究院学报,2005,3(4):264-270.

[28] 万俊. 水资源开发利用[M]. 武汉:武汉大学出版社,2008.

[29] 董哲仁,孙东亚. 生态水利工程原理与技术[M]. 北京:中国水利水电出版社,2007.

[30] 董哲仁. 生态水工学探索[M]. 北京:中国水利水电出版社,2007.

[31] 郭旭新,樊惠芳,要永在. 灌溉排水工程技术[M]. 郑州:黄河水利出版社,2016.

[32] 吴兴国。海绵城市建设实用技术与工程实例[M]. 北京:中国环境出版社,2018.